国家中等职业教育改革发展示范学校建设项目课程改革新教材
中职机械制造技术专业系列教材

电工电子技能与实训

主　编　陈丽芳
副主编　王秋菊　孟　辉
参　编　秦　胜　刘迎春　张宗睿　袁小斐
周书荣　慕　君　张少泽　杨玉红
陈　墨　石　鹏
主　审　谭胜富

机 械 工 业 出 版 社

“电工电子技能与实训”是机电类专业必修的一门专业基础课。本书整合了电工安全技术和工厂电气控制设备两门课程的内容，本着“做中教、做中学、做中练、做中考”的理念，从理论实践一体化的角度出发，根据教学与岗位需求，分成7个项目，根据每个项目的技能点，设计了几个包含技能点的为学生感兴趣的教学产品，学生在完成教学产品制作的过程中，可加强对所学知识的理解及技能点的训练。本书以图解的形式由浅入深地介绍了安全用电认知，电工工具、仪表的操作训练，直流电路中简单电路的认识与连接，交流电路的连接、低压电器运行控制电路的连接，电子电路的安装与检测，数字电路的连接与测试等知识，同时围绕这些基本知识设计了36个任务，每个任务设计了任务目标、任务要求、注意事项、实施流程、知识准备、实践操作、考核评价和巩固与提高等环节，同时配有原理图、接线图，可操作性强，便于实现。

本书可作为中等职业学校机电技术应用专业和自动化等相关专业的教材，也可作为维修电工的岗位培训教材，还可供相关技术人员学习参考。

图书在版编目（CIP）数据

电工电子技能与实训 / 陈丽芳主编. —北京：机械工业出版社，2015.12（2025.8 重印）

国家中等职业教育改革发展示范学校建设项目课程改革新教材

ISBN 978-7-111-52412-0

Ⅰ. ①电… Ⅱ. ①陈… Ⅲ. ①电工技术—中等专业学校—教材 ②电子技术—中等专业学校—教材 Ⅳ. ①TM ②TN

中国版本图书馆CIP数据核字(2015)第293811号

机械工业出版社（北京市百万庄大街22号　邮政编码100037）

策划编辑：齐志刚　责任编辑：齐志刚

责任校对：陈　越　封面设计：鞠　杨

责任印制：张　博

北京建宏印刷有限公司印刷

2025年8月第1版第7次印刷

184mm×260mm · 16.75印张 · 409千字

标准书号：ISBN 978-7-111-52412-0

定价：39.00元

凡购本书，如有缺页、倒页、脱页，由本社发行部调换

电话服务

服务咨询热线：010-88379833

读者购书热线：010-88379649

网络服务

机工官网：www. cmpbook. com

机工官博：weibo. com/cmp1952

教育服务网：www. cmpedu. com

金书网：www. golden-book. com

教材编审委员会

前　言

本书是国家中等职业教育改革发展示范学校建设项目课程改革新教材。

本书遵循以学生为主体、教师为主导的理念，以教学产品为引领，以项目实施过程为导向，对接企业岗位技能，以培养学生学习兴趣，重点培养学生技能及主动学习、善于团结协作的能力而开发的校本教材。

本书是在做了大量的调研，并结合多名教师多年的教学和工作经验编写而成的。电工专业指导委员会成员本溪钢铁公司的电气工程师刘存宝、安铁峰、梁明胜参与了本书编写思路的研讨，针对企业电工岗位要求，共同确定了难易适中的技能点，并为本书编写提供了大量的技术资料，从而使教材更具实效性。

本书整合了电工安全技术和工厂电气控制设备两门课程的内容，根据教学与岗位需求，分成7个项目，根据每个项目的技能点，设计了几个包含技能点的为学生感兴趣的教学产品，学生在完成教学产品制作的过程中，加强对所学知识的理解及技能点的训练。本书以图解的形式由浅入深地介绍了安全用电认知，电工工具、仪表的操作训练，直流电路中简单电路的认识与连接，交流电路的连接，低压电器运行控制电路的连接，电子电路的安装与检测，数字电路的连接与测试等知识，同时围绕这些基本知识设计了36个任务。

本书侧重图解，注重应用性和实用性，强调基本技能的培养和训练。在重点分析基本技术与应用问题的基础上，注重运用图解形式来分析问题和解决问题，一目了然、通俗易懂，从而在提高学生实践技能的同时，也提高学生的自学能力及识图能力，特别适合零基础的相关人员自学使用。

本书采用模块化教学模式，以项目教学法为载体，遵循“做中教、做中学、做中练、做中考”的基本教学思路，实现完整、系统的教学设计，以提高学生的动手能力和综合应用能力。

本书计划学时数为100学时，参考学时建议见下表，各学校可根据具体情况进行调整。

参考学时建议

项　目	教学内容	学　时
项目1	安全用电认知	6
项目2	电工工具、仪表的操作训练	8
项目3	直流电路中的简单电路的认识与连接	18
项目4	交流电路的连接	18
项目5	低压电器运行控制电路的连接	30
项目6	电子电路的安装与检测	12
项目7	数字电路的连接与测试	8
合　计		100

本书由陈丽芳担任主编，并确定了全书的结构、编写思路、模板。参与编写人员及具体分工如下：陈丽芳编写了项目2任务3、项目6任务1；副主编王秋菊编写了项目6任务2、3；副主编孟辉编写了项目1；袁小斐编写了项目2任务1、2；秦胜编写了项目3；刘迎春、张少泽编写了项目4；张宗睿、杨玉红、石鹏编写了项目5的任务1~6；慕君编写了项目5的任务7、8；周书荣、陈墨编写了项目7。

由于编者水平有限，书中不足之处在所难免，敬请各位读者批评指正。

编　者

目　录

项目1 安全用电认知

项目描述

本项目主要让学生树立安全用电意识，教师通过布置任务、展示学生作品等过程来完成教学目标。学生通过教学软件和实际操作来完成安全用电知识的学习。此种教学方法可有效提高学生的安全用电意识，将被动学习化为主动参与，调动学生学习的积极性。

知识目标

1. 了解安全用电。
2. 学会安全用电守则，树立安全意识。

技能目标

1. 掌握家庭安全用电常识。
2. 掌握实训室安全用电常识。
3. 掌握企业安全用电常识。

任务1 安全用电知识板报或博客思维导图的制作

任务目标

1. 了解安全用电的重要性。
2. 绘制安全用电作品的思维导图。
3. 小组商讨制订作品实施计划。
4. 形成团队意识，提高分工协作能力。

任务要求

1. 讨论并制订实施计划。
2. 掌握电子板报或博客的制作过程。
3. 学会绘制安全用电电子板报的思维导图。
4. 学会制作 Word 模版，学会申请博客或QQ。

5. 学习搜索用电安全相关资料。

注意事项

1. 各组任务目标必须明确。
2. 选择自己熟练的制作工具。
3. 选择案例图片要健康、文明。
4. 制作过程要及时按要求保存，防止材料因断电丢失。
5. 要安全文明操作。

实施流程

实施流程见表 1-1。

表 1-1　实施流程

序号	工作内容	教师活动	学生活动	学时
1	布置任务	下达任务书，组织小组讨论学习	接受任务，明确工作内容	2
2	知识准备	讲解安全用电的意义，安全用电知识板报在生产生活中的重要作用	了解安全用电的重要性	
			熟悉安全用电常识	
			掌握用电的安全操作	
3	实践操作	讲解安全用电电子板报的形式、内容，演示安全用电电子板报思维导图的建立过程，组织学生建立自己的安全用电电子板报框架，并巡视指导	制作安全用电电子板报或博客的计划书	
			构建并绘制思维导图	
			确定安全用电板报的制作形式，并构建框架	
			对用电安全材料进行收集	
4	考核评价	按具体评分细则对学生进行评价	按具体评分细则进行自评、互评	

知识准备

1. 思维导图的制作方法

以 Word 版思维导图的制作为例，介绍其制作方法。

第一步：新建一个 Word 文档。单击鼠标右键→单击【新建】按钮→建立 Word 文档。

第二步：给文档重命名。单击新建的文档→单击鼠标右键→单击【重命名】按钮→输入“第 X 组思维导图”。

第三步：建立导图。双击打开文档→单击【插入】按钮→单击【图示】，选择需要的图示，如图 1-1 所示。

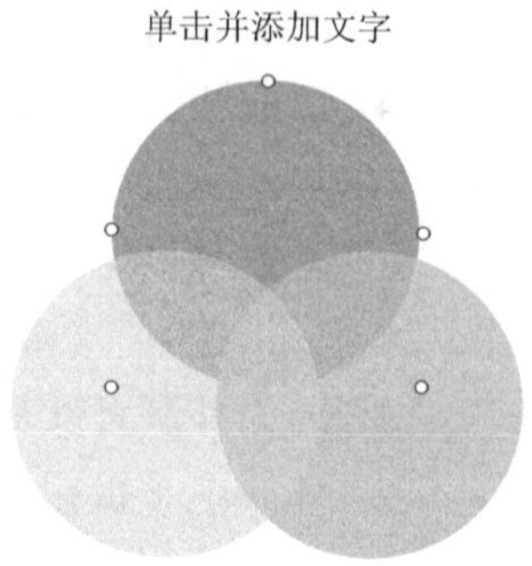

图 1-1　Word版思维导图的建立

第四步：填写内容。根据本小组讨论的结果进行内容的填写。

第五步：完成后保存文件并提交。

2. 安全用电的重要意义

安全用电包括人身安全及设备安全两个方面，具有十分重要的意义。它渗透在电工作业和电力管理的各个环节中，是关系生命和财产的头等大事。如果对安全用电的重要性认识不足，电气设备的结构或装置不完善，安装、维修、使用不当，错误操作或违章作业等，就会造成触电、短路、线路故障、设备损坏，遭受雷击、静电危害、电磁场危害，或引发电气火灾和爆炸等事故。这些事故除了会造成人员伤亡外，还可能造成大面积停电事故，给国民经济带来不可估量的损失。用电安全只有 1 和 0，大家一定要提高用电安全意识。

3. 常接触的用电安全

学生常接触的安全用电主要有家庭安全用电、实训室安全用电，将来还要接触企业安全用电。

4. 安全用电知识搜索

可以通过网络来搜索安全用电知识，也可以查阅相关资料来获取安全用电知识。

实践操作

1. 任务分配

五人一组，设安全组长，班级设安全总负责人（由班级安全员担任），本项目学习完成后由组长上交制作的作品。

2. 制订安全板报或博客的制作计划

安全用电电子板报或博客，必须包含家庭安全用电、实训室安全用电、企业安全用电三个模块，其他内容可自行设定。

3. 绘制思维导图（可手工绘制也可用计算机绘制）

思维导图如图 1-2 所示。

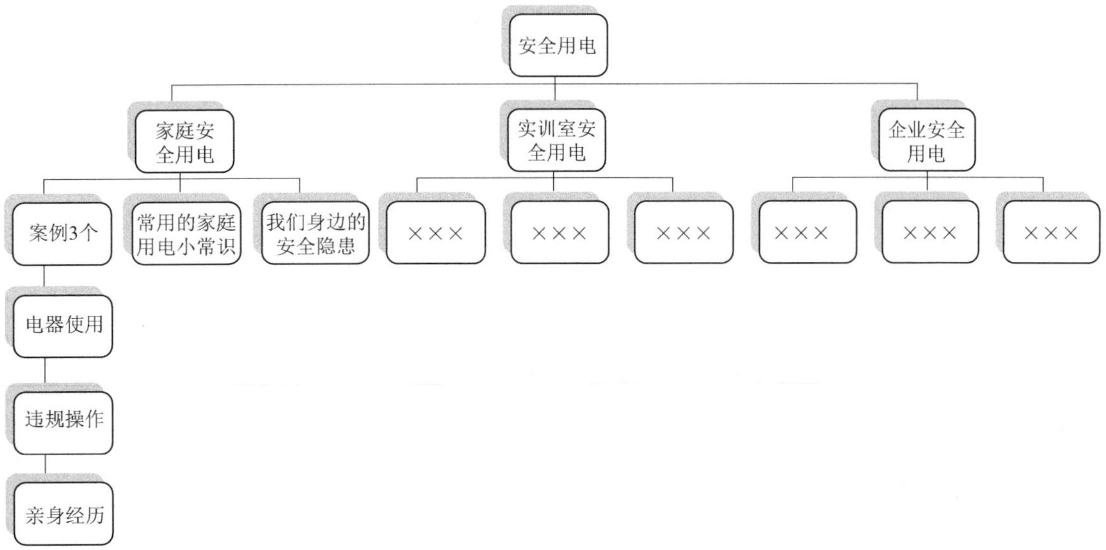

图 1-2　思维导图

4. 确定作品制作形式

选用 Word、PPT、博客、QQ 空间、Photoshop、FrontPage 等制作工具中的一种。

5. 安全用电材料收集（略）

6. 记录任务完成情况

填写任务完成进度表，见表 1-2。

表 1-2　任务完成进度表

任务					
完成的工作量					

小贴士

1. 资料要保存到安全盘符。
2. 文件要随时保存以防意外断电。

考核评价

实训任务完成后，进行考核与评价，具体评分细则见表 1-3。

表 1-3　思维导图制作考核评价表

序号	评价内容	配分	自评	互评	教师评价
1	按时上课、下课，不迟到、不早退	10 分			
2	1）收集安全用电的意义 2）收集安全用电的重要性 3）收集违规用电操作的案例	10 分			
3	1）思维导图形式的确定 2）思维导图模块的确定 3）思维导图三个基本模块的制作 4）思维导图的拓展与创新 5）思维导图的完成情况 6）思维导图的质量验收情况	60 分			
4	1）注意安全、文明操作、爱护公物 2）团队合作、和谐共进	10 分			
5	实训报告完整、工整	10 分			

巩固与提高

简述电工安全知识的搜索步骤。

任务 2 家庭安全用电认知

任务目标

1. 了解家庭安全用电的基本知识。
2. 识读家庭安全用电的标识。

任务要求

1. 各小组按任务要求制订工作计划。
2. 掌握家庭安全用电常识。
3. 收集家庭安全用电材料。
4. 制作家庭安全用电电子板报或博客。
5. 整理任务实施报告。

注意事项

1. 各组任务目标必须明确一致。
2. 选择自己熟练的制作工具。
3. 选择案例图片要健康、文明。
4. 制作中要及时按要求保存文档，防止因断电而造成的文件丢失。
5. 要安全文明操作。

实施流程

实施流程见表 1-4。

表 1-4 实施流程

序号	工作内容	教师活动	学生活动	学时
1	布置任务	下达任务书，组织小组讨论学习	接受任务，明确工作内容	2
2	知识准备	讲解家庭安全用电的基本知识以及家庭安全用电的常用标识	知道安全用电的重要性	
			熟悉家庭安全用电常识	
			掌握家庭用电的安全操作	
3	实践操作	讲解家庭安全用电电子板报范例，组织学生制作自己的家庭安全用电电子板报，并巡视指导	拟订家庭安全用电电子板报的制作计划	
			对电子板报的内容进行分组讨论、制作	
			对图片、文字等进行筛选处理	
			对电子板报进行整体排版、美化，以提高板报质量	
4	考核评价	按具体评分细则对学生进行评价	按具体评分细则进行自评、互评	

知识准备

1. 相线、零线、地线的介绍

相线标志字母为“L”（Live Wire），零线标志字母为“N”（Naught Wire），地线标志字母为“E”（Earth Wire）。

（1）简介　相线和零线的区别在于它们的对地电压不同，相线的对地电压等于220V，零线的对地电压等于零（零线是跟大地连接在一起的）。

相线与零线共同组成供电回路。在低压电网中用三相四线制输送电力，其中有三根相线和一根零线。为了保证用电安全，在用户使用区改为用三相五线制供电，第五根线就是地线，它的一端在用户区附近用金属导体深埋于地下，另一端与各用户的地线接点相连，起接地保护的作用。相线是带电的，地线和零线是不带电的，家用两插孔的插座里有一根相线和一根零线。用电笔能测出带电的是相线，不带电的是零线。三插孔的插座里才有地线。地线要连接在用电器的外壳上，以防止电器漏电造成人触电。一般情况下，三相电路中分别使用红、黄、蓝三种颜色表示三根相线，零线使用黑色。单相照明电路中，一般用黄色表示相线、蓝色表示零线、黄绿相间的表示地线。也有用红色表示相线，黑色表示零线，黄绿相间表示地线的。

（2）区分

1）在动力电缆中用颜色区分：黄色为A相，绿色为B相，红色为C相，蓝色为零线，黄绿双色为地线。

2）用验电笔区分：用验电笔测试相线时测灯会发光，而测试零线时则不会发光。

3）用电压表区分：不同相线之间的电压为线电压380V，相线与零线（或良好的接地体）之间的电压为相电压220V，零线与良好的接地体之间的电压为0V。

2. 家庭安全用电常识

（1）家庭安全用电注意事项

1）选择经过考试合格、具有进网作业许可证的电工进行电气装修。

2）装修所使用的电气材料必须是符合国家标准的合格产品，如电线、开关、插座、剩余电流断路器、灯具等。

3）具体安装时，应做到以下几点。

①在住宅的进线处，一定要加装符合国家标准的漏电保护装置。因为有了剩余电流断路器，一旦家中发生漏电现象，如电器外壳带电、人身触电等，剩余电流断路器会跳闸，从而保证人身安全。

②室内布线时，应将插座回路和照明回路分开布线，插座回路应采用截面积不小于2.5mm^{2}的单股绝缘铜线，照明回路应采用截面积不小于1.5mm^{2}的单股绝缘铜线。大容量电器应按设备容量配置独立的相应的大容量插座和回路。

③具体布线时，所采用的塑料护套线或其他绝缘导体应穿管保护，不得直接埋设在水泥或石灰粉刷层内。因为直接埋在墙内的导线，已“死”在墙内，抽不出、拔不动。一旦某段线路发生损坏需要调换，只能凿开墙面重新布线，而换线时，中间还不能有接头，因为接头

直接埋在墙内，随着时间的推移，接头处的绝缘胶布会老化，长期埋在墙内就会造成漏电。另外，大多数家庭的布线不会按图施工，也不会保存准确的布线图样，在墙上钉钉子就可能将直接埋在墙内的导线损坏，甚至钉子钉穿了导线造成短路，导致伤人、甚至引发火灾，发生触电伤亡事故。所以，布线时一定要穿管埋设。

④插座的安装高度：一般距离地面 1.3m，最低不应低于 0.15m。插座接线时，对单相二孔插座，面对插座的左孔接零线，右孔接相线；对单相三孔插座，面对插座的左孔接零线，右孔接相线，上孔接保护线。严禁用导线连接上孔与左孔。

⑤壁式开关的安装高度：一般距离地面不低于 1.3m，距门框为 0.15～0.2m。开关的接线应接在被控制的灯具或电器的相线上。

⑥安装吊扇时，扇叶对地面的高度不应低于 2.5m。安装吊灯时；灯具质量在 1kg 以下时，可利用软导线做自身吊装，但在吊线盒及灯头内的软导线必须打结；灯具质量超过 1kg 时，应采用吊链、吊钩等，螺栓上端应与建筑物的预埋件衔接，导线不应受力。

（2）高温季节安全用电注意事项　夏季高温期，人出汗多，手经常是湿的，而汗水是导电的，出汗的手与干的手的电阻不一样。因此，在同样条件下，人出汗时触电的可能性和严重性均超过一般情况。所以，在夏季要特别注意以下几点。

1）不要用手去移动正在运转的家用电器。如必须搬动，则应关上开关，并拔去插头。

2）不要赤手赤脚去修理家中带电的线路或设备。如必须带电修理，则应穿鞋并戴手套。

3）对夏季使用频繁的电器，如电热淋浴器、台扇、洗衣机等，要采取一些实用的措施，以防止触电，如经常用验电笔测试金属外壳是否带电、加装触电保护器（剩余电流断路器）等。

4）夏季雨水多，用水也多，如不慎家中浸水，首先应切断电源，即把家中的总开关或熔丝断掉，以防止正在使用的家用电器因浸水，绝缘部分损坏而发生事故；其次，在切断电源后，将可能浸水的家用电器搬移到不浸水的地方，防止绝缘部分受潮，影响今后使用。如果电器设备已浸水，绝缘部分受潮的可能性很大，在再次使用前，应用专用的绝缘电阻表测试绝缘部分电阻，如达到规定要求，可以使用，否则要对绝缘部分进行干燥处理，直到绝缘良好为止。

小贴士

民用电要安全，宣传教育防为先。
保险丝保险片，严禁使用铁丝线。
破股线有隐情，挂钩接电更不行。
通信线电视线，要与电线不相见。
勤关灯讲节约，湿手不能去触摸。
电器热起烟火，切忌带电用水泼。

实践操作

家庭安全用电宣传作品制作过程见表 1-5，在制作时应将任务完成情况填入表 1-6。

表 1-5　家庭安全用电宣传作品制作过程

步骤	制作过程
1	按任务要求搜集关于家庭安全用电资料并保存
2	收集实际安全用电操作照片为制作板报或博客备用
3	确定本小组要制作作品的形式（如用 Word、博客还是 QQ 空间）
4	对家庭安全用电模块进行制作
5	记录好任务工作量完成情况

表 1-6　任务完成进度表

任务					
完成情况					

考核评价

实训任务完成后，进行考核与评价，具体评分细则见表 1-7。

表 1-7　家庭安全用电宣传作品制作考核评价表

序号	评价内容	配分	自评	互评	教师评价
1	按时上课、下课，不迟到、不早退	10 分			
2	按照规定时间完成任务，鼓励节省工时	10 分			
3	1）家庭安全用电宣传作品内容的确定 2）家庭安全用电宣传作品形式的确定 3）家庭安全用电宣传作品的图片制作与处理 4）家庭安全用电宣传作品的文字制作与处理 5）家庭安全用电宣传作品的整体排版 6）家庭安全用电宣传作品质量验收情况	60 分			
4	1）安全、文明操作，爱护公物 2）团队合作，和谐共进	10 分			
5	实训报告完整、工整	10 分			

巩固与提高

1. 填空题

1）相线对地电压为（　　），零线对地电压为（　　）。

2）室内布线时，应将插座回路和照明回路（　　）布线，插座回路应采用截面积不小于（　　）mm^2 的单股绝缘铜线，照明回路应采用截面积不小于（　　）mm^2 的单股绝缘铜线。大容量电器应按设备容量配置独立的相应的大容量插座和回路。

2. 简答题

1）简述高温季节安全用电注意事项。

2）简述家庭安全用电注意事项。

任务 3 实训室安全用电认知

任务目标

1. 了解实训室安全用电的基本知识。
2. 形成较高的安全意识。

任务要求

1. 各小组按任务要求制订工作计划。
2. 熟悉实训室安全用电要求，认识实训室常用安全标识，熟记实训室安全用电制度。
3. 实训室安全用电材料收集。
4. 实训室安全用电宣传作品电子板报或博客的制作。
5. 整理任务实施报告。

注意事项

1. 明确任务目标。
2. 选择案例图片要健康、文明。
3. 制作中要及时按要求保存文档，防止材料因断电丢失。
4. 要安全文明操作。

实施流程

实施流程见表 1-8。

表 1-8 实施流程

序号	工作内容	教师活动	学生活动	学时
1	布置任务	下达任务书，组织小组讨论学习	接受任务，明确工作内容	2
2	知识准备	讲解实训室安全用电的基本知识、实训室安全用电的制度及实训的安全操作规程	知道安全用电的重要性	2
2	知识准备	讲解实训室安全用电的基本知识、实训室安全用电的制度及实训的安全操作规程	熟悉实训室安全用电常识	2
2	知识准备	讲解实训室安全用电的基本知识、实训室安全用电的制度及实训的安全操作规程	掌握实训室用电的安全操作	2
3	实践操作	讲解实训室安全用电电子板报范例，组织学生收集平时实训课安全用电实例，进行实训室安全用电板报制作，并巡视指导	制作实训室安全用电宣传作品制作计划	2
3	实践操作	讲解实训室安全用电电子板报范例，组织学生收集平时实训课安全用电实例，进行实训室安全用电板报制作，并巡视指导	对宣传作品内容进行分组讨论、制作	2
3	实践操作	讲解实训室安全用电电子板报范例，组织学生收集平时实训课安全用电实例，进行实训室安全用电板报制作，并巡视指导	对图片、文字等进行筛选处理	2
3	实践操作	讲解实训室安全用电电子板报范例，组织学生收集平时实训课安全用电实例，进行实训室安全用电板报制作，并巡视指导	对宣传作品进行整体排版、美化，以提高板报质量	2
4	考核评价	按具体评分细则对学生进行评价	按具体评分细则进行自评、互评	2

知识准备

1. 实训室安全用电基本要求

1）用电安全的基本要素有电气绝缘良好、保证安全距离、线路与插座容量与设备功率相适宜、不使用三无产品。

2）实训室内电气设备及线路设施必须严格按照安全用电规程和设备的要求实施，不许乱接、乱拉电线，墙上电源未经允许不得拆装、改线。

3）在实训室同时使用多种电气设备时，其总用电量和分线用电量均应小于设计容量。连接在接线板上的用电总负荷不能超过接线板的最大容量。

4）实训室内应使用断路器并配备必要的漏电保护器；电气设备和大型仪器须接地良好，对电线老化等隐患要定期检查并及时排除。

5）电源插座需固定；不使用损坏的电源插座；空调应有专门的插座。

2. 实训室安全用电的注意事项

1）实验前先检查用电设备，再接通电源；实验结束后，先关仪器设备，再关闭电源。

2）工作人员离开实训室或遇突然断电，应关闭电源，尤其要关闭加热电器的电源开关。

3）不得将供电线任意放在通道上，以免因绝缘部分破损造成短路。

3. 实训室用电安全操作要求

1）在电气类开放性实验或科研实验室，必须有两人以上方可开展实验。

2）在未验明电气设备无电时，一律认为有电，不能盲目触及。

3）切勿带电插、拔、接电气线路。

4）在进行电子电路板焊接后的剪脚工序时，剪脚面应背离身体特别是脸部，防止被剪下的引脚弹伤。

5）高压电容器在实验结束后或闲置时，应串接合适的电阻进行放电。

6）在进行需要带电操作的低电压电路实验时，单手操作比双手操作安全。

7）使用电容器时，千万注意电容器的极性和耐压，当电容器工作电压高于电容器耐压时，会使电容器爆裂伤人。

8）使用电烙铁时应注意以下事项。

①不能乱甩焊锡。

②及时放回烙铁架，用完及时切断电源。

③周围不得放置易燃物品。

4. 实训室用电安全措施

1）在使用电烙铁等用电设备过程中，使用人员不得离开。

2）每天离开时都要关闭实验室的电源总开关。

3）配电箱、开关、变压器等各种电气设备附近不得堆放易燃、易爆、潮湿和其他影响操作的物品。

4）为了预防电击（触电），电气设备的金属外壳须接地。

5）预防电气火灾的基本措施。

①禁止非电工改接电气线路，禁止乱拉临时用电线路。

②做电气类实验时应该两人及以上在场。

③从工作现场清除易燃易爆材料。

小贴士

电火无情，人命关天。
一防触电，二防火险。
实验之前，准备在先，
检查设备，是否漏电。
实验之中，预防突变。
通知大家，我要给电。
短暂离开，有人照看。
实验结束，零件入库。
最后离室，是个关键，
水电气窗，闸销复原。

实践操作

实训室安全用电宣传作品的制作过程见表 1-9，在制作时应将任务完成情况填入表 1-10 中。

表 1-9　实训室安全用电宣传作品的制作过程

步骤	制作过程
1	按任务要求搜集关于实训室安全用电资料并保存
2	收集实际用电安全操作照片为制作板报或博客备用
3	确定本小组要制作作品的形式（Word、博客或 QQ 空间等）
4	对实训室安全用电模块进行制作
5	记录任务完成情况

表 1-10　任务完成进度表

任务					
完成情况					

考核评价

实训任务完成后，进行考核与评价，具体评分细则见表 1-11。

表 1-11　实训室安全用电宣传作品制作考核评价表

序号	评价内容	配分	自评	互评	教师评价
1	按时上课、下课，不迟到、不早退	10 分			
2	按照规定时间完成任务，鼓励节省工时	10 分			
3	1）实训室安全用电宣传作品内容的确定 2）实训室安全用电宣传作品形式的确定 3）实训室安全用电宣传作品图片的制作与处理 4）实训室安全用电宣传作品文字的制作与处理 5）实训室安全用电宣传作品的整体排版 6）实训室安全用电宣传作品质量验收情况	60 分			
4	1）注意安全、文明操作、爱护公物 2）团队合作，和谐共进	10 分			
5	实训报告完整、工整	10 分			

巩固与提高

简述实训室安全用电基本要求。

任务 4　企业安全用电认知

任务目标

1. 了解企业安全用电的基本知识。
2. 了解企业的安全操作常识。

任务要求

1. 各小组按任务要求制订工作计划。
2. 企业安全用电材料的收集。
3. 企业安全用电宣传作品电子板报或博客的制作。
4. 整理任务实施报告，完成整个项目要求制作的电子板报。

注意事项

1. 各组任务目标必须明确一致。
2. 选择案例图片要健康、文明。
3. 制作中要及时按要求保存文档，防止材料因断电丢失。
4. 要安全文明操作。

实施流程

实施流程见表 1-12。

表 1-12　实施流程

序号	工作内容	教师活动	学生活动	学时
1	布置任务	下达任务书，组织小组讨论学习	接受任务，明确工作内容	2
2	知识准备	讲解企业安全用电的基本知识、企业安全用电的制度及企业用电的安全操作规程	知道安全用电的重要性	
			熟悉企业安全用电常识	
			掌握企业用电的安全操作	
3	实践操作	讲解企业安全用电电子板报范例，组织学生收集平时企业安全用电实例，进行企业安全用电电子板报制作，并巡视指导。最后，对前面两个电子板报进行整合，完成安全用电电子板报的制作	制作企业安全用电模块制作计划	
			对电子板报内容进行分组讨论、制作	
			对图片、文字等进行筛选处理	
			对电子板报整体进行排版、美化，以提高板报质量	
			对三个电子板报进行整合，完成电子板报制作	
4	考核评价	按具体评分细则对学生进行评价	按具体评分细则进行自评、互评	

知识准备

1. 企业安全用电常识

1）要经常检查漏电保护器开关，每月试跳不少于一次，若有失灵应立即更换开关。熔丝熔断或漏电保护器跳闸后要查明原因，排除故障后才能恢复送电。

2）千万不要用铜丝、铝线、钢丝代替熔丝，断路器损坏后立即更换，熔丝和断路器一定要与用电容量相匹配，否则容易造成触电事故或电气火灾。

3）用电设备的金属外壳必须与保护线可靠连接，单相用电要用三芯电缆连接，三相用电用四芯电缆连接，保护装置在户外与低压电网的保护中心线或接地装置要可靠连接，保护装置必须重复接地。

4）电缆或电线的驳口或破损处要用电工胶布包好，不能用医用胶布代替，更不能用尼龙纸包扎。不要用电线直接插入插座用电。

5）电器通电后发现冒烟、产生烧焦气味或着火时，立即切断电源，切不可用水、泡沫灭火器灭火。

6）不要用湿手触摸灯头、开关、插头、插座和用电器具。开关、插座或用电器具损坏或外壳破损时应及时修理与更换，未经修复不能使用。

7）厂房内的电线不能乱拉乱接，禁止使用多驳口和残旧的电线，以防触电。

8）电炉、电烙铁等发热电器不能直接放在木板上或靠近易燃物品，自动控制的电热器具用后要随手关电源，以免引起火灾。

9）工厂内使用的移动式电器都必须使用剩余电流断路器，实行单机保护。

10）发现有人触电，千万不要用手去拉触电者，要尽快切断电源开关或用干燥的木棍、竹竿挑开电线，并对伤者进行抢救。

11）电气设备的安装、维修应由持证电工负责。

2. 触电急救

触电急救的基本原则是动作迅速、方法正确。

（1）迅速脱离电源　人体触电以后，可能由于痉挛或失去知觉等原因而紧抓带电体，不能自己摆脱电源。抢救触电者的首要步骤就是使触电者尽快脱离电源。

使触电者脱离电源的方法如下。

1）将刀开关打开或将插头拔掉，切断电源。注意，普通的电灯开关（如拉线开关）只能关断一根线，若关断的不是相线，则并未真正切断电源。

2）找不到开关或插头时，可用绝缘物体（如干燥的木棒、竹竿、手套等）将电线拨开，使触电者脱离电源。

3）用绝缘工具（如带绝缘的电工钳、木柄斧头以及锄头等）切断电线来切断电源。

4）遇高压触电事故，立即通知有关部门停电。

总之，要因地制宜，灵活运用各种方法，快速切断电源，防止事故扩大。

（2）现场急救方法　当触电者脱离电源后，应根据触电者的具体情况迅速对症救护，力争在触电后 1min 内进行救治。国内外一些资料表明，触电后在 1min 内进行救治的，90%以上有良好的效果，超过 12min 再开始救治的，基本无救活的可能。现场急救应用的主要方法是口对口人工呼吸和体外心脏按压法，严禁打强心针。

1）口对口人工呼吸法：用人工的方法来代替肺的呼吸活动，使空气有节律地进入和排出肺脏，供给体内足够的氧气，充分排出二氧化碳，维持正常的通气功能。

2）体外心脏按压法：有节律地对心脏进行按压，用人工的方法代替心脏的自然收缩，使心脏恢复搏动功能，维持血液循环。

（3）触电急救方法　触电者一般有以下四种症状。

1）神志尚清醒，但心慌力乏，四肢麻木。一般只须将该类触电者扶到清凉通风之处休息，让其自然慢慢恢复，但要派专人照料护理，因为有的触电者在几小时后会发生病变而突然死亡。

2）有心跳，但呼吸停止或极微弱。该类触电者应采用口对口人工呼吸法进行急救。人工呼吸法可按下述口诀进行，频率约为 12 次/min：清理口腔防堵塞，鼻孔朝天头后仰；贴嘴吹气胸扩张，放开口鼻换气畅。

3）有呼吸，但心跳停止或极微弱。该类触电者应采用人工胸外心脏按压法来恢复触电者的心跳。一般可以按下述口诀进行，频率为 60～80 次/min：当胸对手掌，中指对凹膛；掌根用力向下压，压下突然收。

4）心跳、呼吸均已停止者。该类触电者的危险性最大，抢救的难度也最大。应将以上两法同时使用，即采用“人工氧合”的方法。最好两人一起抢救，如果仅有一人抢救时，应先吹气 2～3 次，再挤压心脏 15 次，如此反复交替进行。

3. 企业安全用电标识

企业安全用电标识如图 1-3 所示。

图 1-3　企业安全用电标识

小贴士

企业用电讲安全，存在隐患别急干。
电门接火别大意，若动电源先断电。
电笔试电手要勤，若有漏电找原因。
电缆引入接地线，两根相线别短连。
地相两线别接反，完活之后再合电。
合闸之时须三遍，一长两短短应先。

实践操作

企业安全用电宣传作品制作过程见表 1-13，在制作时应将任务完成情况填入表 1-14 中。

表 1-13　企业安全用电宣传作品制作过程

步骤	制作过程
1	按任务要求搜集关于企业安全用电电子资料并保存
2	收集实际安全用电操作照片为制作板报或博客备用
3	确定本小组要制作作品的形式（Word、博客或 QQ 空间等）
4	对企业安全用电宣传作品进行制作
5	记录任务完成情况

表 1-14　任务完成进度表

任务					
完成情况					

考核评价

实训任务完成后，进行考核与评价，具体评分细则见表 1-15。

表 1-15　企业安全用电宣传作品制作考核评价表

序号	评价内容	配分	自评	互评	教师评价
1	按时上课、下课，不迟到、不早退	10 分			
2	按照规定时间完成任务，鼓励节省工时	10 分			
3	1）企业安全用电宣传作品内容的确定 2）企业安全用电宣传作品形式的确定 3）企业安全用电宣传作品图片的制作与处理 4）企业安全用电宣传作品文字的制作与处理 5）企业安全用电宣传作品整体排版 6）企业安全用电宣传作品质量验收情况	60 分			
4	1）注意安全、文明操作、爱护公物 2）团队合作，和谐共进	10 分			
5	实训报告完整、工整	10 分			

巩固与提高

填空题

1）用电设备的金属外壳必须与（　　）可靠连接。

2）发现有人触电，要尽快切断（　　）或用（　　）挑开电线，立即用正确的人工呼吸方法进行抢救。

项目2　电工工具、仪表的操作训练

项目描述

本项目主要使学生掌握常用工具和仪表的技能及电工基本操作工艺，通过教师的讲解、理实一体化现场操作完成教学目标。同时，借助教学软件有效提高学生的主动性和积极性。围绕电工基本操作工艺与仪表将本项目分为两个任务，每个任务完成一部分的技能训练。

知识目标

1. 认识电工工具与仪表。
2. 学会使用电工工具与仪表。
3. 掌握基本电工操作方法。

技能目标

1. 掌握常用工具的适用范围及使用技巧。
2. 掌握仪器、仪表的正确操作方法。
3. 掌握导线的绝缘层剥除、导线连接、绝缘层恢复的基本技能。

任务1　常用电工工具的使用

任务目标

1. 熟悉常用电工工具的种类和作用。
2. 能正确地使用电工工具。
3. 掌握电工工具的使用注意事项。

任务要求

1. 练习电工常用工具的使用。
2. 掌握使用电工工具时的注意事项。
3. 总结并填写报告。

注意事项

1. 熟记使用电工工具的注意事项及使用方法。
2. 安全文明操作。

实施流程

实施流程见表 2-1。

表 2-1　实施流程

序号	工作内容	教师活动	学生活动	学时
1	布置任务	下达任务书，组织小组讨论学习	接受任务，明确工作内容	2
2	知识准备	讲解常用电工工具的相关知识	了解常用电工工具的基本结构	
			熟悉常用电工工具的种类	
			掌握常用电工工具的使用方法	
3	实践操作	讲解常用电工工具的相关知识，演示操作方法，组织学生进行实践操作，并巡视指导	练习电工工具的使用方法	
4	考核评价	按具体评分细则对学生进行评价	按具体评分细则进行自评、互评	

知识准备

常用电工工具有以下几种。

（1）低压验电器　验电器又称验电笔，俗称电笔，是用来检测导线、电器和电气设备的金属外壳是否带电的一种电工工具。低压验电器根据外形分为钢笔式和螺钉旋具式两种，如图 2-1 所示。

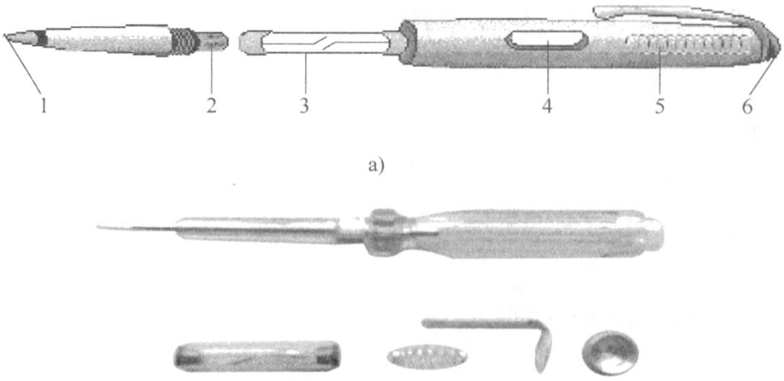

a)

b)

图 2-1　低压验电器

a）钢笔式低压验电器　b）螺钉旋具式低压验电器

1—笔尖金属体　2—电阻　3—氖管　4—小窗　5—弹簧　6—笔尾金属体

使用方法：使用验电器时，以中指和拇指持验电器笔身，食指接触笔尾金属体或笔挂，如图 2-2 所示。当带电体与地之间电位差大于 60V 时，氖泡产生辉光，证明有电。

注意：手接触验电器的部位一定是笔尾金属体或笔挂，绝对不能接触验电器的笔尖金属体，以免触电。

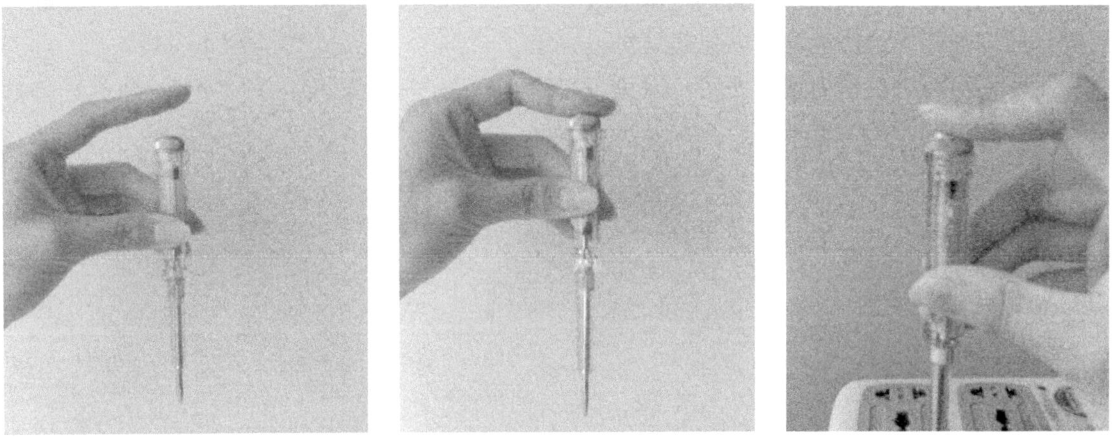

图 2-2　低压验电器的使用方法

（2）电工刀　电工刀适用于电工在装配维修工作中剖削导线绝缘外皮，以及割削木桩和割断绳索等，如图 2-3 所示。

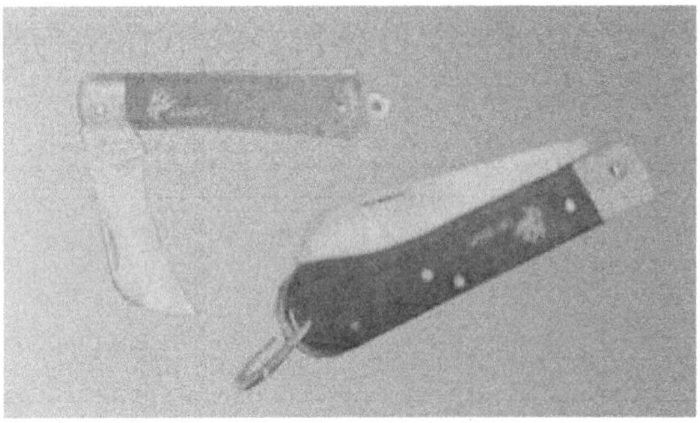

图 2-3　电工刀

注意：电工刀不得用于带电作业，以免触电。应将刀口朝外剖削，并注意避免伤及手指。剖削导线绝缘层时，应使刀面与导线成较小的锐角，以免割伤导线。使用完毕，应随即将刀身折进刀柄。

（3）螺钉旋具　螺钉旋具是最常用的电工工具，由刀头和柄组成。刀头形状有一字形和十字形两种，分别用于旋动头部为横槽或十字形槽的螺钉，如图 2-4 所示。螺钉旋具的规格是指金属杆的长度，有 75mm、100mm、125mm、150mm 几种。

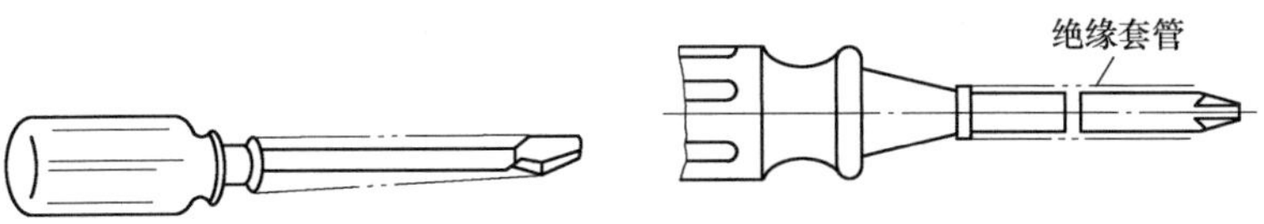

图 2-4　螺钉旋具

注意：使用螺钉旋具时，手紧握柄，用力顶住，使刀紧压在螺钉上，以顺时针方向旋转为拧紧，逆时针方向旋转为松开。

（4）钢丝钳　钢丝钳用于夹持或切断金属导线，带刃口的钢丝钳还可以用来切断钢丝，如图 2-5 所示。钢丝钳的规格有 150mm、175mm、200mm 三种，均带有橡胶绝缘套管，适用于500V以下的带电作业。

钢丝钳的使用方法如图2-6所示。使用前，检查钢丝钳绝缘是否良好，以免带电作业时造成触电事故。在带电剪切导线时，不得用刃口同时剪切不同电位的两根线，以免发生短路事故。使用时，应注意保护绝缘套管，以免其划伤失去绝缘作用。不可将钢丝钳当锤子使用，以免刃口错位、转动轴失圆，影响正常使用。

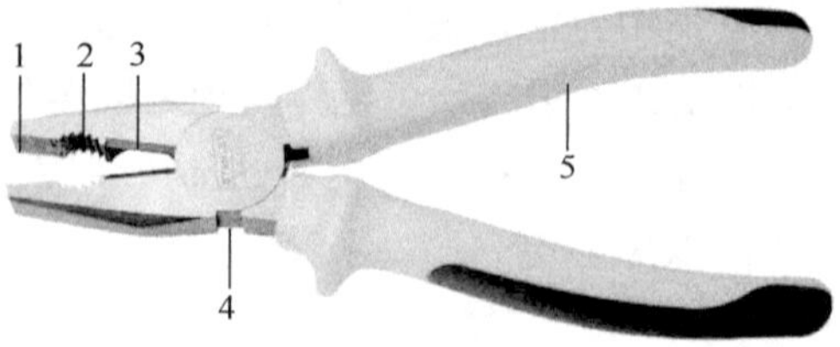

图 2-5　钢丝钳

1—钳口　2—齿口　3—刃口　4—铡口　5—绝缘管

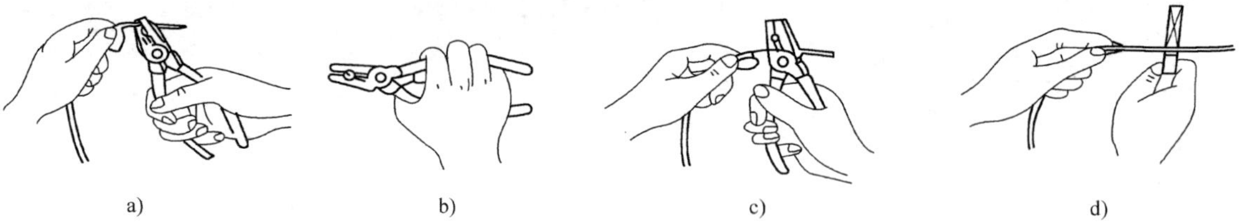

图 2-6　钢丝钳的使用方法

（5）尖嘴钳　如图2-7所示，尖嘴钳头部很尖，适用于在狭小的空间操作。钳柄有铁柄和绝缘柄两种。绝缘柄主要用于切断和弯曲细小的导线、金属丝，夹持小螺钉、垫圈及导线等元件；还能将导线端头弯曲成所需的各种形状。

（6）斜口钳　斜口钳的钳柄有铁柄、管柄和绝缘柄三种。电工用带绝缘柄的斜口钳如图2-8所示。斜口钳主要用于剪断较粗的电线、金属丝及导线电缆。

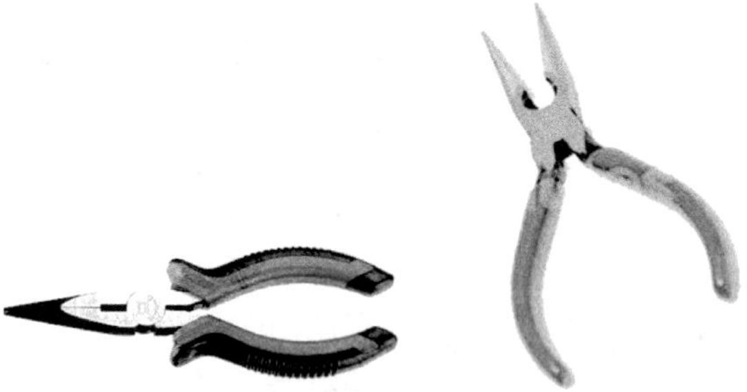

图 2-7　尖嘴钳

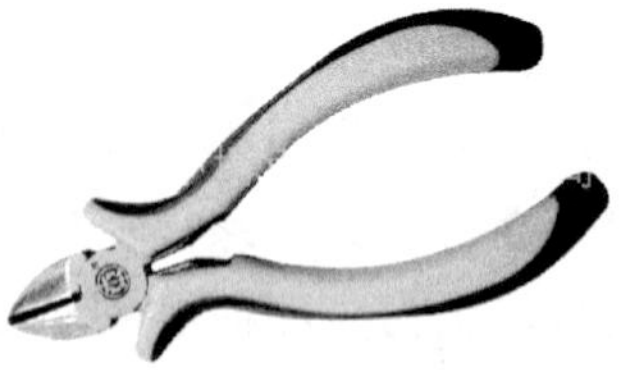

图 2-8　斜口钳

（7）剥线钳　剥线钳是剥削小直径导线绝缘层的专用工具，如图2-9所示。使用时，将要剥削的绝缘层长度用标尺定好后，即可把导线放入相应的刃口中（比导线直径稍大），用手将柄一握紧，导线的绝缘层即被割破。

（8）扳手

1）活扳手是用于紧固和松动螺母的一种专用工具，如图2-10所示。活扳手主要由活扳唇、呆扳唇、扳口、蜗轮、轴销等构成，其规格以长度（mm）×最大开口宽度（mm）表示，常用的有150mm×19mm、200mm×24mm、250mm×30mm、300mm×36mm等几种。

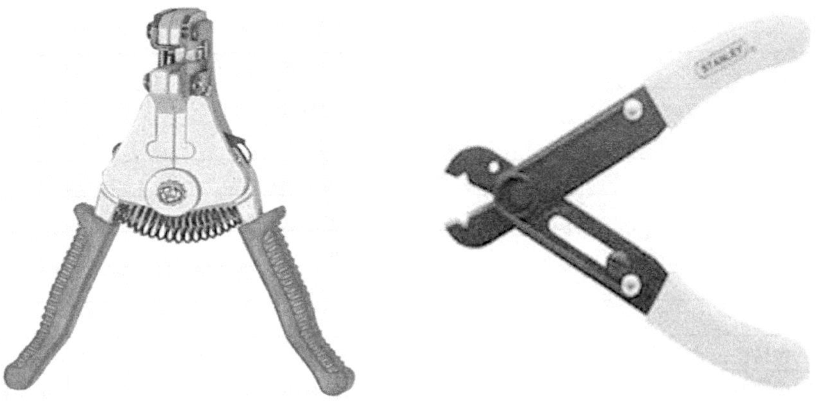

图 2-9　剥线钳

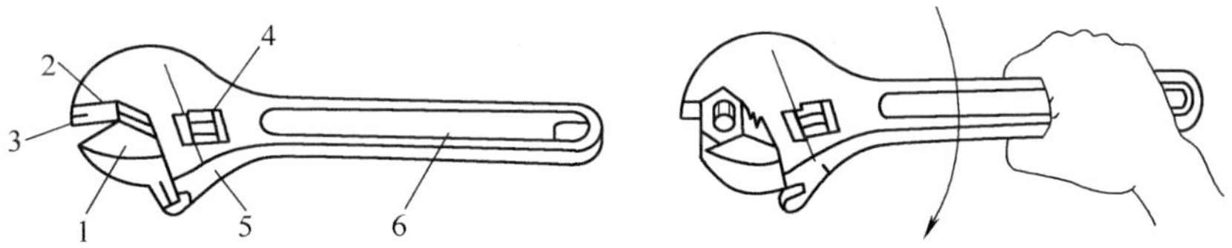

a)　　b)

图 2-10　活扳手

a）结构　b）使用

1—活扳唇　2—呆扳唇　3—扳口　4—蜗轮　5—轴销　6—手柄

2）固定扳手的扳口为固定口径，不能调整，但使用时不易打滑。

（9）电烙铁　电烙铁是烙铁钎焊的热源，按结构可分为内热式电烙铁和外热式电烙铁两种；按用途不同可分为大功率电烙铁和小功率电烙铁两种，其外形如图 2-11 所示。

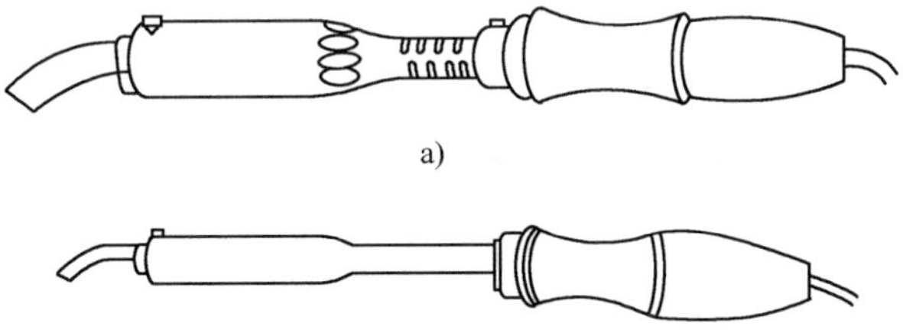

a)

b)

图 2-11　电烙铁

a）大功率电烙铁　b）小功率电烙铁

注意：应根据焊接面积大小选择合适的电烙铁。电烙铁用完要随时拔去电源插头。在导电地面（如混凝土）上使用时，电烙铁的金属外壳必须妥善接地，防止漏电时触电。

实践操作

1. 准备器材

器材清单见表 2-2。

表 2-2　器材清单

名　　称	型号规格	数　　量
低压验电器	220V	1 只
一字螺钉旋具	5mm×140mm	1 把
十字螺钉旋具	4mm×140mm	1 把
剥线钳	手动剥线钳 160mm	1 把
斜口钳	160mm	1 把
尖嘴钳	160mm	1 把
钢丝钳	160mm	1 把
电烙铁	150W	1 个
电工刀	全长 200mm	1 把
木板	200mm×200mm	1 块
木螺钉、螺栓与螺母	—	各 5 个
导线	4 色导线	各一卷

2. 操作步骤

操作步骤见表 2-3。

表 2-3　操作步骤

序号	步　　骤	任　　务
1	任务分配	以组为单位进行操作。组长领取工具，学习完成后由组长上交工具，保证工具的完好性
2	练习使用低压验电器	学会用低压验电器测电源插座，并观察低压验电器状态，学会判断是否有电
3	练习使用螺钉旋具	每组一块木板，练习在木板上拆装木螺钉、螺栓、螺母
4	练习使用电工刀、剥线钳、斜口钳、尖嘴钳	练习用电工刀、剥线钳、斜口钳、尖嘴钳进行导线切割、去绝缘层
5	练习使用电烙铁	练习用电烙铁进行导线的焊接。在使用工具时注意安全

小贴士

做好安全防范工作，安全文明操作，没有熟练掌握前不得带电使用工具。

考核评价

实训任务完成后，进行考核与评价，具体评分细则见表 2-4。

表 2-4　常用电工工具的使用考核评价表

序号	评价内容	配分	自评	互评	教师评价
1	按时上课、下课，不迟到、不早退	10 分			
2	电工工具的使用 1）认识工具 2）会正确使用工具 3）结合工具完成相应的实验项目	30 分			

（续）

序号	评价内容	配分	自评	互评	教师评价
3	导线剥削 1）正确使用剥线钳 2）完成简单的导线连接	15 分			
4	电烙铁的使用 1）会正确使用电烙铁 2）掌握导线的焊接工艺	15 分			
5	安全文明生产 1）注意安全，文明生产，爱护公物 2）团队合作，和谐共进	10 分			
6	按照规定时间，鼓励节省工时	10 分			
7	实训报告完整、工整	10 分			

巩固与提高

1. 填空题

1）低压验电器是用来检测导线、电器和电气设备的金属外壳（　　）的一种电工工具。

2）螺钉旋具由（　　）和（　　）组成。刀头形状有（　　）形和（　　）形两种，分别用于旋动头部为横槽或十字形槽的螺钉。

2. 选择题

低压验电器一般适用于交直流电压为（　　）V 以下。

A. 220　　　　B. 80　　　　C. 500

3. 简答题

1）低压验电器的作用和测量电压范围是多少？使用时有哪些注意事项？用低压验电器对实训室进行测量。

2）电工刀、螺钉旋具、各类钳子主要用于什么工作？

3）使用电烙铁的注意事项是什么？

任务 2　常用电工仪表的使用

任务目标

1. 了解万用表、钳形电流表、兆欧表的作用，掌握它们的使用方法。
2. 掌握常用电工仪表的使用注意事项。

任务要求

1. 用万用表测三相异步电动机的绕组阻值。
2. 用绝缘电阻表测量三相异步电动机的绝缘电阻。

3. 用钳形电流表测量三相异步电动机的线电流。
4. 整理任务实施报告。

注意事项

1. 测量工作要认真遵循操作步骤，避免仪表损坏和人身受到伤害。
2. 所有的测量都要在有教师监督的情况下进行。
3. 做好安全工作。

实施流程

实施流程见表 2-5。

表 2-5　实施流程

序号	工作内容	教师活动	学生活动	学时
1	布置任务	下达任务书，组织小组讨论学习	接受任务，明确工作内容	2
2	知识准备	讲解常用电工仪表的相关知识	知道常用电工仪表的基本结构	
			熟悉常用电工仪表的种类	
			掌握常用电工仪表的使用方法	
3	实践操作	讲解常用电工仪表的相关知识，演示操作方法，组织学生进行实践操作，并巡视指导	练习电工仪表的使用方法	
4	考核评价	按具体评分细则对学生进行评价	按具体评分细则进行自评、互评	

知识准备

1. 万用表

（1）模拟式万用表　模拟式万用表的型号繁多，图 2-12 所示为常用的 MF-47 型万用表。

1）在使用万用表进行测量前，应进行下列检查和调整：外观应完好无破损；旋动转换开关，应切换灵活无卡阻，档位应准确；水平放置万用表，转动表盘指针下面的机械调零螺钉，使指针对准标度尺左边的“0”位线；测量电阻前应进行电调零（每换档一次，都应重新进行电调零），即将转换开关置于欧姆档的适当位置，两支表笔短接，旋动调零旋钮，使指针对准欧姆标度尺右边的“0”位线。如指针始终不能指向“0”位线，则应更换电池。

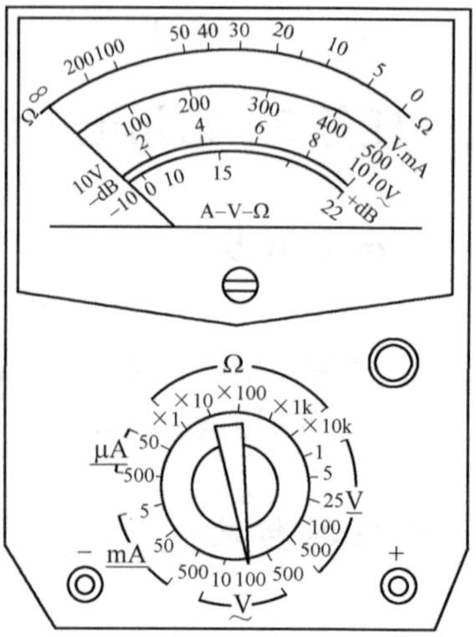

图 2-12　MF-47型万用表

注意：黑表笔应接“-”极或“*”插孔，红表笔应接“+”。

2）直流电阻的测量。首先应断开被测电路的电源及连接导线，合理选择量程档位，以指针居中或偏右为最佳。测量半导体器件时，不应选用 R×1 档和 R×10k 档。测量时表笔与被测电路应接触良好；双手不得同时触至表笔的金属部分，以防将人体电阻并入被测电路造成误差；正确读数并计算出实测值。

注意： 切不可用欧姆档直接测量微安表头、检流计、电池内阻。

3）电压的测量。测量电压时，表笔应与被测电路并联。测量直流电压时，应注意极性。若无法区分正、负极，则先将量程选在较高档位，用表笔轻触电路，若指针反偏，则调换表笔，合理选择量程。若被测电压无法估计，应先选择最大量程，视指针偏摆情况再做调整。测量时应与带电体保持安全间距，手不得触至表笔的金属部分。测量高电压（500~2500V）时，应戴绝缘手套且站在绝缘垫上使用高压测试笔测量。

4）电流的测量。测量电流时，应与被测电路串联，切不可并联。测量直流电流时，应注意极性，合理选择量程。测量较大电流时，应先断开电源再撤表笔。

注意： 测量过程中不得换档。读数时，应三点成一线。若万用表长时间不用，应取出内部电池。

（2）数字万用表　数字万用表具有测量精确度高、显示直观、功能全、可靠性好、小巧轻便以及便于操作等优点。

1）面板结构与功能。图 2-13 所示为 DT-830 型数字万用表，由 LCD 显示器、电源开关、量程选择开关、表笔插孔等组成。LCD 显示器最大显示值为 1999，且具有自动显示极性功能。若被测电压或电流的极性为负，则显示值前将带“-”号。若输入超量程时，显示屏左端出现“1”或“-1”的提示字样。电源开关（POWER）可根据需要，分别置于“ON”（开）或“OFF”（关）状态。测量完毕，应将其置于“OFF”位置，以免空耗电池。旋转式量程选择开关位于面板中央，用以选择测试功能和量程。若用表内蜂鸣器做通断检查时，量程选择开关应停放在标有“)))”符号的位置。hFE 插孔用以测量晶体管的 hFE 值，测量时将晶体管的 B、C、E 极对应插入即可。输入插孔是万用表通过表笔与被测量连接的部位，设有“COM”“V Ω”“mA”“10A”四个插孔。使用时，黑表笔应置于“COM”插孔，红表笔依被测种类和大小置于“V Ω”“mA”或“10A”插孔。在“COM”插孔与其他三个插孔之间分别标有最大（MAX）测量值，如 10A、200mA、交流 750V、直流 1000V。

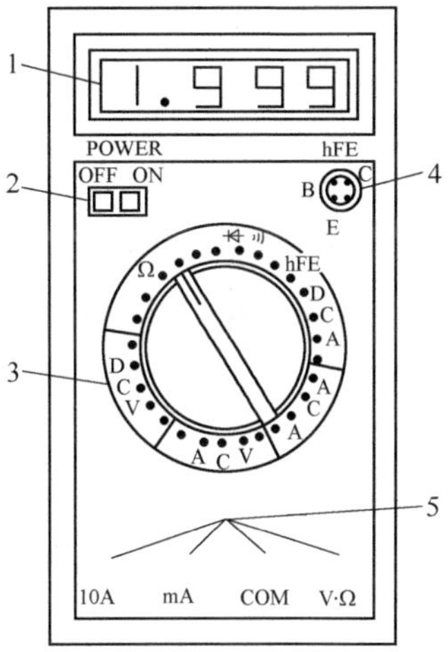

图 2-13　DT-830型数字万用表

1—LCD显示器　2—电源开关　3—量程选择开关　4—hFE插孔　5—输入插孔

2）DT-830 型数字万用表的使用方法。测量交、直流电压时，红、黑表笔分别接“VΩ”与“COM”插孔，旋动量程选择开关至合适位置（200mV、2V、20V、200V、700V 或 1000V），红、黑表笔并接于被测电路，此时显示屏显示被测电压数值。若显示屏只显示最高位“1”，表示溢出，应将量程调高。测量交、直流电流时，红、黑表笔分别接“mA”与“COM”插孔，旋动量程选择开关至合适位置，将两表笔串接于被测回路，显示屏所显示的数值即为被测电流的大小。

3）测量电阻时，无须调零。将红、黑表笔分别插入“VΩ”与“COM”插孔，旋动量程选择开关至合适位置，将两表笔跨接在被测电阻两端（不得带电测量），显示屏所显示的数值即为被测电阻的数值。

4）进行二极管和电路通断测试时，红、黑表笔分别插入“VΩ”与“COM”插孔，旋动量程选择开关至二极管测试位置。正向情况下，显示屏即显示二极管的正向导通电压，单位为mV（锗管应为200～300mV，硅管应为500～800mV）；反向情况下，显示屏应显示“1”，表明二极管不导通，否则，表明此二极管反向漏电流大。正向状态下，若显示“000”，则表明二极管短路；若显示“1”，则表明其断路。在用来测量线路或器件的通断状态时，若检测的阻值小于30Ω，则表内发出蜂鸣声以表示线路或器件处于导通状态。

5）进行晶体管测量时，旋动量程选择开关至“hFE”位置，把被测晶体管依NPN型或PNP型将B、C、E极插入相应的插孔中，显示屏所显示的数值即为被测晶体管的“hFE”参数。进行电容测量时，将被测电容插入电容插座，旋动量程选择开关至“CAP”位置，显示屏所显示数值即为被测电荷的电荷量。

注意：当显示屏出现“LOBAT”或“←”时，表明电池电压不足，应予更换。若测量电流时没有读数，应检查熔丝是否熔断。测量完毕，应关上电源；若长期不用，应将电池取出。

2. 钳形电流表

钳形电流表如图2-14所示，其最基本的用途是测量交流电流，虽然准确度较低（通常为2.5级或5级），但因在测量时无须切断电路，因而使用仍很广泛。如须进行直流电流的测量，则应选用交直流两用钳形电流表。

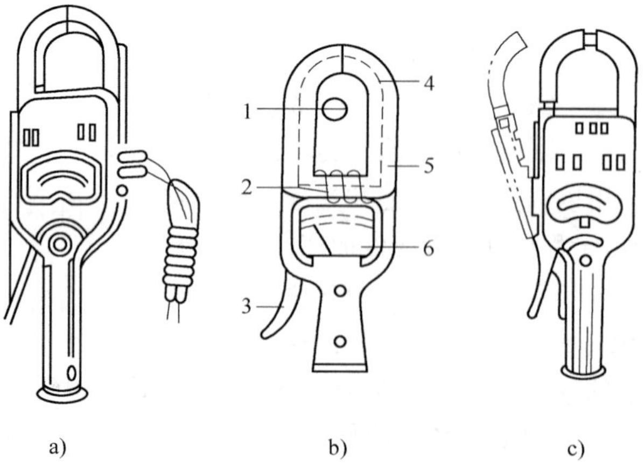

图 2-14 钳形电流表

a）外形 b）工作原理 c）张开状态

1—被测导线 2—二次绕组 3—铁心开关 4—互感器 5—铁心 6—电流表

使用钳形电流表测量前，应先估计被测电流的大小以合理选择量程。使用钳形电流表时，被测载流导线应放在钳口内的中心位置，以减小误差。钳口的接合面应保持接触良好，若有明显噪声或表针振动厉害，可将钳口重新开合几次或转动手柄。在测量较大的电流后，为减小剩磁对测量结果的影响，应立即测量较小电流，并把钳口开合数次。测量较小的电流时，为使数值较准确，在条件允许的情况下，可将被测导线多绕几圈后再放进钳口进行测量。

使用时，将量程开关转到合适位置，手持胶木手柄，用食指勾紧铁心开关，便于打开铁心。将被测导线从铁心缺口引入到铁心中央，然后放松食指，铁心即自动闭合。被测导线的电流在铁心中产生交变磁通，表内感应出电流，即可直接读数。在较小空间内测量要防止相间短路。

注意：使用钳形电流表前应检查其外观是否良好，测量时应戴绝缘手套，并注意保持安全间距。

3. 绝缘电阻表

（1）选用　绝缘电阻表如图 2-15 所示。选用绝缘电阻表主要考虑电压等级和测量范围两个方面。绝缘电阻表测量范围的选择原则如下。

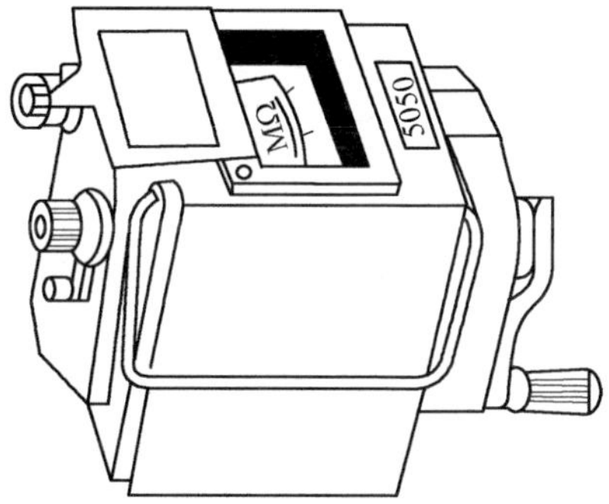

图 2-15　绝缘电阻表

1）测量低压电气设备的绝缘电阻时可选用 0～200MΩ 的绝缘电阻表，测量高压电气设备或电缆时可选用 0～2000MΩ 的绝缘电阻表。

2）有些绝缘电阻表的起始标记是 1MΩ 或 2MΩ，不宜用来测量处于潮湿环境中的低压电气设备的绝缘电阻，原因是其绝缘电阻可能小于 1MΩ，会造成仪表上无法读数或读数不准确。

（2）使用方法　兆欧表上有三个接线柱，两个较大的接线柱上分别标有 E（接地）、L（线路），另一个较小的接线柱上标有 G（屏蔽）。其中，L 接被测设备或线路的导体部分，E 接被测设备或线路的外壳或大地，G 接被测对象的屏蔽环或不需测量的部分。绝缘电阻表的常见接线方法如图 2-16 所示。

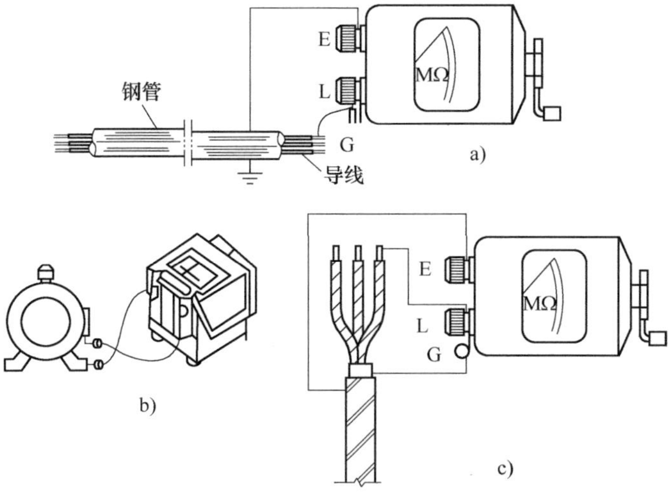

图 2-16　绝缘电阻表的接线方法

（3）测量要点

1）测量前，要先切断被测设备或线路的电源，并将其导电部分对地进行充分放电。检查仪表是否完好，将接线柱 L、E 分开，由慢到快摇动手柄约 1min，使绝缘电阻表内的发电机转速稳定（约 120r/min），指针应指在“∞”处；再将 L、E 短接，缓慢摇动手柄，指针应指在“0”处。

2）测量时，绝缘电阻表应水平放置平稳。在测量过程中不可用手触及被测物的测量部分，以防触电。绝缘电阻表的操作方法如图 2-17 所示。

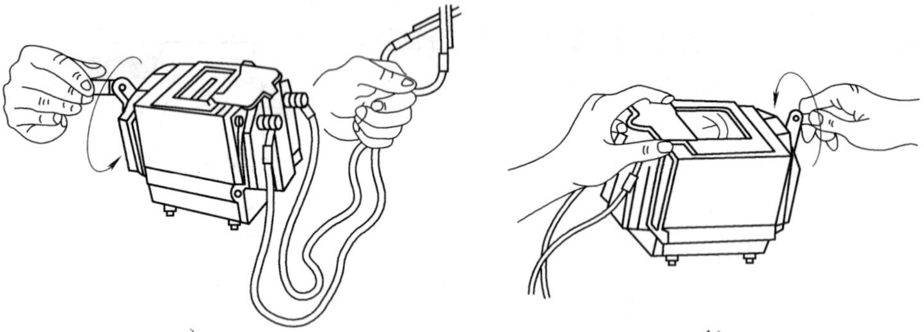

a)　　b)

图 2-17　绝缘电阻表的操作方法

a）校试绝缘电阻表的操作方法　b）测量时绝缘电阻表的操作方法

注意：测量过程中，若发现指针指零，应停止继续摇动手柄。测量具有大电容的设备时，读数后不得立即停止摇动手柄，否则已充电的电容将对绝缘电阻表放电，有可能烧坏仪表。

实践操作

1. 准备器材

器材清单见表 2-6。

表 2-6　器材清单

名　称	型　号	数　量
指针式万用表	MF-47	1 块
数字式万用表	DT-830	1 块
钳形电流表	DM-6266	1 块
绝缘电阻表	500V	1 块
电动机	7.5 kW	1 台
电动机	1.1kW	1 台
低压断路器	DZ47-63 25A 3P	1 只
电工通用工具	—	1 套
绝缘胶布	—	1 卷
铜导线	$4mm^2$	若干

2. 操作步骤

操作步骤见表 2-7。

表 2-7　操作步骤

序号	步　骤	任　务
1	准备工作	将三相异步电动机接线盒拆开，取下所有接线柱之间的连接片，使三相绕组各自独立
2	读阻值	选择合适的量程，用万用表测量三相异步电动机的绕组阻值，并正确读出测量值
3	测量电阻值	用兆欧表测量三相绕组之间、各相绕组与机座之间的绝缘电阻
4	测量电流值	按电动机铭牌规定，恢复有关接线端之间的连接片，然后接通三相交流电源，先用万用表测量三相异步电动机的线电压，然后通电运行，用钳形电流表测量起动瞬时电流和空载电流

用绝缘电阻表测量三相异步电动机，并将各参数填入表 2-8 中。

表 2-8　用绝缘电阻表测量三相异步电动机的参数

	绕组阻值	绝缘电阻	电动机线电压	起动瞬时电流	空载电流
测量值					

小贴士

认真遵循操作步骤，在教师的监督下实施测量，做好安全及防火的措施。

考核评价

实训任务完成后，进行考核与评价，具体评分细则见表 2-9。

表 2-9　常用电工仪表使用考核评价表

序号	评价内容	配分	自评	互评	教师评价
1	按时上课、下课，不迟到、不早退	10 分			
2	正确使用指针式万用表、数字式万用表测量交流电压、直流电压、直流电流、直流电阻	30 分			
3	钳形电流表的使用 1）正确使用绝缘电阻表 2）理解使用钳形电流表的注意事项	20 分			
4	绝缘电阻表的使用 1）正确使用绝缘电阻表 2）理解使用绝缘电阻表的注意事项	20 分			
5	安全文明生产 1）注意安全、文明生产、爱护公物 2）团队合作，和谐共进	5 分			
6	按照规定时间，鼓励节省工时	5 分			
7	实训报告完整、工整	10 分			

巩固与提高

1. 填空题

1）万用表分为（　　）式万用表和（　　）式万用表。

2）绝缘电阻表的选用主要考虑（　　）和（　　）两个方面。

2. 选择题

1）施工现场照明设施的接电应采取的防触电措施为（　　）。

A. 戴绝缘手套　　B. 切断电源　　C. 站在绝缘板上

2）确认设备或线路无电，应以（　　）指示作为依据。

A. 电压表　　B. 验电器　　C. 断电信号

3. 简答题

1）使用万用表时有哪些注意事项？

2）简述使用钳形电流表的操作步骤。

3）使用绝缘电阻表测电路绝缘电阻的注意事项有哪些？

任务 3　电工基本操作工艺训练

任务目标

1. 掌握导线绝缘层的处理方法。
2. 掌握连接导线的方法。
3. 掌握恢复导线绝缘层的方法。

任务要求

1. 用电工工具处理待连接的导线绝缘层。
2. 熟练进行导线与导线、导线与接线桩的连接。
3. 练习常用导线绝缘层的恢复方法。
4. 整理任务实施报告。

注意事项

1. 使用电工工具操作要规范，达到熟练、准确。
2. 做好安全及防火措施。
3. 要安全文明操作，要保管好工具、器材，下课及时清点。

实施流程

实施流程见表 2-10。

表 2-10 实施流程

序号	工作内容	教师活动	学生活动	学时
1	布置任务	下达任务书，组织小组讨论学习	接受任务，明确工作内容	2
2	知识准备	讲解电工基本操作的相关知识	知道电工基本操作的方法与技巧	
			熟悉电工基本操作—导线绝缘层的去除、导线连接、绝缘层的恢复	
			掌握导线绝缘层去除方法与技巧、导线连接方法与技巧、绝缘层的恢复方法	
3	实践操作	讲解电工基本操作的相关知识并演示操作方法，组织学生进行实践操作，并巡视指导	练习电工基本操作方法	
4	考核评价	按具体评分细则对学生进行评价	按具体评分细则进行自评、互评	

知识准备

1. 常用导线型号及使用

导线分为绝缘导线与裸导线。常用绝缘导线有橡皮绝缘导线、聚氯乙烯绝缘导线、橡皮电缆。

2. 剖削线头绝缘层

（1）塑料硬导线线头绝缘层的剖削

1）芯线截面积为 $4mm^2$ 及以下的塑料绝缘线，其绝缘层用钢丝钳剖削。其操作方法如图 2-18 所示：用左手捏住导线，根据所需线头长短用斜口钳切割部分绝缘层，但不可切入芯线；将导线转动 180°，再用斜口钳切割另一部分绝缘层，同样不可切入芯线；然后用右手握住钢丝钳头部用力向外勒去塑料绝缘层。剖削好的芯线应保持完整无损，如损伤较大，应重新剖削。

2）对于芯线截面积大于 $4mm^2$ 的塑料硬线，可用电工刀来剖削绝缘层。其方法和步骤如下：根据所需线头长度用电工刀以约 45°角倾斜切入塑料绝缘层，注意用力要适度，避免损伤芯线，如图 2-19a 所示；然后使刀面与芯线保持 25°左右夹角，用力向线端推削，在此过程中应避免电工刀切入芯线，只削去上面一层塑料绝缘层，如图 2-19b 所示；最后将塑料绝缘层向后翻起，用电工刀齐根切去，如图 2-19c 所示。

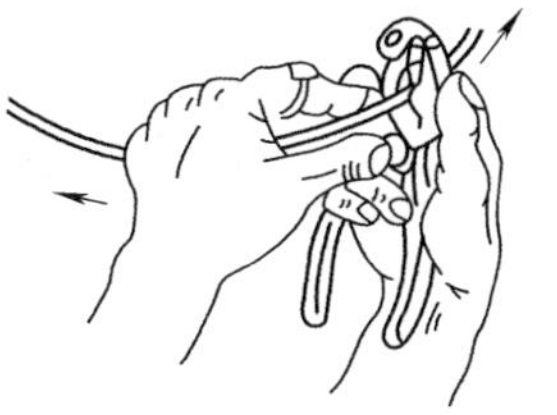

图 2-18 用钢丝钳剖削导线绝缘层

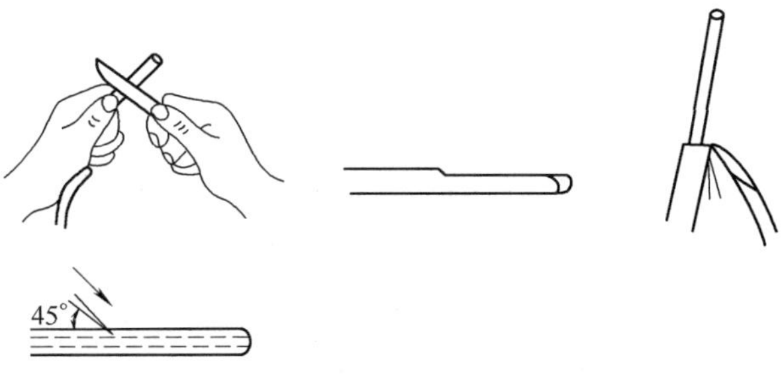

a) b) c)

图 2-19 用电工刀去除导线绝缘层

（2）塑料软导线绝缘层的剖削　塑料软导线绝缘层只能用剥线钳或钢丝钳和斜口钳剖削，不能用电工刀剖削，剖削方法与截面积为 $4mm^2$ 及以下的塑料硬导线相同。

（3）塑料护套线绝缘层的剖削　塑料护套线绝缘层的剖削必须用电工刀来完成，其剖削方法和步骤如下。

1）按所需长度用电工刀刀尖沿芯线中间缝隙划开护套层，如图 2-20a 所示。

2）向后翻起护套层，用电工刀齐根切去，如图 2-20b 所示。

3）在距离护套层 5～10mm 处，用电工刀以 45°角倾斜切入绝缘层。

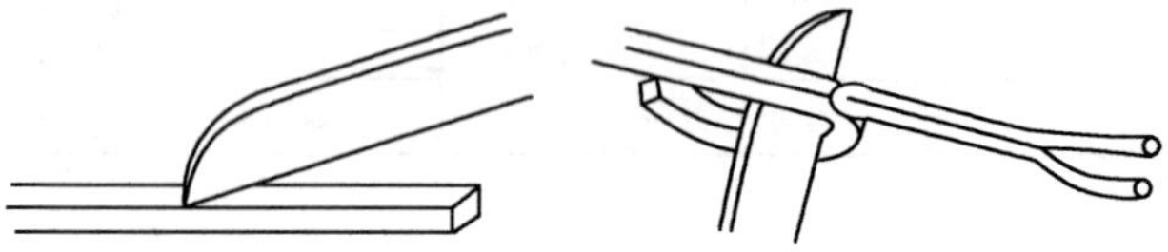

a)　　b)

图 2-20　塑料护套线绝缘层的剖削

（4）橡皮线绝缘层的剖削　橡皮线绝缘层外面有一层柔韧的纤维编织保护层，先用剖削护套线护套层的方法，用电工刀尖划开纤维编织层，并将其扳翻后齐根切去，再用剖削塑料硬导线绝缘层的方法，除去橡皮绝缘层。如果橡皮绝缘层内的芯线上包裹着棉纱，则可将该棉纱层松开，齐根切去。

（5）花线绝缘层的剖削　其剖削方法和步骤如图 2-21 所示。

1）首先根据所需剖削长度，用电工刀在导线外保护层割切一圈，并将其剥离。

2）在距织物保护层 10mm 处，用钢丝钳刃口切割橡皮绝缘层。

3）将露出的棉纱层松散开，用电工刀割断。

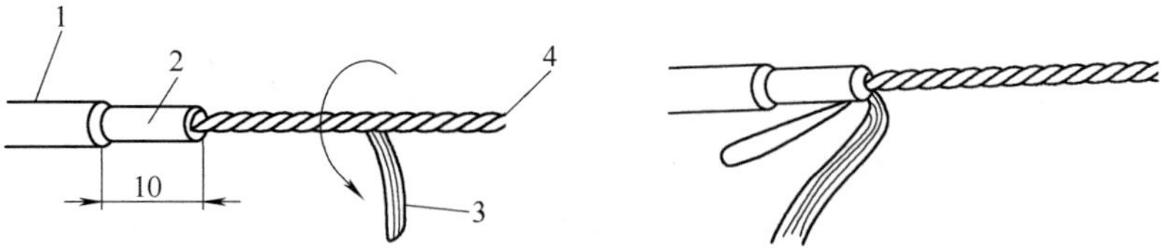

a)　　b)

图 2-21　花线绝缘层的剖削

a）去除编织层和橡皮层　b）扳翻棉纱

1—棉纱编织层　2—橡皮绝缘层　3—棉纱　4—线芯

3. 导线连接

（1）导线连接的基本要求　导线连接是电工作业的一项基本工作，也是一项十分重要的工作。导线连接的质量直接关系到整个线路能否安全可靠地长期运行。对导线连接的基本要求是连接牢固可靠、接头电阻小、机械强度高、耐腐蚀耐氧化、电气绝缘性能好。

（2）导线的常用连接方法　导线种类和连接形式不同，其连接的方法也不同。常用的连接方法有绞合连接、紧压连接、焊接等。连接前应小心地剥除导线连接部位的绝缘层，注意不可损伤其芯线。

1）绞合连接 。绞合连接是指将须连接导线的芯线直接紧密绞合在一起。铜导线常用绞合连接。

小截面单股铜导线的连接方法如图 2-22 所示，先将两导线的芯线线头做 X 形交叉，再将它们相互缠绕 2～3 圈后扳直两线头，然后将每个线头在另一芯线上紧贴密绕 5～6 圈后剪去多余线头。

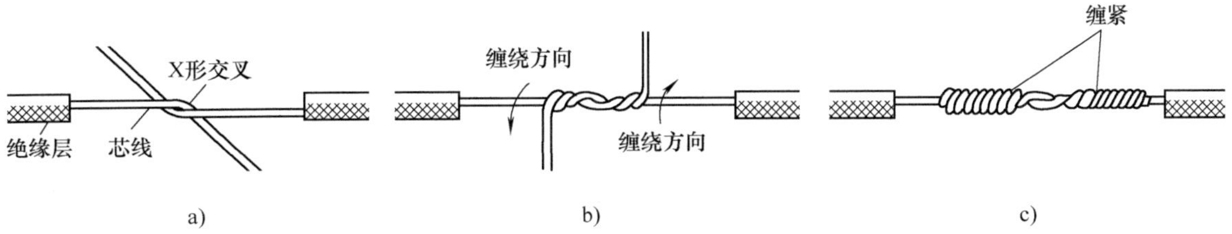

图 2-22　小截面单股铜导线的连接方法

大截面单股铜导线的连接方法如图 2-23 所示，先在两导线的芯线重叠处插入一根相同直径的芯线，再用一根截面积约 1.5mm^2 的裸铜线在其上紧密缠绕，缠绕长度为导线直径的 10 倍左右，然后将被连接导线的芯线线头分别折回，再将两端的缠绕裸铜线继续缠绕 5～6 圈后剪去多余线头。

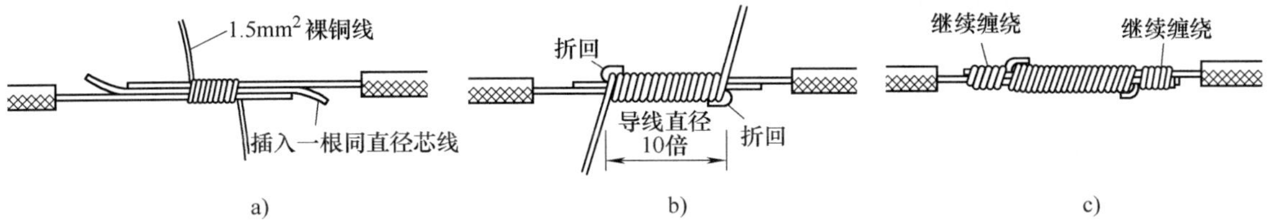

图 2-23　大截面单股铜导线的连接方法

不同截面积单股铜导线的连接方法如图 2-24 所示，先将细导线的芯线在粗导线的芯线上紧密缠绕 5～6 圈，然后将粗导线芯线的线头折回紧压在缠绕层上，再用细导线芯线在其上继续缠绕 3～4 圈后剪去多余线头。

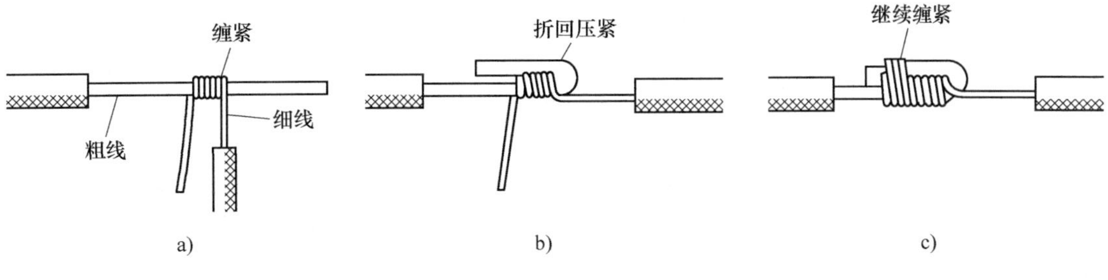

图 2-24　不同截面积单股铜导线连接

单股铜导线的 T 形分支连接如图 2-25 所示，将支路芯线的线头紧密缠绕在干路芯线上 5～8 圈后剪去多余线头即可。对于较小截面积的芯线，可先将支路芯线的线头在干路芯线上打一个环绕结，再紧密缠绕 5～8 圈后剪去多余线头。

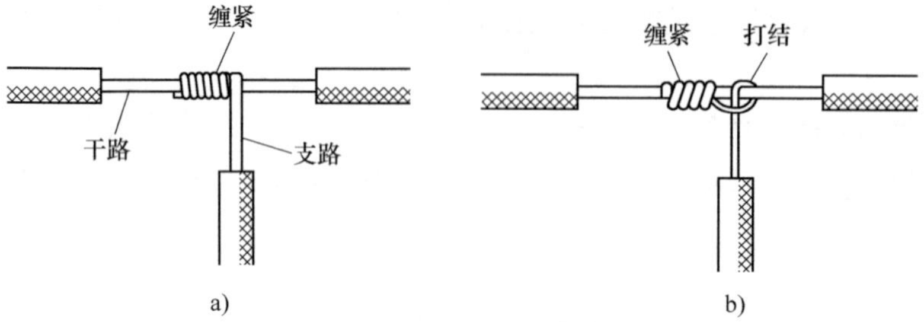

图 2-25 单股铜导线的T形分支连接

单股铜导线的十字形分支连接如图 2-26 所示，将上下支路芯线的线头紧密缠绕在干路芯线上 5～8 圈后剪去多余线头。可以将上下支路芯线的线头向一个方向缠绕，如图 2-26a 所示；也可以向左右两个方向缠绕，如图 2-26b 所示。

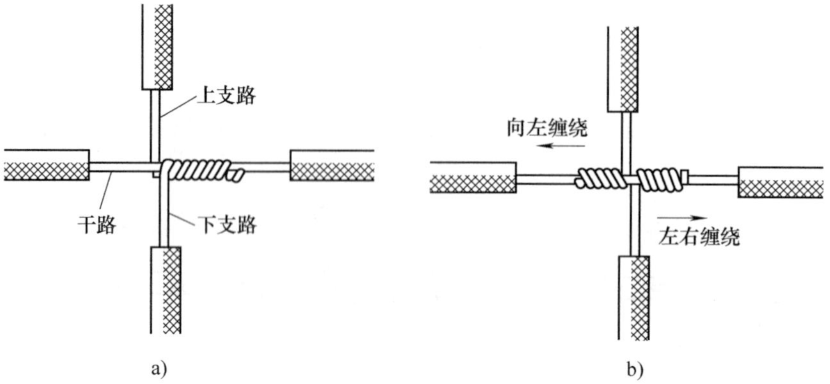

图 2-26 单股铜导线的十字形分支连接

多股铜导线的直接连接如图 2-27 所示，先将剥去绝缘层的多股芯线拉直，将其靠近绝缘层芯线的约 1/3 绞合拧紧，将其余 2/3 芯线成伞状散开，另一根须连接的导线芯线也如此处理。再将两伞状芯线相对着互相插入后捏平芯线，然后将每一边的芯线线头分为 3 组，先将一边的第 1 组线头翘起并紧密缠绕在芯线上，再将第 2 组线头翘起并紧密缠绕在芯线上，最后将第 3 组线头翘起并紧密缠绕在芯线上。以同样的方法缠绕另一边的线头。

多股铜导线的 T 字分支连接有两种方法，一种方法如图 2-28 所示，将支路芯线 90°折弯后与干路芯线并行，如图 2-28a 所示，然后将线头折回并紧密缠绕在芯线上，如图 2-28b 所示。

另一种方法如图 2-29 所示，将支路芯线靠近绝缘层芯线的约 1/8 绞合拧紧，其余 7/8 芯线分为两组，如图 2-29a 所示，一组插入干路芯线当中，另一组放在干路芯线前面，并向右边按图 2-29b 所示方向缠绕 4～5 圈。再将插入干路芯线当中的那一组朝左边按图 2-29c 所示方向缠绕 4～5 圈，连接好的导线如图 2-29d 所示。

单股铜导线与多股铜导线的连接方法如图 2-30 所示，先将多股导线的芯线绞合拧紧成单股状，再将其紧密缠绕在单股导线的芯线上 5～8 圈，最后将单股芯线线头折回并压紧在缠绕部位。

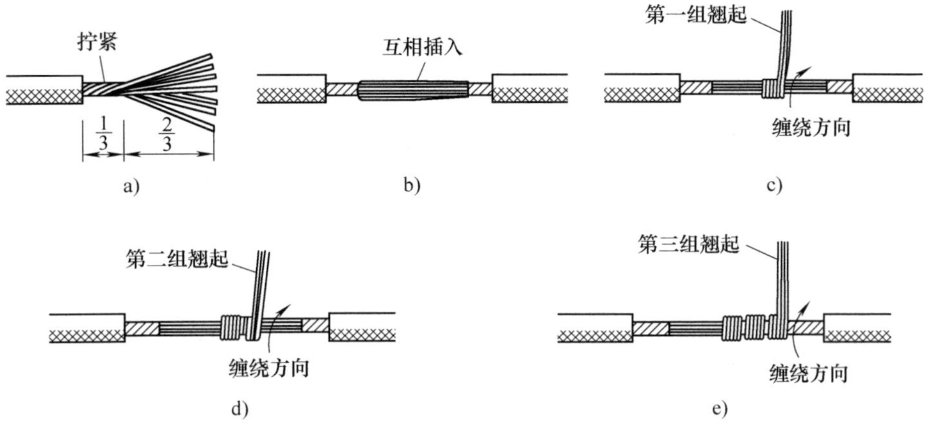

图 2-27　多股铜导线的直接连接

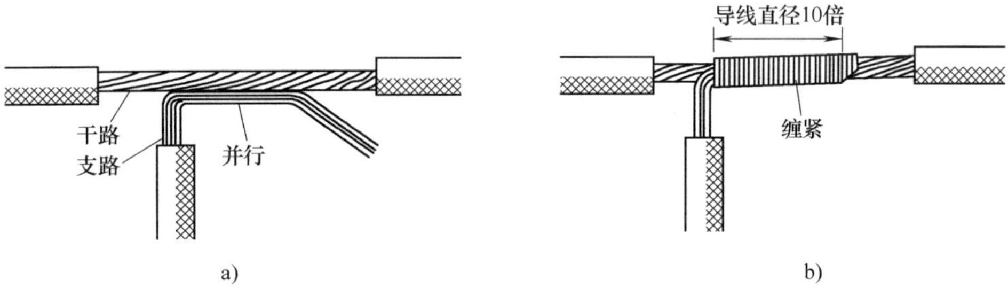

图 2-28　多股铜导线的T字分支连接（一）

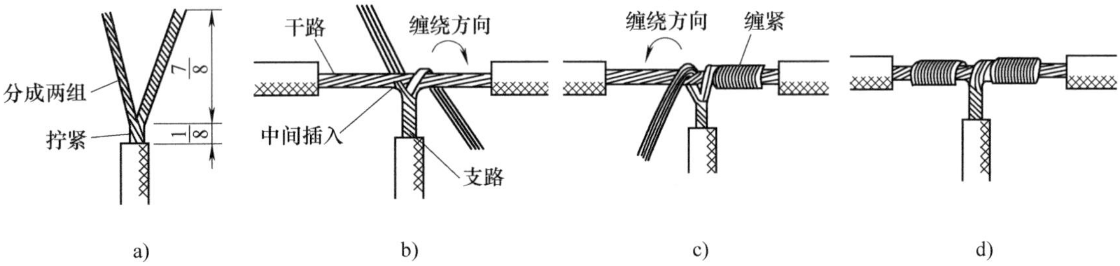

图 2-29　多股铜导线的T字分支连接（二）

当需要连接的导线来自同一方向时，可以采用图 2-31 所示的方法。对于单股导线，可将一根导线的芯线紧密缠绕在其他导线的芯线上，再将其他芯线的线头折回压紧即可，如图 2-31a、b 所示。对于多股导线，可将两根导线的芯线互相交叉，然后绞合拧紧，如图 2-31c、d 所示。对于单股导线与多股导线的连接，可将多股导线的芯线紧密缠绕在单股导线的芯线上，再将单股芯线的线头折回

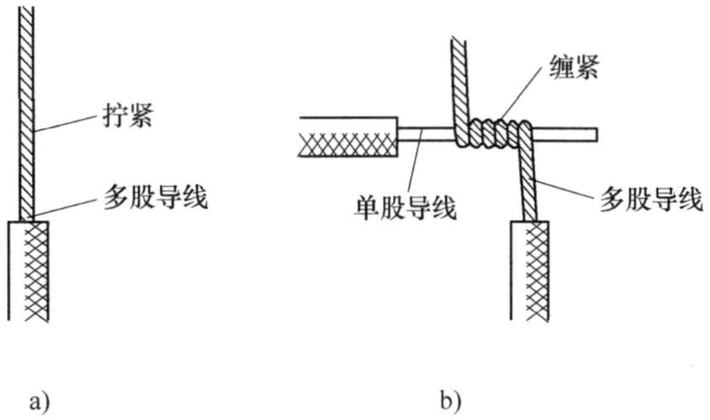

图 2-30　单股铜导线与多股铜导线的连接方法

压紧，如图 2-31e、f 所示。

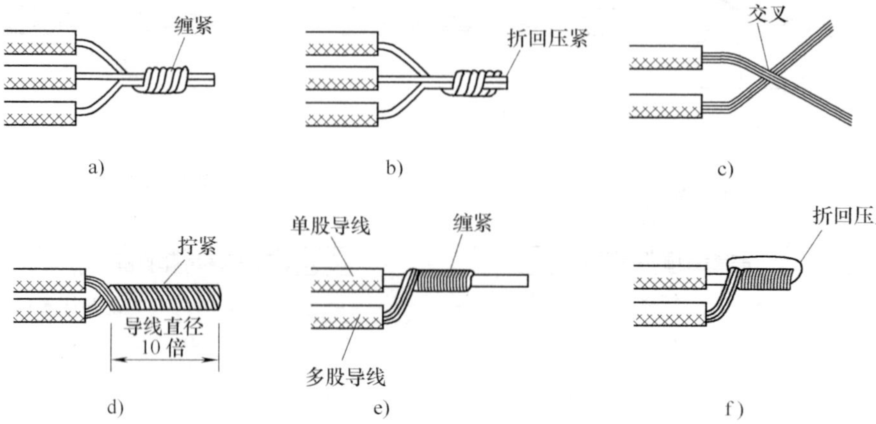

图 2-31　同一方向导线的连接方法

双芯护套线、三芯护套线或电缆、多芯电缆在连接时，应注意尽可能将各芯线的连接点互相错开位置，可以更好地防止线间漏电或短路。图 2-32a 所示为双芯护套线的连接情况，图 2-32b 所示为三芯护套线的连接情况。

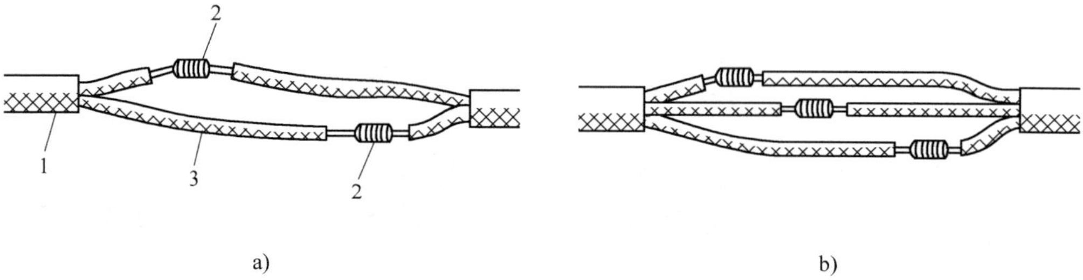

图 2-32　双芯和三芯护套线的连接

1—外护套层　2—连接点　3—内绝缘层

注意：铝导线虽然也可采用绞合连接，但铝芯线的表面极易氧化，日久将造成电路故障，因此铝导线通常采用紧压连接。

2）紧压连接。

①压接管紧压连接又称套管压接，适用于负荷较大的铝芯线头的连接和一般粗铜导线的连接，因为铝的表面极易被氧化，而氧化铝薄膜的电阻率又很高，故采用此法连接。铜导线的连接应采用铜套管，铝导线的连接应采用铝套管。

紧压连接前应先清除导线芯线表面和压接套管内壁上的氧化层和污物，以确保接触良好；再根据需要将待连接的导线插入管套内，具体情况如图 2-33 所示。用压接钳或压接模具压紧套管使芯线保持连接。若压接的是钢芯铝绞线，应在两根芯线之间垫上一层铝质垫片。

②沟线夹螺钉紧压连接。此种连接适用于截面积较大的架空线路的直线和分支的连接。连接前先用钢丝刷除去导线线头和沟线夹线槽内壁上的氧化层及污物，并涂上中性凡士林。

将导线卡入线槽，旋紧螺钉，使沟线夹夹紧线头。为了预防螺钉松动，压接螺钉上必须套以弹簧垫圈。沟线夹的规格和使用数量与导线截面积有关。通常，导线截面积在 70mm^2 以下的用一副小型沟线夹；截面积在 70mm^2 以上的，用两副较大的沟线夹，两副沟线夹之间相距 300～400 mm。

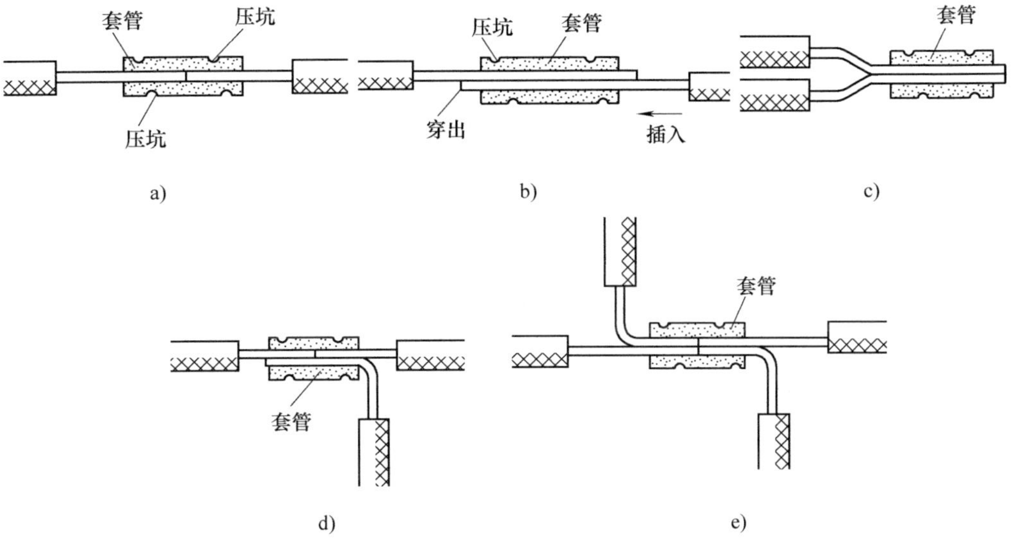

图 2-33　压接管紧压连接

a）、b）、c）单股线的连接　d）、e）多股线的连接

3）焊接。焊接是指将金属（焊锡等焊料或导线本身）熔化而使导线连接的方法。电工技术中导线连接的焊接种类有锡焊、电阻焊、电弧焊、气体保护焊、钎焊等。

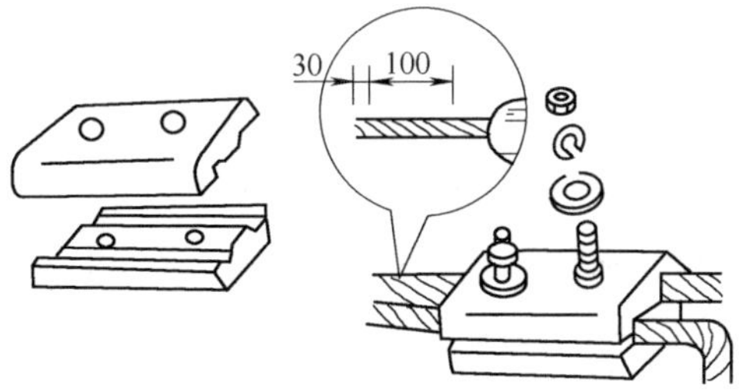

图 2-34　沟线夹螺钉紧压连接

较细的铜导线接头可用大功率（如 150W）电烙铁进行焊接。焊接前应先清除铜芯线接头部位的氧化层和污物，将待连接的两根芯线先行绞合，再涂上无酸助焊剂，用电烙铁蘸焊锡进行焊接即可，如图 2-35 所示。焊接中应使焊锡充分熔化渗入导线接头缝隙中，焊接完成的接点应牢固光滑。

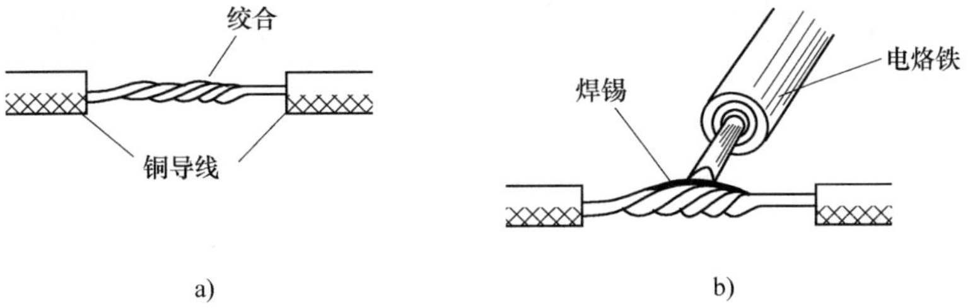

图 2-35　细铜导线的锡焊连接

较粗的铜导线接头可用浇焊法连接。浇焊前先清除铜芯线接头部位的氧化层和污物，涂上无酸助焊剂，将线头绞合。将焊锡放在化锡锅内加热熔化，当熔化的焊锡表面呈磷黄色时，已达到符合要求的高温，即可进行浇焊。浇焊时将导线接头置于化锡锅上方，用耐高温勺子盛上锡液从导线接头上面浇下，如图 2-36 所示。刚开始浇焊时因导线接头温度较低，锡液在接头部位不会很好渗入，应反复浇焊，直至完全焊牢为止。浇焊的接头表面也应光洁平滑。

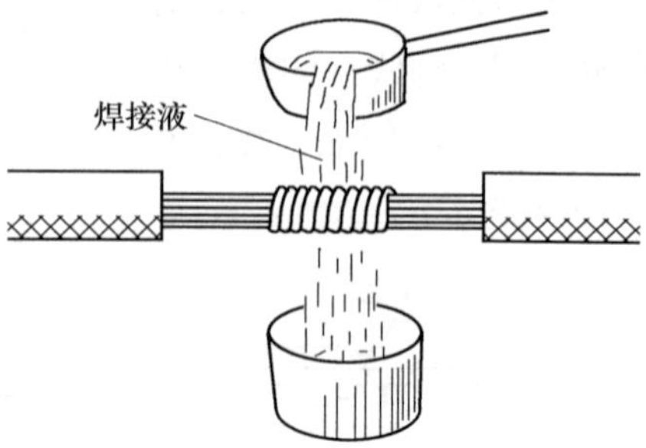

图 2-36　粗铜导线的浇焊连接

（3）线头与接线桩的连接

1）线头与针孔式接线桩的连接。

①单股线与针孔式接线桩的连接。如果单芯线横截面积大小适宜，则把芯线线头插入针孔并旋紧螺钉即可，如图 2-37a 所示。如果单芯线较细，则把芯线线头折成双根，将线插入针孔再旋紧螺钉，如图 2-37b 所示。

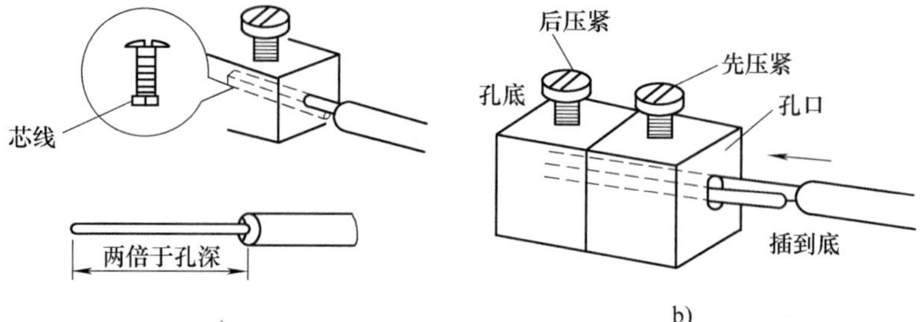

图 2-37　单股芯线与针孔接线桩的连接

②多芯线与针孔式接线桩的连接。先用钢丝钳将多芯线绞紧，以保证压接螺钉顶压时不致连接松散，如图 2-38a 所示。如果针孔过大，则可选一根直径大小相宜的导线作为绑扎线，在已绞紧的线头上紧紧地缠绕一层，使线头大小与针孔匹配后再进行压接，如图 2-38b 所示。如果线头过大，插不进针孔，可将线头散开，适量剪去中间几股，然后将线头绞紧就可进行压接，如图 2-38c 所示。通常 7 股芯线可剪去 1～2 股，19 股芯线可剪去 1～7 股。

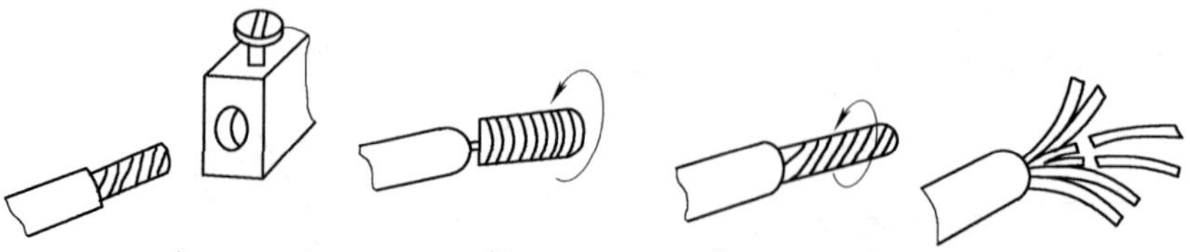

图 2-38　多股芯线头与针孔接线桩的连接

a）针孔合适的连接　b）针孔过大时线头的连接　c）针孔过小时线头的连接

注意：芯线在插入针孔前稍微向针孔上方弯曲；芯线插入针孔时须插到底；不得使绝缘层插入针孔，针孔外裸线头的长度不得超过 3mm。

2）线头与螺钉平压式接线桩的连接。平压式接线桩利用半圆头、圆柱头或六角头螺钉加垫圈将线头压紧，完成连接。对载流量小的单股芯线，先将线头弯成接线圈，如图 2-39 所示，再用螺钉压接。对于截面积不超过 10mm^2、股数为 7 股及以下的多股芯线，应按图 2-40 所示的步骤制作接线圈。

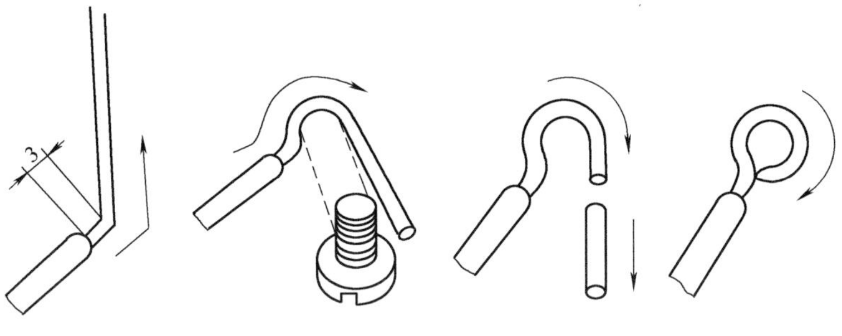

图 2-39　单股芯线接线圈的弯法

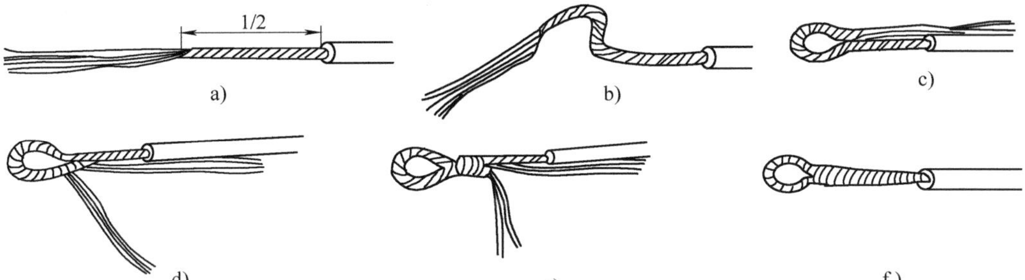

图 2-40　7股导线接线圈的弯法

对于载流量较大的导线，应安装接线耳。连接这类线头的工艺要求是：接线圈和接线耳的弯曲方向应与螺钉拧紧方向一致，连接前应清除接线圈、接线耳和垫圈上的氧化层及污物，再将接线圈或接线耳放在垫圈下面，用适当的力矩将螺钉拧紧，以保证良好的电接触。软线线头的连接也可用平压式接线桩。导线线头与压接螺钉之间的连接方法如图 2-41 所示。

3）线头与瓦形接线桩的连接。瓦形接线桩的垫圈为瓦形。压接时为了不致使线头从瓦形接线桩内滑出，压接前应先将去除氧化层和污物的线头弯曲成 U 形，如图 2-42a 所示，再卡入瓦形接线桩压接。如果在接线桩上有两个线头连接，应将弯成 U 形的两个线头重合，再卡入接线桩瓦形垫圈下方压紧，如图 2-42b 所示。

4. 绝缘层的恢复

导线连接完成后，必须对所有绝缘层已被去除的部位进行绝缘恢复，以恢复导线的绝缘性能，恢复后的绝缘强度应不低于导线原有的绝缘强度。恢复绝缘层的材料一般有黄蜡带、涤纶薄膜带、黑胶布带、塑料胶带、橡胶胶带等。黄蜡带或黑胶布带常选用带宽为 20mm 的规格。

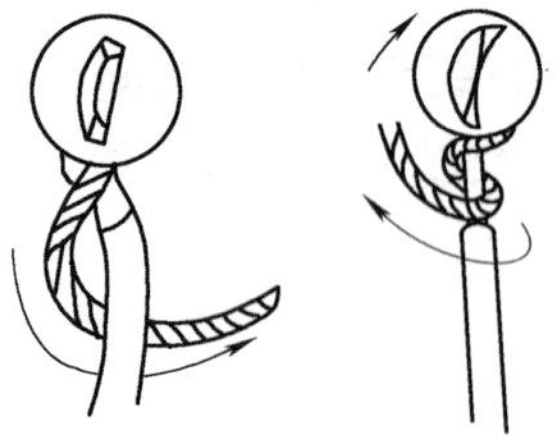
a) b)

图 2-41 软导线线头的连接

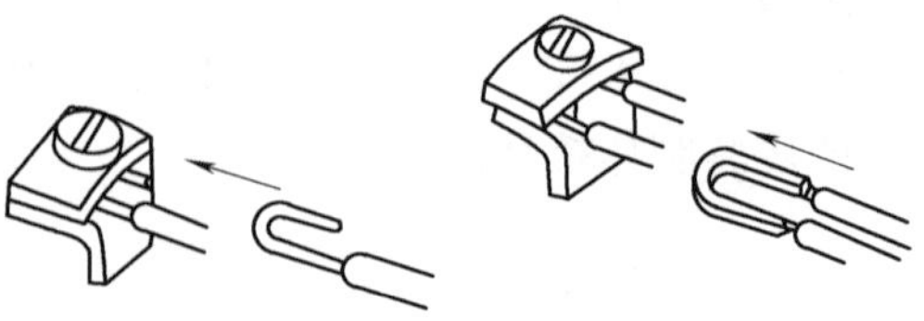
a) b)

图 2-42 单股芯线与瓦形接线桩的连接

包缠绝缘带时，应先包缠一层黄蜡带，再包缠一层黑胶布带。用黄蜡带从接头左边绝缘完好的绝缘层上开始包缠，包缠两根带宽后到达剥除了绝缘层的芯线部分，如图 2-43a 所示。包缠时黄蜡带应与导线成 55°左右倾斜角，每圈压叠带宽的 1/2，如图 2-43b 所示，直至包缠到接头右边两带宽距离的完好绝缘层处。

包缠一层黄蜡带后，将黑胶布带接在黄蜡带的尾端，按另一斜叠方向从右向左包缠，如图 2-43c 所示，仍每圈压叠带宽的 1/2，直至将黄蜡带完全包缠住。包缠处理中应用力拉紧胶带，注意不可稀疏，更不能露出芯线，以确保绝缘质量和用电安全。对于 220V 电路，也可不用黄蜡带，只用黑胶布带或塑料胶带包缠两层。在潮湿场所应使用聚氯乙烯绝缘胶带或涤纶绝缘胶带。

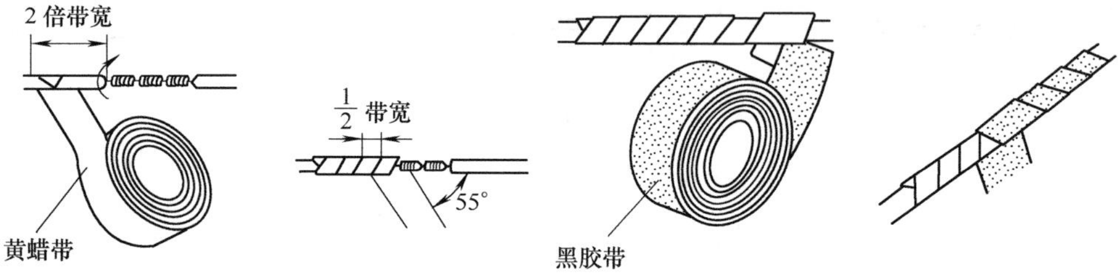

a) b) c) d)

图 2-43 绝缘带的包缠方法

注意：电压为 380V 的电路恢复绝缘时，可先用黄蜡带用斜缠法紧缠两层，再用黑胶布带缠绕 1～2 层。包缠绝缘带时，不能过疏，更不允许露出线芯，以免造成事故。

实践操作

1. 准备器材

器材清单见表 2-11。

表 2-11 器材清单

名　称	型号及要求	数　量
低压验电器	220V	1 只
一字螺钉旋具	Φ5 mm×140mm	1 把

（续）

名　　称	型号及要求	数　　量
十字螺钉旋具	Φ4 mm×140mm	1 把
剥线钳	手动剥线钳 160mm	1 把
斜口钳	160mm	1 把
尖嘴钳	160mm	1 把
钢丝钳	160mm	1 把
电烙铁	150W	1 个
电工刀	全长 200 mm	1 把
铜芯单芯导线	BV1.5 mm^2 铜芯	2m
多股铜芯软导线	RV1.5 mm^2	2m
绝缘胶带	20mm 宽	2 卷
接线端子	TD-3010 组合式接线排	1 个

2. 操作步骤

操作步骤见表 2-12。

表 2-12　操作步骤

序号	步　　骤	任　　务
1	任务分配	以组为单位，领取工具及导线
2	单芯硬导线的连接	1）使用电工工具完成导线绝缘部分剖削练习 2）完成导线的直接连接、T 形连接、十字连接 3）使用绝缘胶带恢复绝缘层
3	完成多芯导线的连接	1）使用电工工具完成导线绝缘部分剖削练习 2）完成导线的直接连接、T 形连接、十字连接 3）使用胶带恢复绝缘层
4	线头与接线端子排连接	
5	工具管理与导线回收	

小贴士

连接导线时注意相应的绝缘线剥离、连接、绝缘层恢复技巧。

考核评价

实训任务完成后，进行考核与评价，具体评分细则见表 2-13。

表 2-13　考核评价

序号	评价内容	配分	自评	互评	教师评价
1	按时上课、下课，不迟到、不早退	10 分			
2	电工工具选择 1）导线绝缘层剖削工具的选择 2）工具的使用方法	5 分			

（续）

序号	评价内容	配分	自评	互评	教师评价
3	导线绝缘层剖削 1）单芯硬导线绝缘层的剖削 2）多芯软导线绝缘层的剖削	5分			
4	导线连接 1）单芯硬铜导线的直接连接、T形连接、十字连接 2）多芯导线的直接连接、T形连接、十字连接 3）导线与接线端子排的连接	35分			
5	导线绝缘层的恢复 1）导线直接连接绝缘层的恢复 2）导线T形连接绝缘层的恢复	15分			
6	安全文明生产 1）注意安全，文明生产，爱护公物 2）团队合作，和谐共进 3）工具管理好	10分			
7	按照规定时间，鼓励节省工时	10分			
8	实训报告完整、工整	10分			

巩固与提高

1. 填空题

1）导线分为（　　）导线与（　　）导线。

2）（　　）是指将金属（焊锡等焊料或导线本身）熔化而使导线连接的方法。

2. 选择题

1）电动工具的电源引线，其中黄绿双色线应作为（　　）线使用。

A. 相　　B. 工作零线　　C. 保护接地

2）保证电气检修人员人身安全最有效的措施是（　　）。

A. 悬挂标示牌　　B. 放置遮拦　　C. 将检修设备接地并短路

3. 简答题

1）怎样剖削塑料硬线、塑料软线、塑料护套、橡皮线、花线的绝缘层？

2）简述单股铜芯导线、七股铜芯线进行直接连接和T形连接的工艺过程。

3）导线线头与接线桩的连接有哪几种方法？

4）在380V和220V的电路上，要恢复线头的绝缘层各有哪些要求？

项目3 直流电路中简单电路的认识与连接

项目描述

随着科学技术的不断发展，直流电的应用越来越广泛，例如，我们经常使用的手机、手电筒、电动自行车、收音机等都采用了直流电路。本项目主要通过万用表电路的组装与改装达到对直流电基本知识的了解，让学生更加明确直流电路在生活中的应用，并且自己动手连接简单电路及万用表电路。学生应该在了解万用表基本工作原理的基础上学会安装、调试、使用万用表，并学会排除万用表的常见故障。

知识目标

1. 掌握直流电路中电压、电流的基本知识。
2. 掌握电阻、电容、电感、二极管等电子元件的识别方法。
3. 掌握理论知识与实际相结合的方法与技巧。
4. 让学生明确所学知识的用途及实际应用。

技能目标

1. 学会安装万用表的基本方法和技巧。
2. 掌握万用表的组装及焊接的基本方法和技巧。
3. 提高学生的动手能力。

任务1 手电筒电路的认识与连接

任务目标

1. 认识电压、电流、功率的符号及单位。
2. 掌握电路的三种状态。
3. 掌握欧姆定律及应用。
4. 掌握电阻串、并联的特点及混联电路。

任务要求

1. 制订工作计划。

2. 通过分析手电筒电路，掌握直流电路的基本知识。
3. 整理任务实施报告。

注意事项

1. 连接电路时，注意电源的正负极。
2. 焊接时，注意电烙铁的使用，不允许打闹。
3. 测量电流时，万用表要串联在电路中；测量电压时，万用表要并联在电路中。

实施流程

实施流程见表 3-1。

表 3-1 实施流程

工作内容	教师活动	学生活动	学时
布置任务	下达任务书，组织小组讨论学习	接受任务，明确工作内容	2
知识准备	讲解手电筒电路中的相关知识	熟悉电路的三种状态	
		掌握欧姆定律及应用	
		掌握电阻的串、并联及混联电路	
实践操作	讲解常用电路的相关知识，演示手电筒电路的连接方法，组织学生进行实践操作，并巡视指导	连接一个简单的双控灯电路	
		观察电路的三种状态	
		焊接简单的串、并联电路，测试，总结规律	
		做简单习题	
考核评价	按具体评分细则对学生进行评价	按具体评分细则进行自评、互评	

知识准备

1. 电路知识简介

生活中，手电筒电路是最简单的电路，如图 3-1 所示。用导线将电池、开关、灯泡连接起来，就构成了简单的手电筒电路。手电筒电路中各部件的功能见表 3-2。

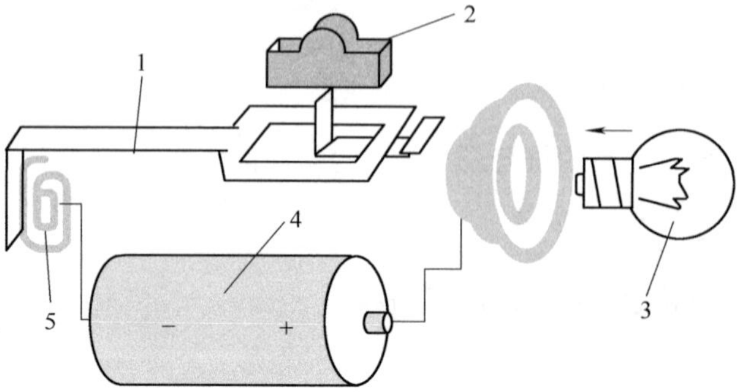

图 3-1 手电筒电路

1—金属片 2—开关 3—灯泡 4—电池 5—弹簧

表 3-2　手电筒电路中各部件的功能

部　件	功　能	部　件	功　能
灯泡	通电后发光	金属片	用来连接灯泡和电池
电池	使灯泡发光的电源	开关	控制灯泡的亮、灭

图 3-1 所以电路图画起来比较烦琐，其中每个元件都有自己的画法，其简化电路图如图 3-2 所示。

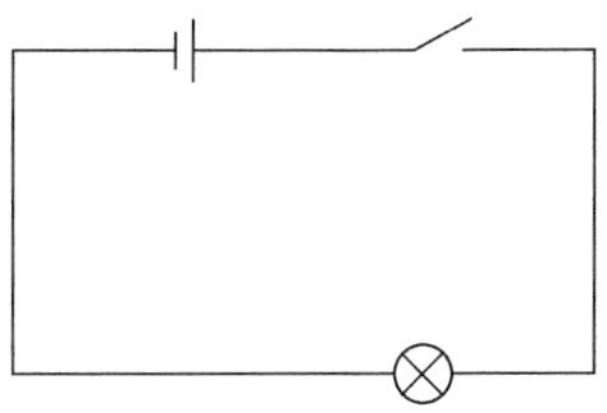

图 3-2　手电筒电路简化电路图

（1）电路的三种状态

电路有以下三种状态，如图 3-3 所示。

1）通路。即接通的电路，特征是电路中有电流而且用电器正常工作。

2）开路。即断开的电路，特征是电路中无电流，用电器不能工作。

3）短路。电源两端或用电器两端直接用导线连接起来（电流不经过用电器），其特征是电源短路，电路中有很大的电流，可能烧坏电源或烧坏导线的绝缘皮，很容易引起火灾。并联电路中，一旦一个支路发生短路，整个电路就短路了。

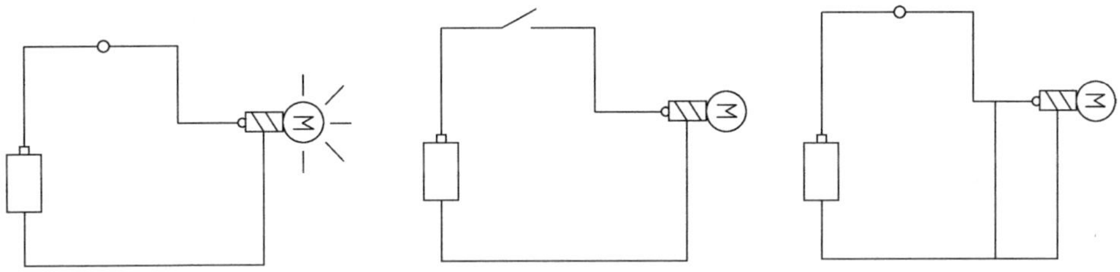

a)　　b)　　c)

图 3-3　电路的三种状态

a）通路　b）开路　c）短路

开路和通路是电路的常见状态，如电灯的亮和灭。而短路是错误的危险状态，是绝对应该避免的。

（2）电路的基本物理量

1）电流。电子有秩序流动就形成了“电流”，如图 3-4 所示。电流用字母 I 表示。电流的单位是安培，简称“安”，单位符号为 A，常用单位还有毫安（mA）、微安（μA）。其换算关系：1A=1000mA，1mA=1000μA。

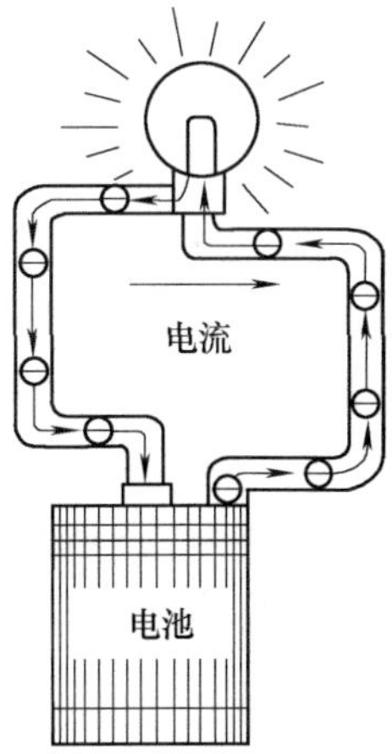

图 3-4　电路中的电流示意图

2）电压。两水箱存在水位差时，水就会从高水位流向低水位，如图 3-5 所示。两个金属球之间存在电位差，电流就会从高电位流向低电位，如图 3-6 所示。

电压就如水一样，水的流动是因为有水压（位）差，使水由高水位向低水位流动。在电路中，由于有电压（位）差的存在，电流就会从高电位点流向低电位点，两点间就好像有一种力量存在，这种力就是电压。电压是产生电流的不可缺少的条件。

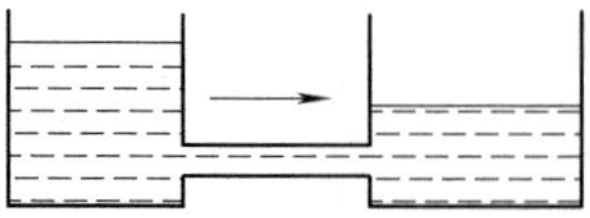

图 3-5　水位示意图

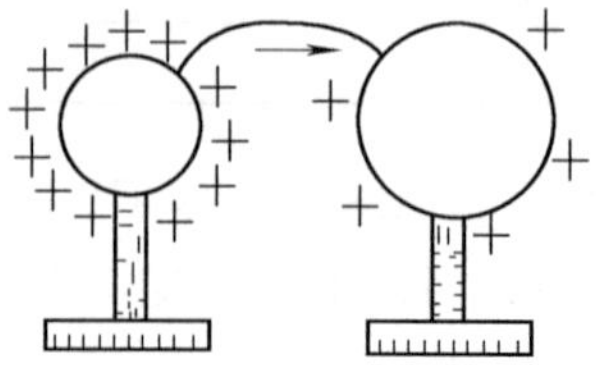

图 3-6　电压示意图

电压用字母 U 表示。电压的单位是伏特（V），简称“伏”，常用单位还有毫伏（mV）、千伏（kV），1V=1000mV，1kV=1000V。

3）电位。水压是因为存在高度差产生的，而电压是因为在电路中存在电位差产生的。电位是指电路中各点对基准点的电压，基准点是所设定的参考点，同时规定参考点的电位为 0V，如图 3-7 所示。

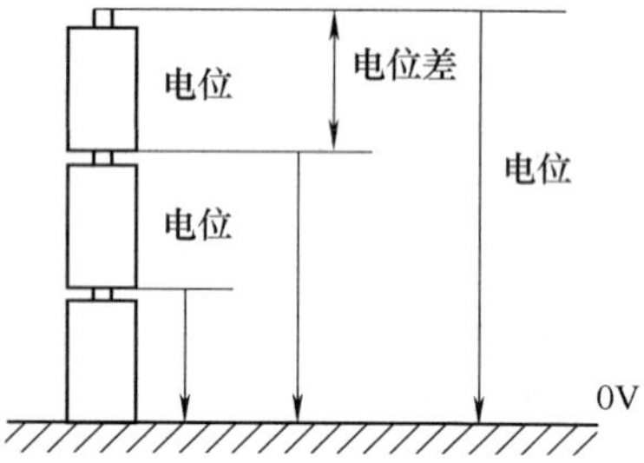

图 3-7　电位示意图

电位通常用 V 来表示。电路中任意两点间的电压就是这两点的电位之差，即

$$U_{ab}=V_a-V_b$$

电位的大小随参考点的改变而改变，电压的大小与参考点的选择无关。

4）功率。在日常生活中，白炽灯和日光灯可以将电能转变成光能，电风扇可以将电能转变为风能，电炉和加热器可以将电能转变为热能。这些实例告诉我们，用电器可以将电能转变为其他形式的能供人们使用。用电器在单位时间内转变电能的多少用功率来衡量。

功率一般用 P 来表示，单位为瓦特（W）。当功率较大时，可用千瓦（kW）来表示；功率较小时用毫瓦（mW）来表示。

功率与电压、电流的关系为

$$P=UI=\frac{U^2}{R}=I^2R$$

工程上常用千瓦·时（kW·h）做功率的单位，1kW·h 也称为 1 度电。

2. 欧姆定律

在导体两端加上电压就能产生电流，电流流过导体，又不可避免地会遇到电阻，那么电压、电流、电阻这三个基本电学量之间有什么关系呢？

德国物理学家欧姆经过大量的实验，于 1827 年确定了电路中电流、电压、电阻之间的关系，总结出一条最基本的电路定律：欧姆定律。

欧姆定律指出，在一个闭合的电路中，电流与电源的电压成正比，与电路中的电阻成反比，即

$$I=\frac{U}{R}$$

【例 3-1】　在 100Ω 的电阻两端连接 2.5 V 的干电池时，流过电阻的电流是多少？

解：$I=\dfrac{U}{R}=\dfrac{2.5\text{V}}{100\Omega}$=0.025A=25mA

【例 3-2】　50mA 电流流过 300Ω 电阻将产生多大的电压降？

解：$U=IR=50\times10^{-3}\text{A}\times300\Omega=15\text{V}$

3. 电阻的串并联

（1）电阻的串联　将两个或两个以上的电阻首尾依次相接，这种连接方式称为串联，如图 3-8 所示。电阻串联电路有如下特点。

1）串联电路各处电流相等，即 $I=I_1=I_2$。

2）串联电路的总电阻等于各串联电阻之和，即 $R=R_1+R_2$。

3）串联电路的电压等于各电阻电压 i 和，即 $U=U_1+U_2$。

图 3-8　电阻的串联

（2）电阻的并联　将两个或两个以上的电阻首、尾分别接在一起，使电流有多条通路，这种连接方式称为并联，如图 3-9 所示。电阻并联电路有如下特点。

1）各并联电阻两端的电压相等，即 $U=U_1=U_2$。

2）并联电路的总电流等于各电阻中电流之和，即 $I=I_1+I_2$。

3）并联电路的总电阻的倒数等于各并联电阻倒数之和，即 $\dfrac{1}{R}=\dfrac{1}{R_1}+\dfrac{1}{R_2}$。

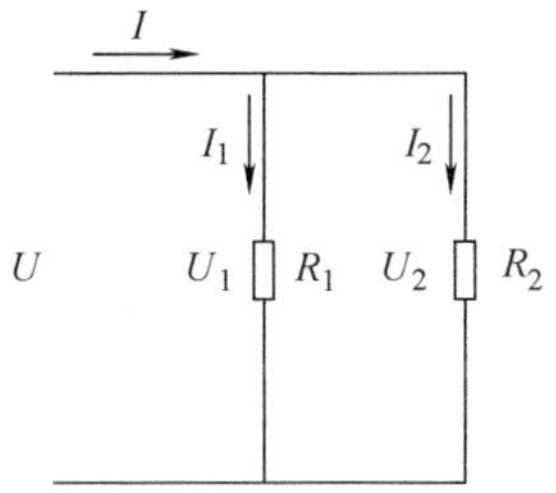

图 3-9　电阻的并联

（3）电阻的混联　在电路中，既有电阻的串联又有电阻的并联，称为电阻混联。对混联电路的分析和计算大体上可分为以下几个步骤。

1）首先整理清楚电路中电阻的串、并联关系，必要时重新画出串、并联关系明确的电路图。

2）利用串、并联等效电阻公式计算出电路中总的等效电阻。

3）利用已知条件进行计算，确定电路的总电压与总电流。

4）根据电阻分压关系和分流关系，逐步推算出各支路的电流或电压。

实践操作

1. 原理图识别与元器件准备

1）双控灯电路原理图如图 3-10 所示。

2）根据双控灯电路实物接线图的构成，列出所需元器件及耗材，见表 3-3。

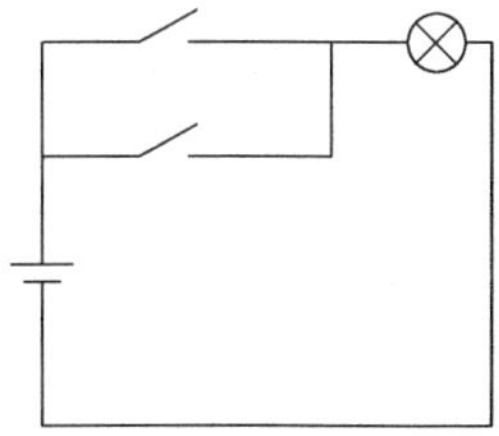

图 3-10　双控灯电路原理图

表 3-3　元器件及耗材清单

名　　称	型号及要求	数　　量
灯泡	2.5W	1 个
开关	MTS-12	2 个
干电池	1.5V	2 节
导线	—	适量
木板	—	1 块
断线钳	—	1 把
尖嘴钳	—	1 把
接线槽	—	适量
万用表	MF 47 型	1 块

2. 电路的连接与检测

1）对照图 3-10 所示的电路原理图连接各元件，具体步骤见表 3-4。

表 3-4　安装与检测步骤

序号	步　　骤
1	固定好元件的适当位置
2	弯曲导线，使整个线路布置美观
3	连接导线，完成电路的安装
4	用万用表检测线路是否完整，有无断路、短路现象

连接好的双控灯电路实物效果如图 3-11 所示。

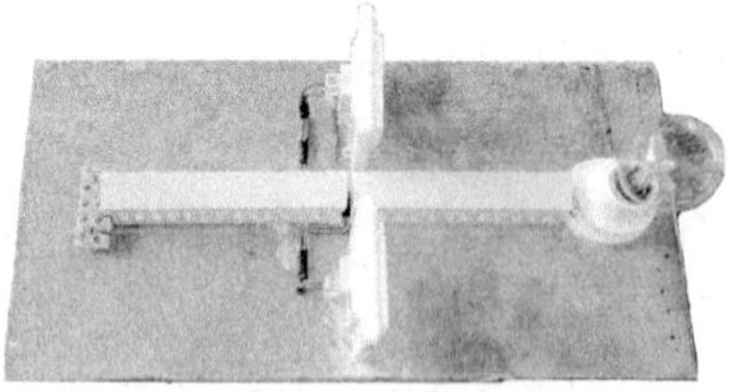

图 3-11　双控灯电路实物效果图

2）双控灯电路的检测与故障排除步骤见表 3-5。

表 3-5　双控灯电路的检测与故障排除步骤

序号	步　　骤
1	万用表打到电阻档，万用表的红、黑表笔分别接灯泡的两端，测量灯泡的电阻
2	开关断开，万用表打到电流档，红、黑表笔分别接开关的两端（即万用表串联在电路中），测出电路中的电流
3	开关闭合，万用表打到电压档，万用表的红、黑表笔分别接灯泡的两端，测灯泡的电压
4	验证欧姆定律
5	若灯泡不亮，可通过检测电路中的电流判断故障点
6	动手连接简单的串联和并联电路，并检测

> 小贴士
>
> 1. 测量直流量时注意被测量的极性，避免反偏打坏表头。
>
> 2. 不能带电调整档位或量程，避免在切换过程中电刷的触点产生电弧而烧坏电路板或电刷。每次更换量程，电阻档都要进行调零。

考核评价

实训任务完成后，进行考核与评价，具体评分细则见表 3-6。

表 3-6　手电筒电路的使用考核评价表

序号	评价内容	配分	自评	互评	教师评价
1	按时上课、下课，不迟到、不早退	10 分			
2	电工工具使用 1）元件测试 2）不损坏、丢失元件、工具	10 分			
3	电路连接 1）元件的选择 2）自己动手焊接电路	20 分			
4	结果测试 1）观察电路，总结电路的三种状态 2）测量电路中的电流、电压、电阻值，验证欧姆定律 3）焊接简单的串并联电路，并测量其电压、电流、电阻值，验证串、并联电路的特点	20 分			
5	逻辑功能总结 1）验证欧姆定律 2）验证串并联电路的特点	10 分			
6	安全文明生产 1）注意安全、文明生产、爱护公物 2）团队合作，和谐共进	10 分			
7	按照规定时间，鼓励节省工时	10 分			
8	实训报告完整、工整	10 分			

知识准备

1. 案例叙述

图 3-12 所示为收音机的外形和内部电路，以及收音机的部分电路及测量图。组装收音机时，需要调整电路的静态电流，而在调整时需要测量电流的大小。

2. 案例分析

图 3-12 中电阻 R_{17} 的工作电流要求为 0.4～0.6mA，电阻的阻值为 51Ω。因为电流不方便测量，用测量 R_{17} 电阻两端电压的方法来间接得到被测电流。根据欧姆定律，得

$$U=IR=(0.4\sim0.6)\ \text{mA}\times 51\Omega=20.4\sim30.6\text{mV}$$

即测出的电压值为20.4～30.6mV时，电路中的电流值为合格。

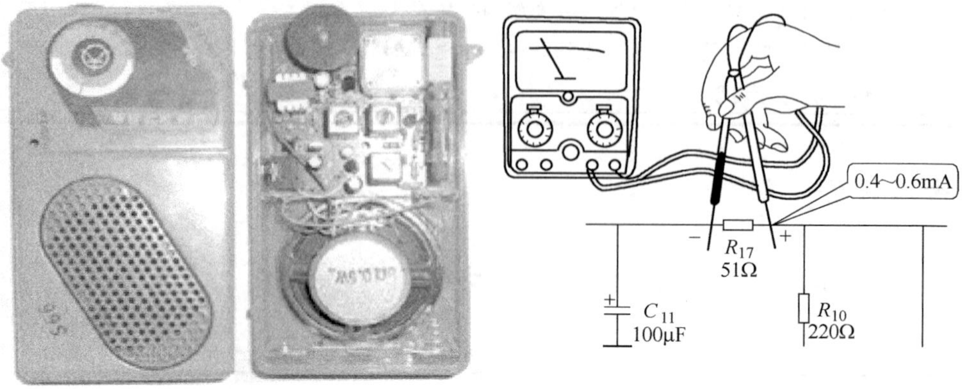

a)　　b)　　c)

图 3-12　测量收音机的工作电流

巩固与提高

1. 填空题

1）电路有（　　）、（　　）和（　　）3种状态。

2）图3-13所示为既能吹冷风又能吹热风的电吹风的简化电路，图中，A是吹风机，B是电热丝。将插头插入插座，若只闭合开关S_1，电吹风吹出的是（　　）风；若将开关S_1、S_2都闭合，电吹风吹出的是（　　）风。（填“热”或“冷”）

3）测量电压时，应将万用表（　　）在电路中；测量电流时，应将万用表（　　）在电路中。

2. 选择题

1）图3-14所示的电路中，当开关S_1、S_2均闭合后，说法正确的是（　　）。

A. L_1、L_2都发光　　B. L_1、L_2都不发光

C. L_1发光、L_2不发光　　D. L_1不发光、L_2发光

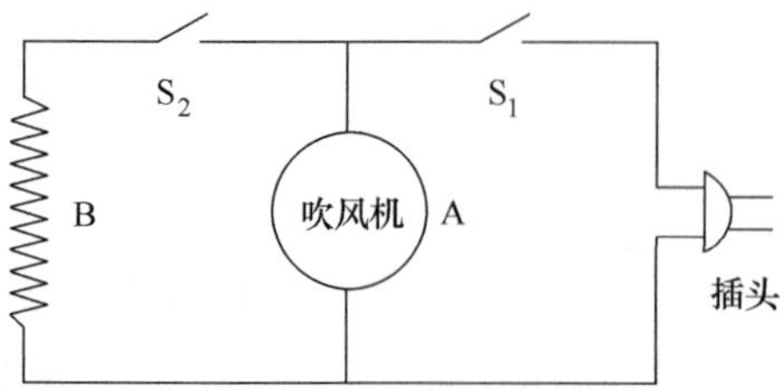

图 3-13　电吹风简化电路图

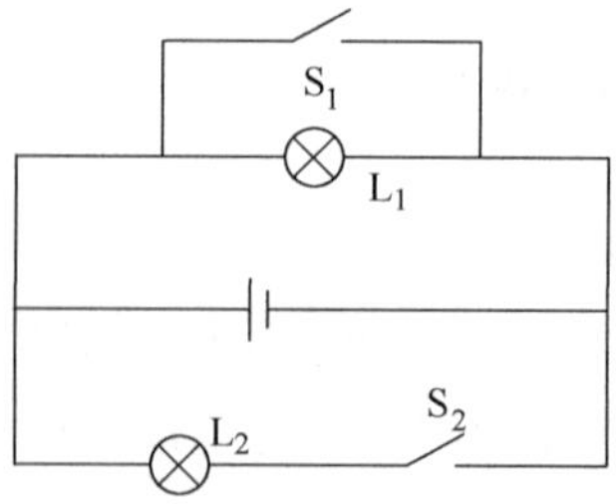

图 3-14　简单电路

2）如图3-15所示，当开关S闭合时，两只小灯泡能同时发光的正确电路是（　　）。

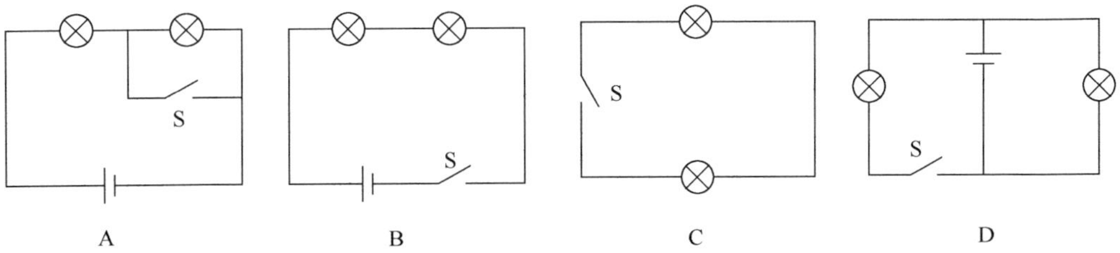

图 3-15 开关控制电路图

3. 计算题

1）一台 150W 的电视机每年使用 200 天，每天收看 3h，电费为 0.45 元/（kW • h），问每年的电费是多少？

2）混联电路如图 3-16 所示，已知 $R_1=R_2=R_3=5\Omega$，$R_4=10\Omega$，$U=100V$，试求电路的总电阻 R 和总电流 I。

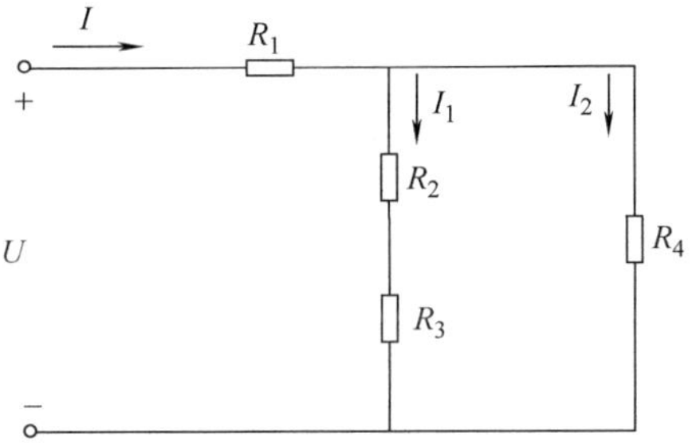

图 3-16 混联电路图

任务 2 电路中基尔霍夫定律的应用

任务目标

1. 掌握基尔霍夫电压定律的内容及应用。
2. 掌握基尔霍夫电流定律的内容及应用。
3. 掌握支路电流法。

任务要求

1. 根据任务目标制订工作计划。
2. 通过分析复杂电路，掌握基尔霍夫定律的内容。
3. 整理任务实施报告。

注意事项

1. 连接电路时，注意电源的正负极。
2. 焊接时，注意电烙铁的使用，不允许打闹。
3. 测量电流时，万用表要串联在电路中；测量电压时，万用表要并联在电路中。

实施流程

实施流程见表 3-7。

表 3-7　实施流程

序号	工作内容	教师活动	学生活动	学时
1	布置任务	下达任务书，组织小组讨论学习	接受任务，明确工作内容	2
2	知识准备	讲解基尔霍夫定律的相关知识	掌握基尔霍夫定律的基本知识	
			会应用支路电流法计算	
3	实践操作	讲解相关知识，演示操作方法，组织学生进行实践操作，并巡视指导	连接一个复杂的电路	
			用万用表测量电路中的电流，验证基尔霍夫电流定律	
			用万用表测量电路中的电压，验证基尔霍夫电压定律	
			简单习题	
4	考核评价	按具体评分细则对学生进行评价	按具体评分细则进行自评、互评	

知识准备

计算复杂电路时，依据的是欧姆定律和基尔霍夫定律。基尔霍夫定律是由德国物理学家基尔霍夫于 1847 年发表的，它既适用于直流电路，也适用于交流电路，是分析和计算复杂电路的基本定律。

1. 基础知识

（1）支路　由一个或几个元件构成的无分支电路称为支路。在同一支路中，流过所有元件的电流相等。在图 3-17 中，*BAFE* 构成一条支路，*BE* 构成一条支路，*BCDE* 构成一条支路。

（2）节点　3 条或 3 条以上支路的汇交点称为节点。在图 3-17 中，有两个节点，即 *B* 和 *E*。

（3）回路　电路中任意一个闭合路径称为回路。在图 3-17 中，有 3 个回路，*ABEF* 回路、*BCDE* 回路和 *ABCDEF* 回路。

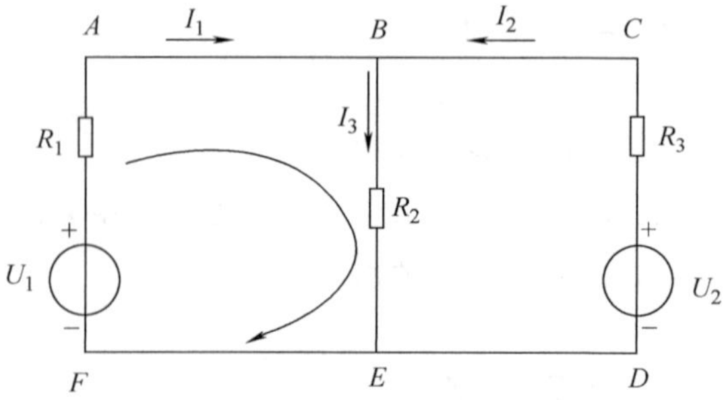

图 3-17　复杂电路

2. 定律内容

（1）基尔霍夫电流定律（KCL）　在任一瞬时，流入任一节点的电流之和必定等于从该节点流出的电流之和，即

$$\sum I_{入} = \sum I_{出}$$

由图 3-17 可直接得出 $I_1+I_2=I_3$。

基尔霍夫电流定律可以推广为任何电路中的封闭面，即广义节点。图 3-18 所示为一只晶体管，可以把它视为一个广义节点，它的三个电极电流之间的关系为

$$I_C+I_B=I_E$$

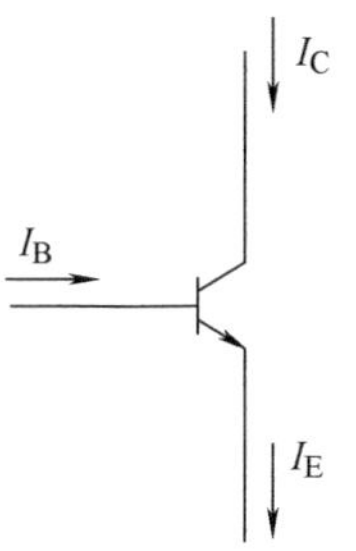

图 3-18　晶体管

（2）基尔霍夫电压定律（KVL）　在任一瞬时，任一回路电压的代数和恒等于零，电压参考方向与回路绕行方向一致时取正号，相反时取负号。

在图 3-17 中，列方程为

$$-U_1+R_1I_1+R_2I_3=0$$

【例 3-3】　如图 3-19 所示，已知 U_1=3V，U_2=−4V，U_3=2V。试应用基尔霍夫定律求电压 U_x 和 U_y。

解：任意选择回路的绕行方向，并标于图 3-19 中。

根据基尔霍夫电压定律列方程，得

回路 1：$-U_1+U_2+U_x=0$

回路 2：$U_2+U_x+U_3+U_y=0$

将已知电压值代入上面方程组，即

$$-3\text{V}+(-4)\text{V}+U_x=0$$

$$U_x=7\text{V}$$

$$-4\text{V}+7\text{V}+2\text{V}+U_y=0$$

$$U_y=-5\text{V}$$

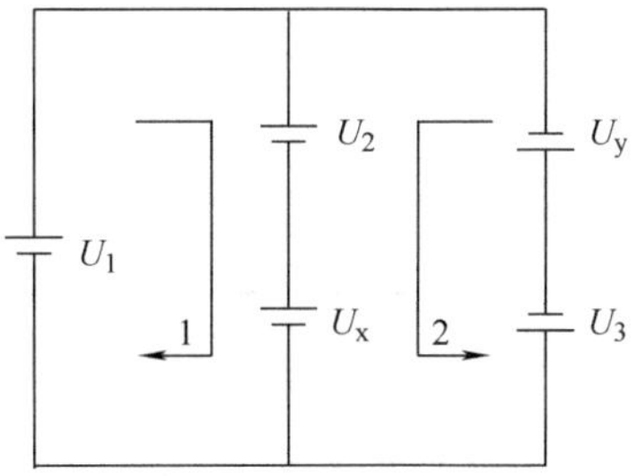

图 3-19　基尔霍夫电压定律应用

（3）支路电流法　支路电流法是计算复杂电路的最基本的方法，是直接应用基尔霍夫定律来进行计算的。

支路电流法以支路电流为未知量，应用基尔霍夫定律列出与支路电流数目相等的独立方程式，再联立求解。假定某电路有 *m* 条支路、*n* 个节点，则支路电流法的解题步骤如下：

1）首先标定各待求支路的电流参考正方向及回路绕行方向。

2）应用基尔霍夫电流定律列出（n−1）个节点方程。

3）应用基尔霍夫电压定律列出［m−（n−1）］个独立的回路电压方程。

4）由联立方程组求解各支路电流。

【例 3-4】　应用支路电流法求图 3-20 所示电路中的支路电流。

解：1）先任意选定各支路电流的参考方向和回路的绕行方向，并标于图 3-20 中。

2）根据基尔霍夫电流定律列方程，得

节点 b：$I_1+I_2=I_3$

3）根据基尔霍夫电压定律列方程，得

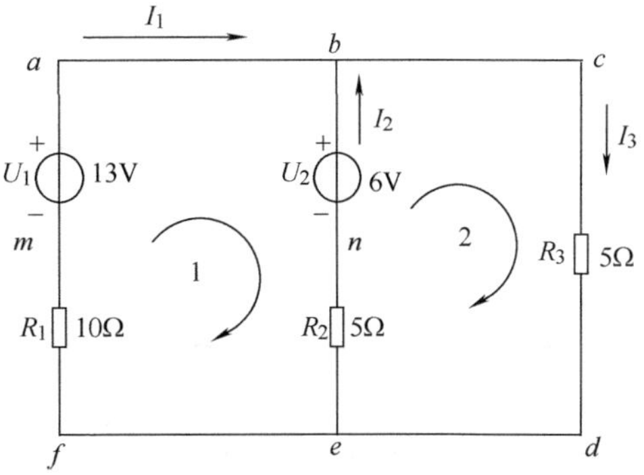

图 3-20　支路电流法的应用

回路 1：$I_1R_1-I_2R_2+U_2-U_1=0$

回路 2：$I_2R_2+I_3R_3-U_2=0$

4）将已知数据代入方程，整理得

$$I_1+I_2-I_3=0$$

$$10I_1-5I_2=7$$

$$5I_2+5I_3=6$$

5）联立求解，得

$$I_1=0.8\text{A}，I_2=0.2\text{A}，I_3=1\text{A}$$

实践操作

1. 原理图识别与元件准备

电路如图 3-21 所示。

根据复杂电路原理图的构成，列出所需元件及耗材的器材清单，见表 3-8。

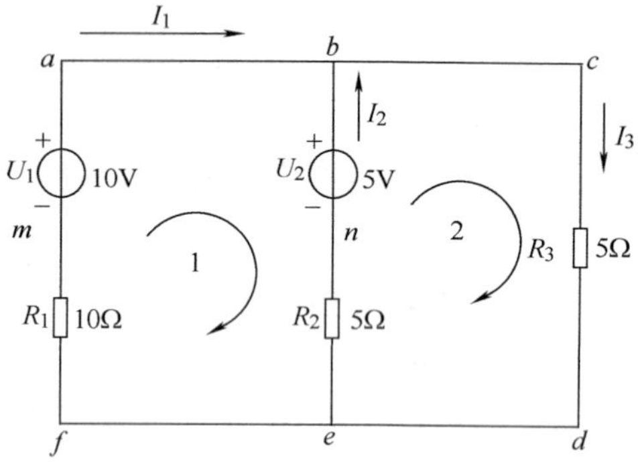

图 3-21 复杂电路图

表 3-8 器材清单

名　称	型号及要求	数　量
电阻	5 Ω	2 只
电阻	10 Ω	1 只
稳压电源	2～30V	2 个
电烙铁	35W	1 把
万用表	MF47 型	1 块
导线	—	适量
电路板	—	1 块

2. 电路的安装与检测

对照图 3-21 所示电路原理图，安装元件，具体步骤见表 3-9。

表 3-9 安装与检测步骤

序号	步　骤
1	理论知识介绍，选择合适的元件
2	进行元件布局，固定元件
3	焊接图 3-21 所示的复杂电路图
4	用万用表检查电路焊接是否正确，有无断路、短路现象

电路检测与故障排除步骤见表 3-10。

表 3-10 电路检测与故障排除步骤

序号	步　骤
1	用万用表测量电路中每条支路中的电流值，并填入表 3-11，验证基尔霍夫电流定律
2	用万用表测量每个元件的电压值，填入表 3-12，验证基尔霍夫电压定律

（续）

序号	步　　骤
3	调节稳压源电压，重新测量各元件的电流值和电压值，填入表 3-11、表 3-12
4	若不满足基尔霍夫电流定律，用万用表检测一下测量的电流是否准确
5	若不满足基尔霍夫电压定律，用万用表重新测量各元件的电压

表 3-11　电流记录表

测量次数	I_1	I_2	I_3
1			
2			
3			
结论			

表 3-12　电压记录表

测量次数	U_1	U_2	U_{R1}	U_{R2}	U_{R3}
1	10V	4V			
2	12V	5V			
3	15V	6V			
结论					

小贴士

1. 在焊接过程中，电烙铁要摆放正确，烙铁头冲着前方，导线不要缠在烙铁上，防止导线烫坏，造成伤害。

2. 测量过程中，测电流时，万用表要串联在电路中；测电压时，万用表要并联在电路中。测量直流量时注意被测量的极性，避免反偏打坏表头。

3. 不允许测量带电的电阻，否则会烧坏万用表。

考核评价

实训任务完成后，进行考核与评价，具体评分细则见表 3-13。

表 3-13　复杂电路的使用考核评价表

序号	评价内容	配分	自评	互评	教师评价
1	按时上课、下课，不迟到、不早退	10 分			
2	电工工具使用 1）利用万用表检测各元件好坏 2）不损坏、丢失元件、工具	10 分			
3	电路连接 1）正确选择元件 2）焊接图 3-21 所示的复杂电路	20 分			

（续）

序号	评价内容	配分	自评	互评	教师评价
4	结果测试 1）测量电路中各支路的电流值，验证基尔霍夫电流定律 2）测量电路中各元件的电压值，验证基尔霍夫电压定律	20 分			
5	验证基尔霍夫定律及支路电流法	10 分			
6	1）注意安全、文明生产、爱护公物 2）团队合作，和谐共进	10 分			
7	按照规定时间，鼓励节省工时	10 分			
8	实训报告完整、工整	10 分			

巩固与提高

1. 计算图 3-22 所示电路中的电流 I，已知 R_1=3Ω，R_2=5Ω，U_S=16V。
2. 求图 3-23 所示电路中的电流 I。

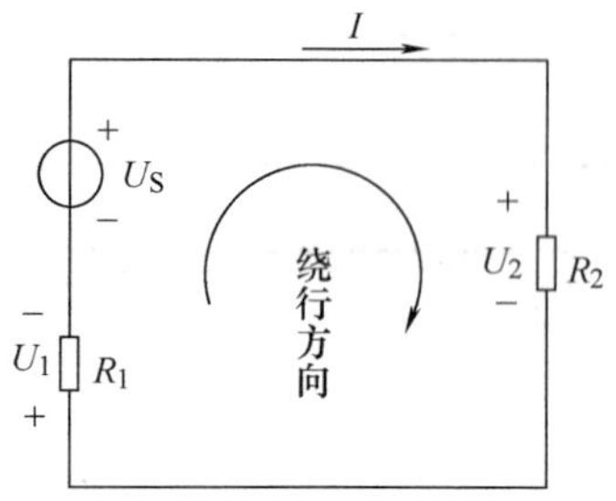

图 3-22　计算题1

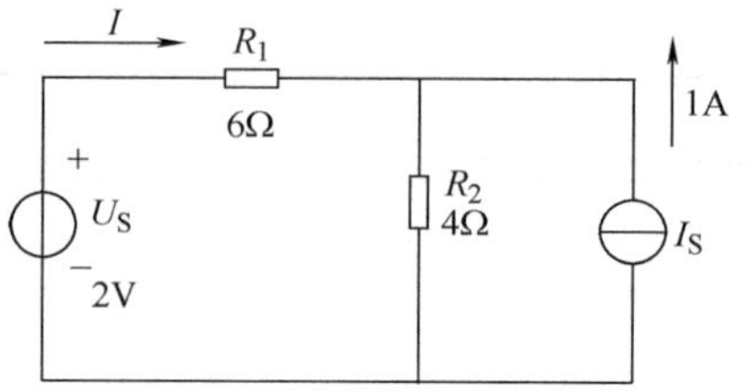

图 3-23　计算题2

任务3　万用表电路中元器件的识读与测量

任务目标

1. 掌握电阻元件的基本知识，会识读色环电阻。
2. 掌握二极管的基本知识。
3. 掌握电容、电感器件的基本知识。

任务要求

1. 制订工作计划。
2. 掌握电阻元件的基本知识，会读数。
3. 掌握电容、电感、二极管的基本知识及测量方法。
4. 完成任务实施报告。

注意事项

1. 使用电工工具操作要规范，要达到熟练准确的程度。
2. 做好安全及防火工作。
3. 要安全文明操作，每组要保管好工具、器材，下课及时清点。

实施流程

实施流程见表 3-14。

表 3-14　实施流程

序号	工作内容	教师活动	学生活动	学时
1	布置任务	下达任务书，组织小组讨论学习	接受任务，明确工作内容	2
2	知识准备	讲解电工元器件的相关知识	掌握电阻的符号、单位、换算及色环电阻	
			熟练掌握二极管的符号、单位及正负极判别方法	
			熟悉电容、电感的符号、单位及作用	
3	实践操作	讲解电工元器件的相关知识，演示操作方法，组织学生进行实践操作，并巡视指导	拿出电阻元件，进行观察、读数	
			拿出二极管进行观察、测量	
			拿出电容器件进行观察、识读	
			对万用表进行拆装，观察其结构	
4	考核评价	按具体评分细则对学生进行评价	按具体评分细则进行自评、互评	

知识准备

1. 电阻

为了适应不同电路和不同工作条件的需要，电阻分为固定式电阻、可变式电阻和半可变式电阻。其中，固定式电阻主要用于阻值不需要变动的电路，可变式电阻（即电位器）主要用于阻值需要经常变动的电路，半可变式电阻（通常称为微调电位器或微调电阻器）主要用于阻值有时需要变动但不必经常变动的电路中。常见的电阻如图 3-24 所示。

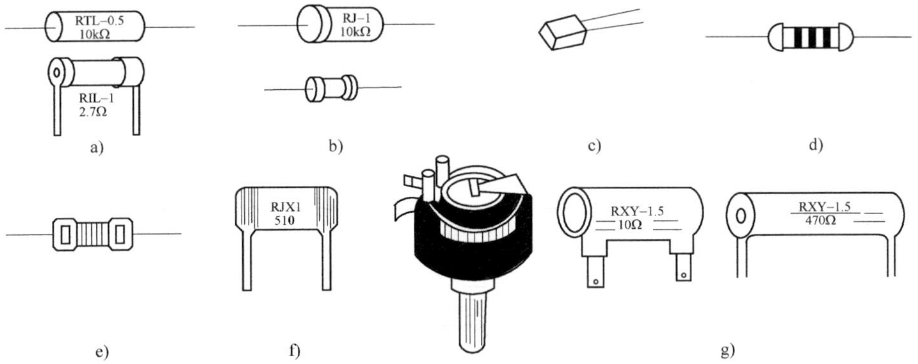

图 3-24　常见的电阻

a）碳膜电阻　b）金属膜电阻　c）片状金属膜电阻　d）色环电阻　e）万用表分流线绕电阻　f）精密线绕电阻　g）线绕电阻

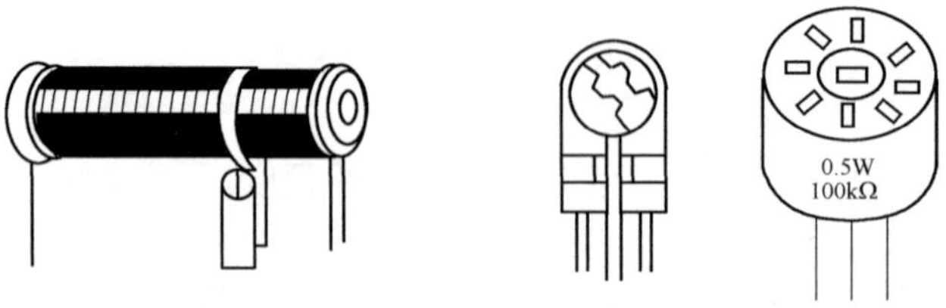

h)　　　　i)

图 3-24　常见的电阻（续）

h）可变电阻　i）微调电位器

电阻的阻值有色标法和直标法两种。色标法就是用色环表示阻值，在元件弯制时不必考虑阻值所标的位置。当元件体积很小时，一般采用色标，是因为如果采用直标，会使读数发生困难。一般直标法用于体积较大的电阻。

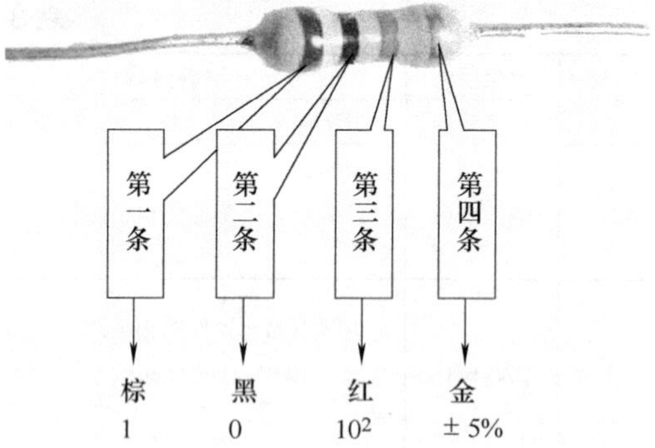

图 3-25　四环色环电阻

取出一只电阻，观察它有几条色环。图 3-25 所示的电阻有 4 条色环，其中有一条色环与别的色环间相距较大，且色环较粗，读数时应将其放在右边。

每条色环表示的意义见表 3-15，色环表格左边第一条色环表示第一位数字，第二条色环表示第二位数字，第三条色环表示乘数，第四条色环也就是离开较远并且较粗的色环，表示误差。由此可知，图 3-25 中的色环为棕、黑、红、金，阻值为 1000Ω，其误差为±5%。

表 3-15　电阻色环的意义

颜色	第一位数字	第二位数字	第三位数字（4 环电阻无此项）	乘数	误差
黑	0	0	0	10^0	—
棕	1	1	1	10^1	±1%
红	2	2	2	10^2	±2%
橙	3	3	3	10^3	—
黄	4	4	4	10^4	—
绿	5	5	5	10^5	±0.5%
蓝	6	6	6	—	±0.25%
紫	7	7	7	—	±0.1%
灰	8	8	8	—	—
白	9	9	9	—	—
金	—	—	—	10^{-1}	±5%
银	—	—	—	10^{-2}	±10%
无色	—	—	—	—	±20%

五环色环电阻读数方法如下：从左向右，前三条色环分别表示三个数字，第四条色环表示乘数，第五条色环表示误差。图 3-26 所示的五环色环电阻的 5 条色环分别是红、白、黄、棕和紫，表示 294×10^{1}=2940Ω，误差为±0.1%。

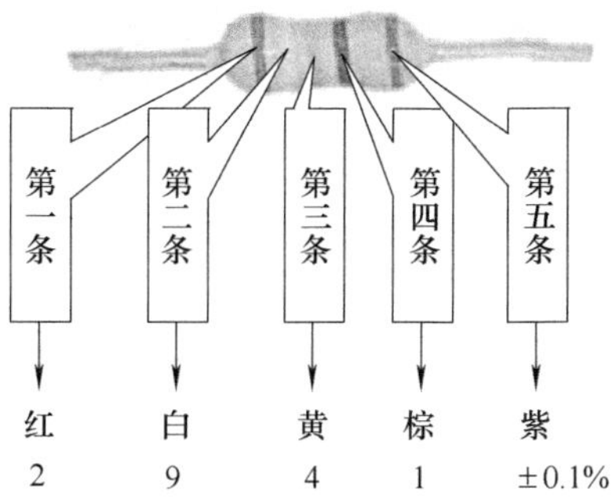

图 3-26　五环色环电阻

2. 二极管

1）二极管的分类。二极管按照所用的半导体材料可分为锗二极管（Ge 管）和硅二极管（Si 管）；根据用途不同可分为检波二极管、整流二极管、稳压二极管、开关二极管、发光二极管和硅功率开关二极管等。

2）二极管的外形及符号如图 3-27 所示。

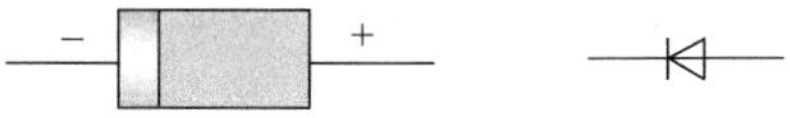

图 3-27　二极管的外形及符号

3）二极管的特性：单向导电性。

4）二极管极性的判断。判断二极管极性时可用实训室提供的万用表。先将红表笔插“+”、黑表笔插“−”，然后将表笔搭接在二极管两端，观察万用表指针的偏转情况，如果指针偏向右边，显示阻值很小，表示二极管与黑表笔连接的一端为正极，与红表笔连接的一端为负极。对照图 3-28 所示的二极管，判断出黑色的一端为正极，白色的一端为负极。也就是说，阻值很小时，与黑表笔搭接的是二极管的正极；反之，如果显示阻值很大，那么与红表笔搭接的是二极管的正极。

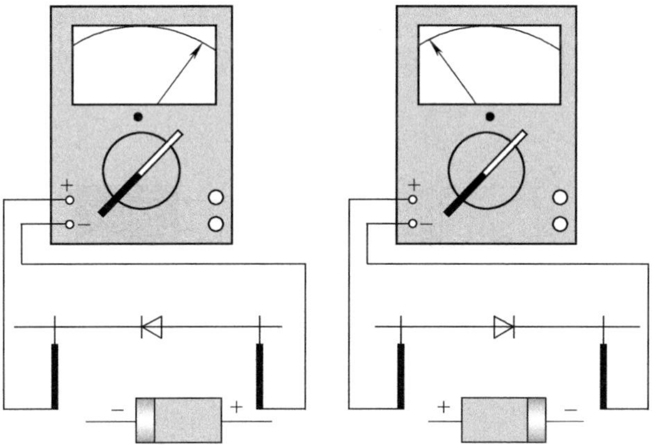

图 3-28　二极管极性的判别

3. 电容

1）电容的分类。常用电容可以分为固定电容、可变电容、半可变电容。固定电容是指电容量固定不可变的电容，按介质的不同可分为电解电容、涤纶电容、瓷片电容、云母电容和油质电容等。

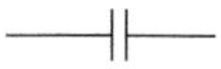
图 3-29　电容的图形符号

2）电容的符号为 C，其图形符号如图 3-29 所示。

3）电容的单位为法拉（F），常用单位还有 μF、mF 和 pF。

4）电容的作用：对交流电为通路，对直流电为断路，即通交流隔直流。

5）电解电容极性的判断。有的电解电容侧面标有“-”，表明该极是负极，如果电解电容上没有标明正负极，也可以根据其引脚的长短来判断，长脚为正极，短脚为负极，如图 3-30 所示。

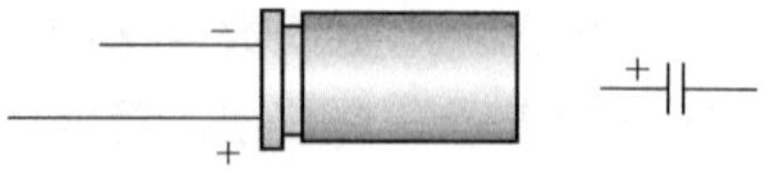

图 3-30 电解电容的图形及符号

如果已经把引脚剪短，并且电容上没有标明正负极，可以用万用表来判断。判断方法是正接时漏电流小（阻值大），反接时漏电流大。

4. 电感

1）电感的符号为 L，其图形如图 3-31 所示。

图 3-31 电感的图形符号

2）电感的单位：亨利（H），常用单位还有 mH、μH。

3）电感的作用：滤波、振荡、延迟、陷波等，即通直流阻交流。

实践操作

1. 原理图识别与元器件准备

万用表中的元器件包括色环电阻、分流器、压敏电阻、电位器、可调电阻、二极管、电解电容和涤纶电容等，如图 3-32 所示。

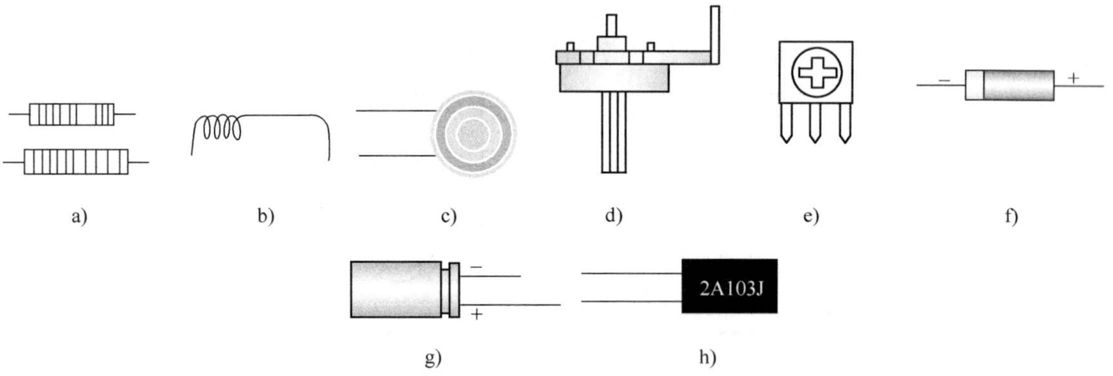

图 3-32 万用表中的元器件

a）色环电阻 b）分流器 c）压敏电阻 d）电位器 e）可调电阻 f）二极管 g）电解电容 h）涤纶电容

根据本任务的内容，列出所需要的器材清单，见表 3-16。

表 3-16 器材清单

名 称	型号及要求	数 量
色环电阻	四环或五环	多只
电解电容	多种	多只
电感	多种	多只
二极管	多种	多只
万用表	MF47 型	1 块
螺钉旋具	一字形、十字形	2 把

2. 元器件的识读与检测

选择元器件进行识读与测量，见表 3-17。

表 3-17　元器件的识读与检测步骤

序　号	步　　骤
1	介绍理论知识，要求能够分清所给出的元器件
2	练习试读，读出色环电阻、电解电容的值
3	用万用表对电阻、电容进行阻值测量，并判断其好坏
4	用万用表对二极管进行测量，并判断其好坏

小贴士

1. 在操作过程中，不允许打闹。
2. 元器件要放在材料袋里，注意保管，不要丢失。
3. 在进行判别时，注意万用表的正确使用。
4. 不允许测量带电的电阻，否则会烧坏万用表。

考核评价

实训任务完成后，进行考核与评价，具体评分细则见表 3-18。

表 3-18　元器件的识读与测量考核评价表

序号	评价内容	配分	自评	互评	教师评价
1	按时上课、下课，不迟到、不早退	10 分			
2	电工工具使用 1）元器件测试 2）不损坏、丢失元器件和工具	15 分			
3	元器件认识 1）能够认识电阻、电容、电感和二极管 2）会读色环电阻的阻值 3）进行元器件测试，会判断极性 4）利用万用表检测各元器件好坏	30 分			
4	结果测试：能够正确测试元器件	15 分			
5	1）注意安全、文明生产、爱护公物 2）团队合作，和谐共进	10 分			
6	按照规定时间，鼓励节省工时	10 分			
7	实训报告完整、工整	10 分			

知识拓展

案例现象

阻值相同、功率不同的电阻体积是否相同？

案例分析

电阻是耗能元件，电能通过电阻转化为热能。电阻的本质是消耗电能，电阻的体积与电阻耗散的功率成正比。

电阻除了标明其阻值的大小之外，还要标明电阻的耗散功率。电阻的体积和阻值没有关系，因其用途不同，消耗的功率不同，同一阻值的电阻因其耗散功率不同，其体积不同。所以选择电阻时必须要有两个参数：阻值和耗散功率。图 3-33a 所示为电力电阻，其耗散功率大，体积也很大；图 3-33b 所示为 0.125 的碳膜电阻，功率很小，体积也很小；图 3-33c 所示为电路板中的贴片电阻，因流过的电流很小（功率很小），所以体积更小。

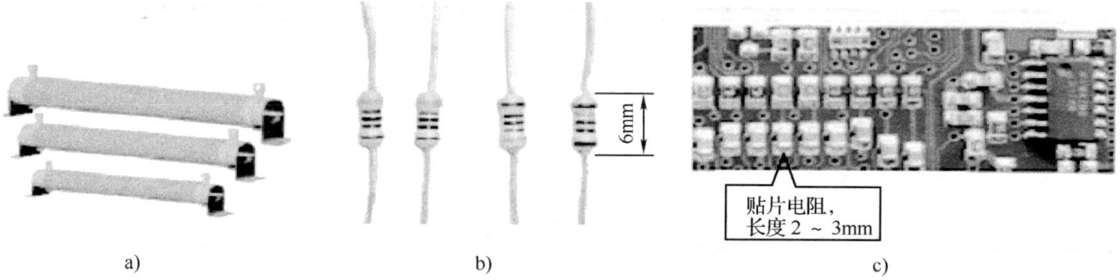

图 3-33　各类电阻

巩固与提高

1. 填空题

1）电阻的符号是（　　），单位是（　　）。

2）二极管的特性是（　　）。

3）电容的作用是（　　）。

2. 简答题

电阻值为什么用色环表示，而不直接用数字表示？

任务 4　万用表的组装

任务目标

1. 了解万用表的分类及应用。
2. 了解万用表的结构、组成及特征。
3. 掌握万用表的工作原理。
4. 学会焊接的基本要领。
5. 学会识读焊接电路图。
6. 学会使用工具来组装万用表。

任务要求

1. 了解万用表的分类及应用。
2. 掌握万用表的结构组成、特征及万用表的工作原理。
3. 熟练使用电烙铁，学会焊接的基本知识。
4. 焊接电路板，动手组装万用表。
5. 总结任务，填写实施报告。

注意事项

1. 元器件选择好之后，要妥善保管，防止丢失。

2. 在使用工具时，要注意安全，不允许打闹。安全文明操作，每组工具、器材要保管好，下课及时清点。

3. 电池的正负极不能接反。

4. 电烙铁要按照要求摆放，防止烫伤。

实施流程

实施流程见表 3-19。

表 3-19　实施流程

<table>
<tr><th>序号</th><th>工作内容</th><th>教师活动</th><th>学生活动</th><th>学时</th></tr>
<tr><td>1</td><td>布置任务</td><td>下达任务书，组织小组讨论学习</td><td>接受任务，明确工作内容</td><td rowspan="6">2</td></tr>
<tr><td rowspan="3">2</td><td rowspan="3">知识准备</td><td rowspan="3">讲解万用表和焊接的相关知识</td><td>了解万用表的电路原理图</td></tr>
<tr><td>了解万用表机械部分的安装方法</td></tr>
<tr><td>掌握元器件的焊接方法</td></tr>
<tr><td>3</td><td>实践操作</td><td>讲解常用万用表的相关知识，演示操作方法，组织学生进行实践操作，并巡视指导</td><td>自己动手组装万用表</td></tr>
<tr><td>4</td><td>考核评价</td><td>按具体评分细则对学生进行评价</td><td>按具体评分细则进行自评、互评</td></tr>
</table>

知识准备

万用表是一种多功能、多量程的便携式电工仪表，一般的万用表可以测量直流电流、交直流电压和电阻，有些万用表还可以测量电容、功率、晶体管共射极直流放大系数 h_{FE} 等。MF47 型万用表有 26 个基本量程和电平、电容、电感、晶体管直流参数等 7 个附加参考量程，是一种量程多、分档细、灵敏度高、体形轻巧、性能稳定、过载保护可靠、读数清晰、使用方便的新型万用表。

1. 万用表的种类

万用表分为指针式和数字式两种（图 3-34）。随着技术的发展，人们研制出了微机控制的虚拟式万用表（图 3-35），被测物体的物理量通过非电量/电量功能，将温度等非电量转换成电量，再通过 A-D 转换，由微机显示或输送给控制中心，控制中心通过信号比较做出判断，发出控制信号或者通过 D-A 转换来控制被测物体。

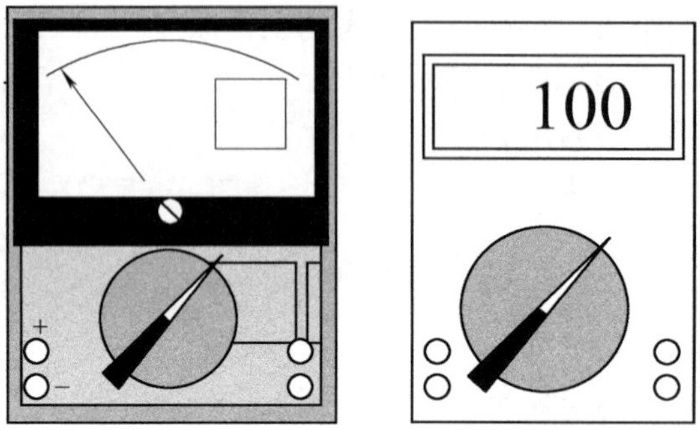

a)　　b)

图 3-34　指针式万用表和数字式万用表

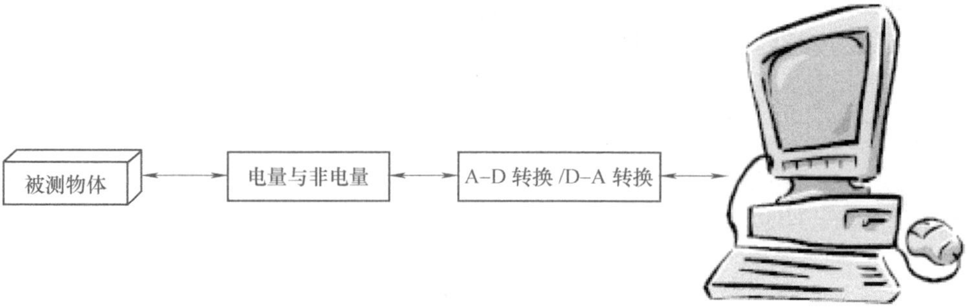

图 3-35　微机控制的虚拟式万用表

2. 万用表的结构、特点及工作原理

（1）万用表的结构　指针式万用表的形式很多，但基本结构是类似的，由机械部分、显示部分、电器部分三大部分组成，机械部分包括外壳、档位开关旋钮及电刷等，显示部分是表头，电器部分由测量电路板、电位器、电阻、二极管、电容等部分组成，如图 3-36 所示。

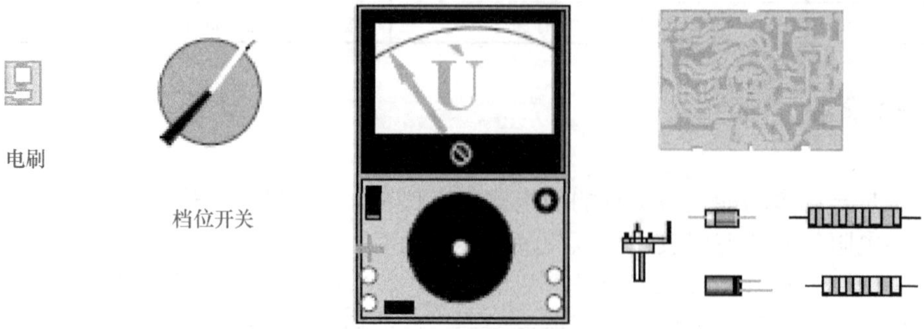

a)　　b)　　c)

图 3-36　万用表的结构

a）机械部分　b）显示部分　c）电气部分

表头是万用表的测量显示装置，MF47 型指针式万用表采用控制显示面板＋表头一体化结构；档位开关用来选择被测电量的种类和量程；测量电路板将不同性质和大小的被测电量转换为表头所能接受的直流电流。万用表可以测量直流电流、直流所选的电压、交流电压和电阻等多种电量。当转换开关拨到直流电流档时，可分别与 5 个接触点接通，用于测量 500mA、50mA、5mA、500μA、50μA 量程的直流电流。同样，当转换开关拨到欧姆档时，可分别测量×1Ω、×10Ω、×100Ω、×1kΩ、×10kΩ 量程的电阻；当转换开关拨到直流电压档时，可分别测量 0.25V、1V、2.5V、10V、50V、250V、500V、1000V 量程的直流电压；当转换开关拨到交流电压档时，可分别测量 10V、50V、250V、500V、1000V 量程的交流电压。

（2）万用表的特点　MF47 型万用表采用高灵敏度的磁电系整流式表头，造型大方，设计紧凑，结构牢固，携带方便，零部件均选用优良材料及工艺处理，具有良好的电气性能和机械强度。万用表的特点是测量机构采用高灵敏度表头，性能稳定；电路部分保证可靠、耐磨、维修方便；测量机构采用硅二极管保护，保证过载时不损坏表头，并且电路设有 0.5A 熔丝以防止误用时烧坏电路；设计上采用了湿度和频率补偿；低电阻档选用 2 号干电池，容量大、寿命长；配合高压测量棒，可测量电视机内 25kV 以下的高压；表内配有晶体管静态直流放大系数检测装置；表盘标度尺刻度线与档位开关旋钮指示盘均为红、绿、黑三色，分别按交流红色、晶体管绿色、其余黑色对应制成，共有七条专用刻度线，刻度分开，便于读数；配有反光铝膜，消除视差，提高了读数精度；除交、直流 2500V 和直流 5A 分别有单独的插座外，其余的只需要转动一个选择开关，使用方便；装有提把，不仅便于携带，而且可在必要时做倾斜支撑，便于读数。

（3）指针式万用表的工作原理

1）指针式万用表的基本测量原理如图 3-37 所示，包括表头、电阻测量档、电流测量档、直流电压测量档和交流电压测量档几个部分，其中“－”为黑表笔插孔，“＋”为红表笔插孔。

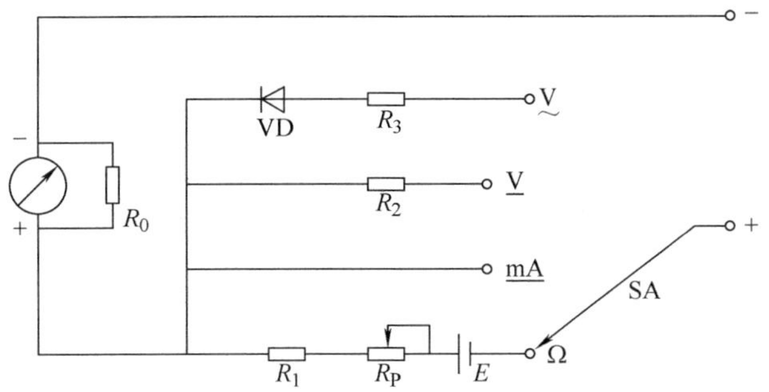

图 3-37　指针式万用表的基本测量原理

测电压和电流时，外部有电流通入表头，因此不须内接电池。当把档位开关旋钮 SA 打到交流电压档时，通过二极管 VD 整流、电阻 R_3 限流，由表头显示出来；打到直流电压档时不须二极管整流，仅须电阻 R_2 限流，表头即可显示；打到直流电流档时既不须二极管整流，也不须电阻 R_2 限流，表头即可显示；测电阻时将开关 SA 拨到“Ω”档，这时外部没有电流通入，因此必须使用内部电池作为电源。设外接的被测电阻为 R_x，表内的总电阻为 R，形成

的电流为 I，由 R_x、电池 E、可调电位器 R_P、固定电阻 R_1 和表头部分组成闭合电路，形成的电流 I 使表头的指针偏转。红表笔与电池的负极相连，通过电池的正极与电位器 R_P 及固定电阻 R_1 相连，经过表头接到黑表笔与被测电阻 R_x 形成回路，产生电流使表头有显示。

2）MF47 型万用表的工作原理。如图 3-38 所示它的显示表头是直流微安表，WH2 是电位器，用于调节表头回路中的电流大小，VD_3、VD_4 两个二极管反向并联并与电容并联，用于限制表头两端的电压，起保护表头的作用，使表头不致因电压、电流过大而烧坏。电阻档分为×1Ω、×10Ω、×100Ω、×1kΩ、×10kΩ 共 5 个量程，当转换开关打到某一个量程时，与某一个电阻形成回路，使表头偏转，测出阻值的大小。例如将档位开关旋钮打到×1Ω 时，外接被测电阻通过“－COM”端与公共显示部分相连；通过“＋”经过 0.5A 熔断器接到电池，再经过电刷旋钮与 R_{18} 相连，WH1 为电阻档公用调零电位器，最后与公共显示部分形成回路，使表头偏转，测出阻值的大小。

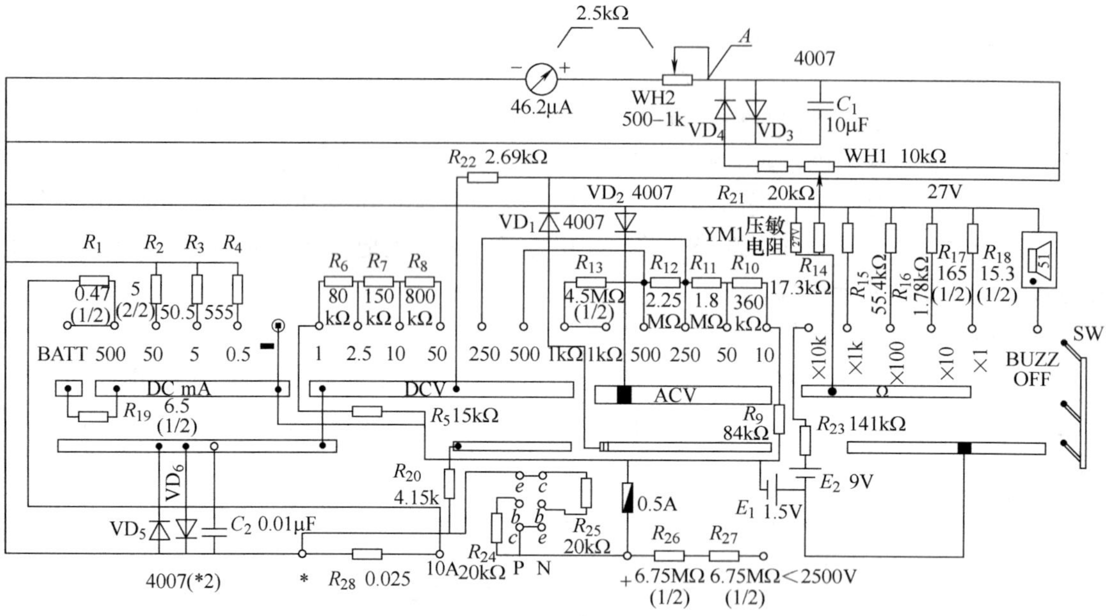

图中凡电阻阻值未注明单位者为欧姆，功率未注明者为 0.25W。

图 3-38 MF47型万用表工作原理

万用表由公共显示部分、直流电流部分、直流电压部分、交流电压部分和电阻部分组成。电路板上每个档位的分布如图 3-39 所示，上面是交流电压档，左边是直流电压档，下面是直流毫安档，右边是电阻档。

3. 焊接前的准备工作

（1）清除元件表面的氧化层　元件经过长期存放，会在表面形成氧化层，不但使元件难以焊接，而且会影响焊接质量，因此当元件表面存在氧化层时，应首先清除元件表面的氧化层。清除时，左手捏住电阻或其他元件的本体，右手用锯条轻刮元件引脚的表面，左手慢慢地转动，直到表面氧化层全部去除。操作时用力不能过猛，以免使元件引脚受伤或折断。

（2）元件引脚的弯制成形　如图 3-40 所示，左手拿镊子紧靠电阻的本体，夹紧元件的引脚，使引脚的弯折处距离元件的本体有 2mm 以上的间隙。左手夹紧镊子，右手食指将引脚弯成直角。注意：不能用左手捏住元件本体，右手紧贴元件本体进行弯制，否则引脚的根部在弯制过程中容易受力而损坏。

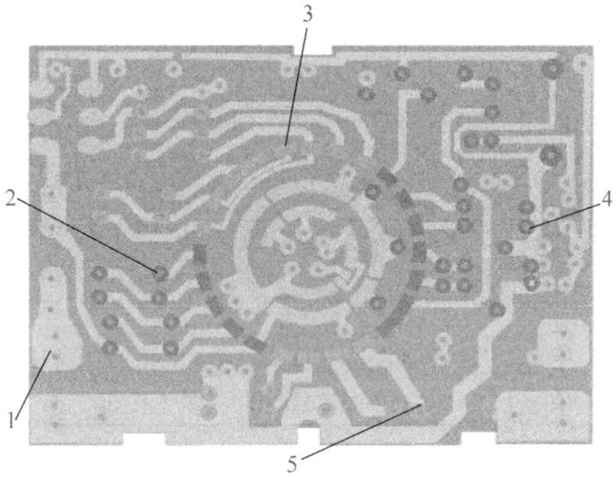

图 3-39　万用表的组成部分

1—公共显示部分　2—直流电压档　3—交流电压档　4—电阻档　5—直流毫安档

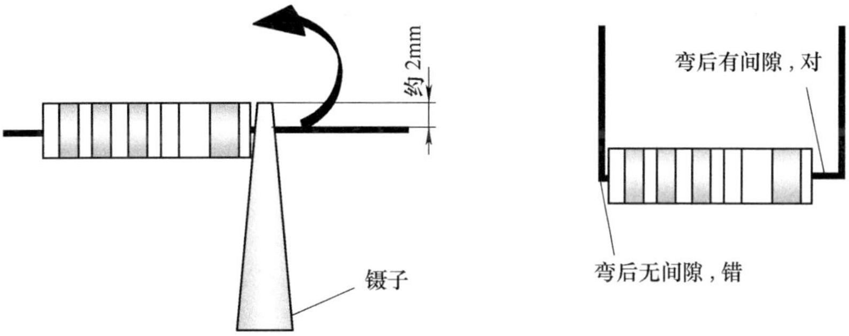

图 3-40　元件引脚的弯制过程

元器件弯制后的形状、引脚之间的距离，根据电路板孔距而定。引脚修剪后的长度约为 8mm，如果孔距较小，元器件较大，应将引脚往回弯折成形（图 3-41c、d）。电容的引脚可以弯成直角，将电容水平安装（图 3-41e）；或者弯成梯形，将电容垂直安装（图 3-41h）。二极管可以水平安装，当孔距很小时应垂直安装（图 3-41i），为了将二极管的引脚弯成美观的圆形，应用螺钉旋具辅助弯制。将螺钉旋具紧靠二极管引脚的根部，十字交叉，左手捏紧交叉点，右手食指将引脚向下弯，直到两引脚平行。有的元器件安装孔距离较大，应根据电路板上对应的孔距弯制成形。

元器件做好后应按规格型号的标注方法进行标注（图 3-42）。将胶带轻轻贴在纸上，把元器件插入、贴牢，写上元器件规格型号值，然后将胶带贴紧备用。注意不要把元器件引脚剪太短。用直标法标注的电阻、二极管等弯制时应注意将标注的文字放在能看到的地方，便于今后维修更换。

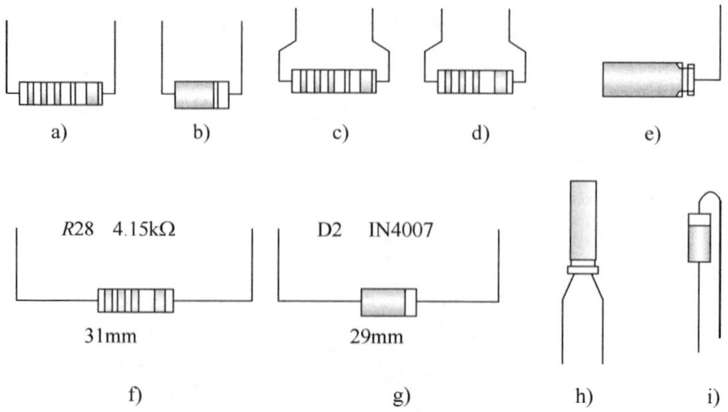

图 3-41 元器件引脚弯制成形

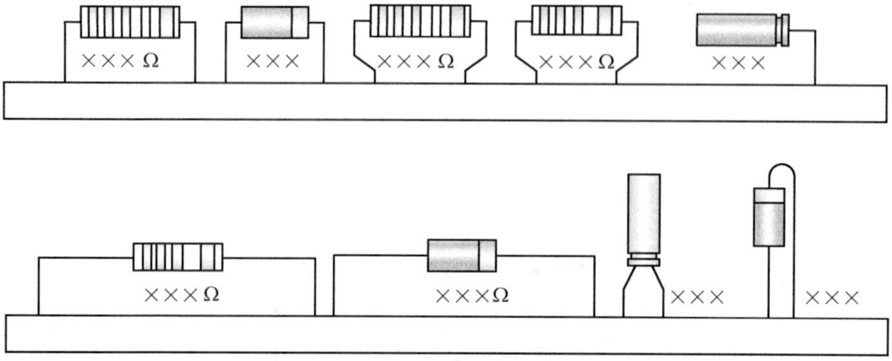

图 3-42 元器件的标注方法

4. 焊接练习

焊接前一定要注意，电烙铁的插头必须插在靠右手的插座上，不能插在靠左手的插座上。电烙铁通电前应将电烙铁的电线拉直并检查电线的绝缘层是否有损坏，不能使电线缠在手上。通电后应将电烙铁插在电烙铁架中，并检查电烙铁头是否会碰到电线、书包或其他易燃物品。在电烙铁加热过程中及加热后都不能用手触摸电烙铁的发热金属部分，以免烫伤或触电。电烙铁架上的海绵要事先加水。

（1）电烙铁头的保护　为了便于使用，电烙铁在每次使用后都要进行维修，将电烙铁头上的黑色氧化层锉去，露出铜的本色。在电烙铁加热的过程中要注意观察电烙铁头表面的颜色变化，随着颜色变深，电烙铁的温度渐渐升高，这时要及时把焊锡丝点到电烙铁头上。焊锡丝在一定温度下熔化，为电烙铁头镀锡，保护电烙铁头。镀锡后的电烙铁头为白色。

（2）电烙铁头上多余锡的处理　如果电烙铁头上挂有很多锡，不易焊接，可在电烙铁架中带水的海绵上或者在电烙铁架的钢丝上抹去多余的锡，但不可在工作台上或者其他地方操作。

（3）在练习板上焊接　焊接练习板是一块焊盘排列整齐的电路板，学生将一根电线的线芯剥出，把其中一股线从焊接练习板的小孔中插入，练习板放在焊接木架上，从右上角开始，排列整齐，进行焊接。练习时注意不断总结，把握加热时间和送锡量，不可在一个点加热时间过长，否则会使电路板的焊盘烫坏。注意应尽量排列整齐，以便前后对比，改进不足。

焊接时先将电烙铁在电路板上加热，大约2s后，送焊锡丝，观察焊锡量的多少。焊锡量不能太多，否则会造成堆焊；也不能太少，否则会造成虚焊。当焊锡熔化，发出光泽时，焊接温度最佳，应立即将焊锡丝移开，再将电烙铁移开（图3-43）。为了在加热中使加热面积最大，要将电烙铁头的斜面靠在元件引脚上，电烙铁头的顶尖抵在电路板的焊盘上。焊点高度一般在2mm左右，直径应与焊盘相一致，引脚应高出焊点约0.5mm。

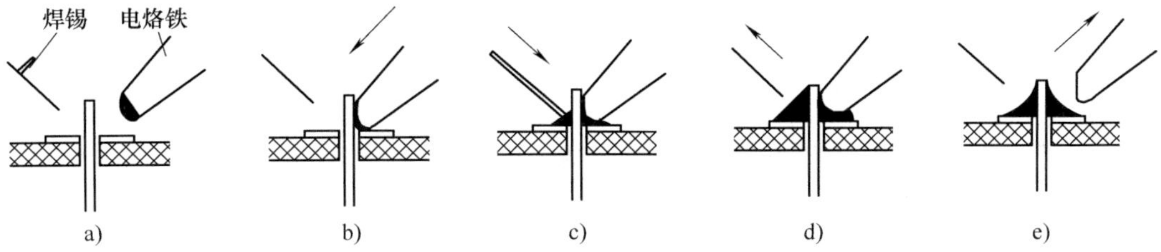

图 3-43　手工焊接5步法

a）准备　b）加热　c）加焊锡　d）去焊锡　e）去电烙铁

（4）焊点的正确形状（图3-44）　焊点 *a* 一般焊接比较牢固；焊点 *b* 为理想状态，一般不易焊出这样的形状；焊点 *c* 焊锡较多，当焊盘较小时，可能会出现这种情况，但是往往有虚焊的可能；焊点 *d*、*e* 焊锡太少；焊点 *f* 提电烙铁时方向不合适，造成焊点形状不规则；焊点 *g* 电烙铁温度不够，焊点呈碎渣状，这种情况多数为虚焊；焊点 *h* 焊盘与焊点之间有缝隙，为虚焊或接触不良；焊点 *i* 引脚放置歪斜。一般形状不正确的焊点，元器件多数没有焊接牢固，多为虚焊点，应重焊。焊接时一定要注意尽量把焊点焊得美观、牢固。

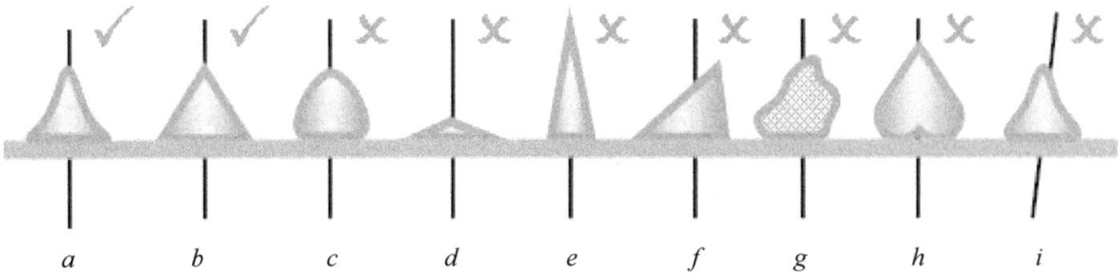

图 3-44　焊点的正确形状

（5）元器件的插放　将弯制成形的元器件对照图样插放到电路板上。注意一定不能插错位置；二极管、电解电容要注意极性；电阻插放时要求读数方向排列整齐，横排的必须从左向右读，竖排的从下向上读，保证读数一致，如图3-45所示。

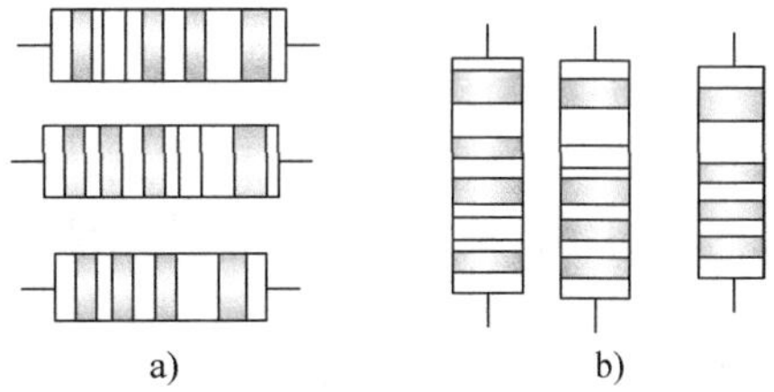

图 3-45　色环电阻的摆放

a）横向排列误差环在右　b）纵向排列误差环在上

（6）错焊元器件的拔除　当元器件焊错时，要将错焊元器件拔除。先检查焊错的元器件应该焊在什么位置，正确位置的引脚长度是多少，如果引脚较短，为了便于拔出，应先将引脚剪短。在电烙铁架上清除电烙铁头上的焊锡，将电路板绿色的焊接面朝下，用电烙铁将元器件脚上的锡尽量刮除，然后将电路板竖直放置，在黄色面上用镊子将元器件引脚轻轻夹住，在绿色面上用电烙铁轻轻烫，同时用镊子将元器件向相反方向拔除。

拔除后，焊盘孔容易堵塞，可以用电烙铁稍烫焊盘，再用镊子夹住一根废元器件脚，将堵塞的孔通开；或者可以将元器件做成正确的形状，并将引脚剪到合适的长度，用镊子夹住元器件，将其放在被堵塞孔的背面，用电烙铁在焊盘上加热，将元器件推入焊盘孔中。注意用力要轻，不能将焊盘推离电路板，以免使焊盘与电路板间形成间隙或者使焊盘与电路板脱开。

5. 万用表电路板的焊接

焊接完成的万用表电路板如图 3-46 所示。

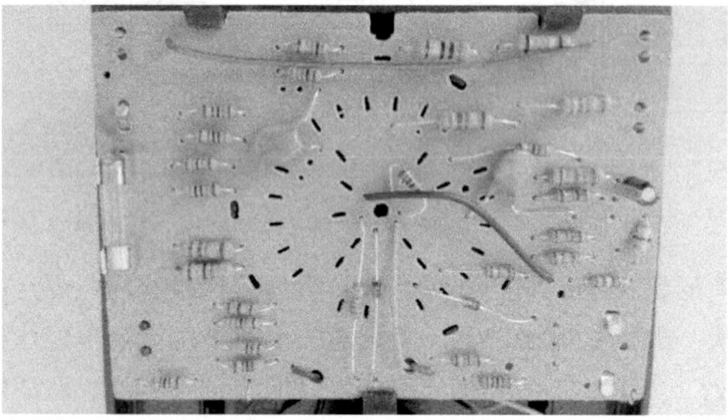

图 3-46　焊接完成的万用表电路板

6. 万用表机械部分的安装与调整

（1）提把的安装　后盖侧面有两个“O”形小孔，为提把铆钉安装孔。将提把放在后盖上，将两个黑色的提把橡胶垫圈垫在提把与后盖中间，然后从外向里将提把铆钉按其方向卡入，听到“咔嗒”声，后说明已经安装到位。如果无法听到“咔嗒”声，可能是橡胶垫圈太厚，应更换后重新安装。装好后拇指放在后盖内部，四指放在后盖外部，用四指包住提把铆钉，拇指向外轻推，检查铆钉是否已安装牢固。注意一定要用四指包住提把铆钉，否则会使其丢失。将提把转向朝下，检查其是否能起支撑作用，如果不能支撑，说明橡胶垫圈太薄，应更换后重新安装。

（2）电刷旋钮的安装　取出弹簧和钢珠，并将其放入凡士林油中，使其粘满凡士林，目的是使电刷旋钮润滑，旋转灵活，并将弹簧和钢珠粘附在电刷旋钮上，防止其丢失。将弹簧放入电刷旋钮的小孔中，钢珠粘附在弹簧的上方。

观察面板背面的电刷旋钮安装部位，它由 3 个电刷旋钮固定卡、两个电刷旋钮定位弧、1 个钢珠安装槽和 1 个花瓣形钢珠滚动槽组成。将电刷旋钮平放在面板上，注意电刷放置的方向。用螺钉旋具轻轻顶，使钢珠卡入花瓣槽内，小心滚掉，然后手指均匀用力将电刷旋钮卡入固定卡。将面板翻到正面，使档位开关旋钮轻轻套在从圆孔中伸出的小手柄上，慢慢转动旋钮，检查电刷旋钮是否安装正确，应能听到“咔嗒”“咔嗒”的定位声。如果听不到，则可能是钢珠丢失或掉进电刷旋钮与面板间的缝隙，这时档位开关无法定位，应拆除重装。将档位开关旋钮轻轻取下，用手轻轻顶小孔中的手柄，同时反面用手依次轻轻扳动三个定位卡，注意用力一定要轻且均匀，否则会把定位卡扳断。小心钢珠不能滚掉。

（3）档位开关旋钮的安装　电刷旋钮安装正确后，将它转到电刷安装卡向上位置，将档位开关旋钮白线向上套在正面电刷旋钮的小手柄上，向下压紧即可。如果白线与电刷安装卡方向相反，必须拆下重装。拆除时用一字螺钉旋具对称地轻轻撬动，依次按左、右、上、下的顺序将其撬下。注意用力要轻且对称，否则容易撬坏。

（4）电刷的安装　将电刷旋钮的电刷安装卡转向朝上，V 形电刷有一个缺口，应该放在左下角，因为电路板的 3 条电刷轨道中间两条间隙较小，外侧两条间隙较大，与电刷相对应，当缺口在左下角时电刷接触点上面两个相距较远，下面两个相距较近，一定不能放错。电刷四周都要卡入电刷安装槽内，用手轻轻按，看是否有弹性及能否自动复位。

（5）电路板的安装　电刷安装正确后方可安装电路板。安装电路板前应先检查电路板焊点的质量及高度，特别是在外侧两圈轨道中的焊点，由于电刷要从中通过，安装前一定要检查焊点高度，不能超过 2mm 且直径不能太大。如果焊点太高，会影响电刷的正常转动甚至刮断电刷。电路板用三个固定卡固定在面板背面，将电路板水平放在固定卡上，依次卡入即可。如果要拆下重装，应依次轻轻扳动固定卡。注意：在安装电路板前先应将表头连接线焊上。

实践操作

1. 原理图识别与元器件准备

（1）万用表电路原理图　万用表电路原理图如图 3-38 所示。

（2）选择元器件及耗材　根据万用表电路原理图的构成，列出所需元器件及耗材，见表 3-20。

表 3-20　器材清单

名　称	型号及要求	数　量
色环电阻	黄、绿或蓝颜色	28 只
分流器	0.025（1±1%）	1 个
可调电阻	500	1 只
电位器	10kΩ	1 只
电烙铁	35W	1 把
二极管	4007	6 只
熔丝夹	小型	2 个
电解电容	10μF	1 只
涤纶电容	2A103J	1 只
熔丝	0.5～1A	1 个
连接线	J1	5 根
电路板	/	1 块
塑料件类（面板+表头+档位开关+电刷旋钮+档位牌+弹簧+电位器旋钮+晶体管插座）	MF47（I=46.2μA）	1 件
螺钉	M3×8	4 个
钢珠	ϕ4mm	2 个
电池极片	1.5V+	4 片
表笔	红、黑	2 支
电刷	V 形	1 个

（续）

名称	型号及要求	数量
晶体管插片	/	6 片
输入插管	/	4 根
电池	1.5V、9V	2 块

2. 电路的安装与检测

1）对照图 3-38 所示的电路原理图安装元器件并检测，具体过程见表 3-21。

表 3-21　安装与检测步骤

序号	步　骤
1	理论知识介绍，分清元器件，清点材料
2	识读原理图，看懂原理图
3	焊接前的准备工作
4	元器件的焊接与安装，按图 3-38 所示电路原理图焊接电路板，共分成 5 个部分来焊接：直流电流部分的焊接；直流电压部分的焊接；交流电压部分的焊接；电阻部分的焊接；公共显示部分的焊接
5	机械部件的安装调整
6	检测万用表电路焊接部分有无虚焊现象，有无断路现象

小贴士

1. 安全文明操作，没有熟练掌握前不得带电使用工具。

2. 焊接过程中，元器件摆放要正确，电烙铁头冲着前方，注意线不要缠在电烙铁上，防止导线烫坏，造成伤害。焊接不仅要位置正确，还要可靠，形状美观，排列整齐。

3. 操作过程中不允许打闹。

4. 注意表头不能跌坏或者拿在手里晃动。档位开关由安装在正面的档位开关旋钮和安装在反面的电刷旋钮组成。测量电路板有黄绿两面，绿面用于焊接，黄面用于安装元器件。

安装好的万用表电路实物效果如图 3-47 所示。

图 3-47　万用表电路实物效果图

2）电路的检测与故障排除步骤见表 3-22。

表 3-22　电路的检测与故障排除步骤

序号	步　骤
1	万用表没任何反应，原因可能是表头、表笔损坏；接线错误；熔丝没装或损坏；电池极板装错，电池两极无法与电池极板接触，电阻档无法工作；电刷装错
2	电压指针反偏。这种情况一般是表头引线极性接反。如果 DCA、DCV 正常，ACV 指针反偏，则为二极管 VD_1 接反
3	测电压示值不准。这种情况一般是焊接有问题，应对被怀疑的焊点进行重新处理

小贴士

1. 在进行判别时，注意万用表的正确使用。
2. 在操作过程中不允许打闹。

考核评价

实训任务完成后，进行考核与评价，具体评分细则见表 3-23。

表 3-23　万用表的组装考核评价表

序号	评价内容	配分	自评	互评	教师评价
1	按时上课、下课，不迟到、不早退	10 分			
2	焊接过程 1）元器件引脚的弯制成形 2）各种元器件的焊接 3）注意元器件焊接的方法、焊点的形状 4）焊接一个简单电路	20 分			
3	万用表组装 1）能分析看懂原理图 2）按原理图焊接电路板 3）机械部件的安装调整 4）故障的排除	25 分			
4	测试所焊接电路板	15 分			
5	1）注意安全、文明生产、爱护公物 2）团队合作，和谐共进	10 分			
6	按照规定时间，鼓励节省工时	10 分			
7	实训报告完整、工整	10 分			

巩固与提高

1. 填空题

1）万用表分为（　　）式万用表和（　　）式万用表。

2）手工焊接五步法包括（　　）、（　　）、（　　）、（　　）和（　　）。

2. 简答题

1）简述万用表的工作原理。

2）简述万用表的各部分组成及功能。

3）简述 MF47 型万用表的安装步骤。

4）元器件焊接前要做什么准备工作，焊接的要求是什么？

5）二极管的焊接要注意什么？

任务 5　万用表的改装

任务目标

1. 掌握电阻串并联的基本知识。
2. 读懂混联电路。
3. 掌握万用表的改装方法。

任务要求

1. 各小组按任务要求制订工作计划。
2. 掌握电阻串并联的基本知识。
3. 掌握改装万用表的方法。
4. 自己动手改装万用表，扩大量程。
5. 整理任务实施报告。

注意事项

1. 改装电压表时要把电阻串联在电路中。
2. 改装电流表时要把电阻并联在电路中。
3. 安全文明操作。

实施流程

实施流程见表 3-24。

表 3-24　实施流程

序号	工作内容	教师活动	学生活动	学时
1	布置任务	下达任务书，组织小组讨论学习	接受任务，明确工作内容	2
2	知识准备	讲解电阻串、并联的相关知识	掌握电阻串、并联的基本知识	
			学会万用表的改装方法	

（续）

序号	工作内容	教师活动	学生活动	学时
3	实践操作	讲解万用表的相关知识，演示操作方法，组织学生进行实践操作，并巡视指导	自己动手改装万用表	2
4	考核评价	按具体评分细则对学生进行评价	按具体评分细则进行自评、互评	

知识准备

万用表的基本原理是建立在欧姆定律和电阻串联分压、并联分流等规律基础上的。万用表的表头是进行各种测量的公用部分。表头内部有一个可动的线圈（动圈），它的电阻 R_g 称为表头的内阻。动圈处于永久磁铁的磁场中，当动圈通有电流之后会受到磁场力的作用而发生偏转。固定在动圈上的指针随着动圈一起偏转的角度与动圈中的电流成正比。当指针指示到表盘刻度的满标度时，动圈中所通过的电流称为满偏电流 I_g。R_g 与 I_g 是表头的两个主要参数。

1. 电流表改装成电压表

根据串联电路具有分压作用的特点，在表头上串联一只合适的分压电阻，即可将电流表改装成一块电压表。

例如：有一个电流表头，内阻 R_0=1000Ω，满偏电流 I_0=0.1mA（即满偏电压为 0.1V）。现将它改装成量程 U =10V 的电压表，改装电路如图 3-48 所示。

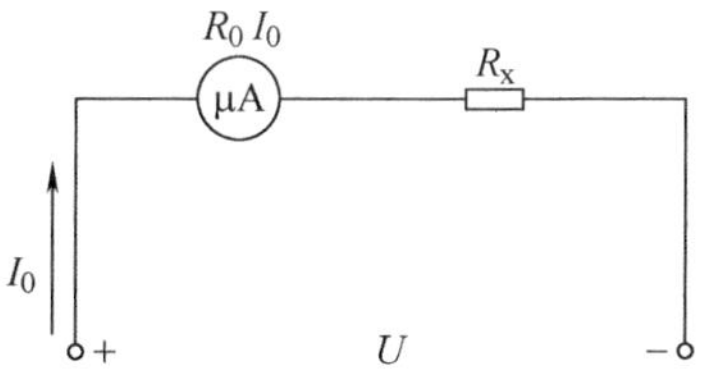

图 3-48　电流表的改装

根据串联电路总电阻等于分电阻之和，有

$$R=\frac{U}{I_0}=\frac{10\text{V}}{0.1\times10^{-3}\text{A}}=100\text{k}\Omega$$

$$R=R_0+R_x$$

$$R_x=R-R_0=100\text{k}\Omega-1\text{k}\Omega=99\text{k}\Omega$$

在表头上串联一只 99kΩ 的电阻，即可将表头改装为一块 10V 量程的电压表。

【例 3-5】　如图 3-49 所示，有一块电流表，内阻 R_g=1kΩ，满偏电流为 I_g=100μA，要把它改成量程为 U_n=3V 的电压表，应串联一只多大的分压电阻 R？

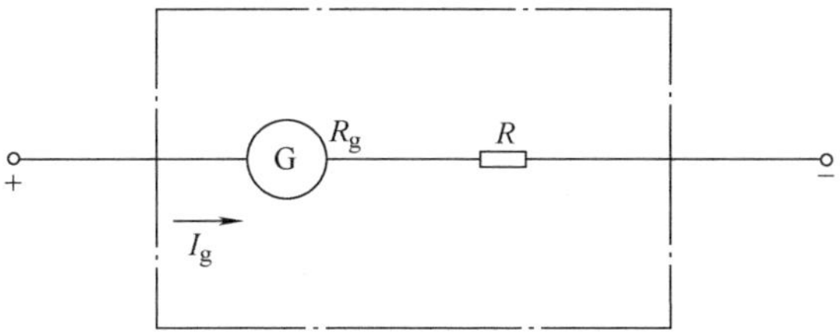

图 3-49　例题3-5

$$U_g=\frac{R_g}{R_g+R}U_n$$

$$R=\frac{U_n-U_g}{U_g}R_g=\left(\frac{U_n}{U_g}-1\right)R_g=(n-1)R_g=29\text{k}\Omega$$

例 3-5 表明，将量程为 U_g、内阻为 R_g 的表头扩大到量程为 U_n，所需要的分压电阻为 $R=(n-1)R_g$，其中 $n=\dfrac{U_n}{U_g}$ 称为电压扩大倍数。

2. 电压表改装成电流表

根据并联电路具有分流作用的特点，将表头并联一只分流电阻 R，即构成最简单的直流电流表。

【例 3-6】 如图 3-50 所示，有一块微安表，满偏电流为 $I_g=100\mu A$、内阻 $R_g=1k\Omega$，要将其改装成量程为 $I_n=100mA$ 的电流表，试求所需的分流电阻 R。

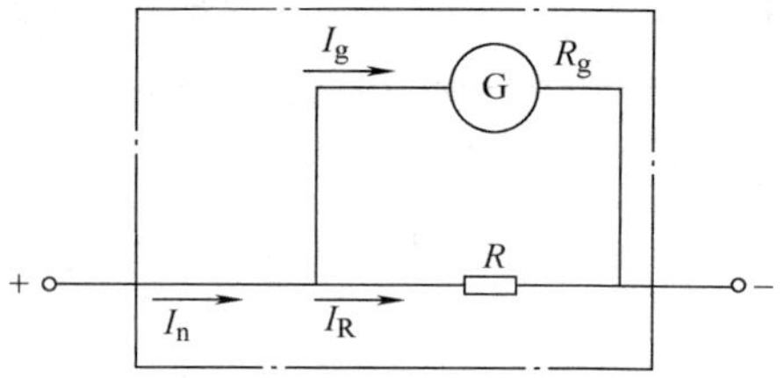

图 3-50 例题3-6

解：设 $n=\dfrac{I_n}{I_g}$（电流量程扩大倍数）

根据分流公式可得 $I_g=\dfrac{RI_n}{R_g+R}$，则 $R=\dfrac{R_g}{n-1}$

本题中 $n=\dfrac{I_n}{I_g}=1000$，$R=\dfrac{R_g}{n-1}=\dfrac{1k\Omega}{1000-1}\approx 1\Omega$

例 3-6 表明，将量程为 I_g、内阻为 R_g 的表头扩大到量程为 I_n，所需要的分流电阻为 $R=\dfrac{R_g}{n-1}$，其中 $n=\dfrac{I_n}{I_g}$ 称为电流量程扩大倍数。

实践操作

1. 原理图识别与元器件准备

1）万用表改装电路原理图如图 3-51 所示。

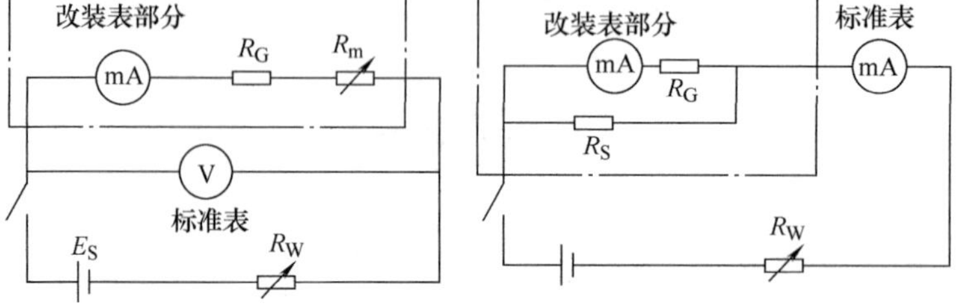

图 3-51 万用表改装电路原理图

a）改装并校对电压表（量程10V） b）改装并校对电流表

2）选择元器件及耗材。根据改装后的电路实物接线图的构成，列出所需元器件及耗材清单，见表 3-25。

表 3-25　元器材及耗材清单

名　称	型号及要求	数　量
DH458 电表改装与标准实验仪	DH458	1 台
导线	—	适量

2. 电路的安装与检测

1）对照图 3-52 所示的电路原理图安装元器件并检测，具体过程见表 3-26。

表 3-26　安装与检测步骤

序号	步　骤
1	电阻的串、并联知识回顾，电流表的改装方法介绍
2	连接图 3-51a 所示电路图，检查电路连接是否正确，通电并校对电压表
3	连接图 3-51b 所示电路图，检查电路连接是否正确，通电并校对电流表
4	自己分析电压表、电流表扩大量程的方法

安装好的万用表电路实物效果如图 3-52 所示。

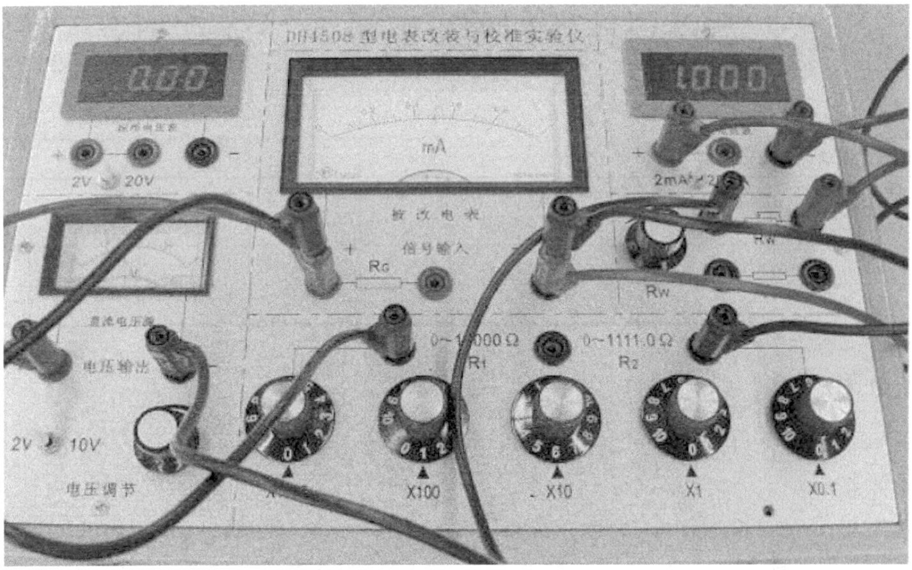

图 3-52　改装后的万用表实物效果

2）万用表改装电路的检测与故障排除步骤见表 3-27。

表 3-27　检测与故障排除步骤

序号	步　骤
1	调节图 3-52 左图中可调电阻的大小，观察电压表的读数
2	调节图 3-52 右图中可调电阻的大小，观察电流表的读数
3	观察量程是否扩大

小贴士

1. 测量直流量时注意被测量的极性，避免反偏打坏表头。

2. 不能带电调整档位或量程，避免电刷的触点在切换过程中产生电弧而烧坏电路板或电刷。

考核评价

实训任务完成后，进行考核与评价，具体评分细则见表 3-28。

表 3-28　万用表的改装考核评价表

序号	评价内容	配分	自评	互评	教师评价
1	按时上课、下课，不迟到、不早退	10 分			
2	电工工具使用 1）元器件测试 2）不损坏、丢失元器件、工具	10 分			
3	电路连接 1）复习电阻串、并联知识 2）按图 3-52 左边电路图焊接电路，然后进行测试 3）按图 3-52 右边电路图焊接电路，然后进行测试 4）计算结果	30 分			
4	结果测试 分析焊接的电路图	10 分			
5	总结万用表的改装方法	10 分			
6	1）注意安全、文明生产、爱护公物 2）团队合作，和谐共进	10 分			
7	按照规定时间，鼓励节省工时	10 分			
8	实训报告完整、工整	10 分			

巩固与提高

1. 填空题

1）万用表的电阻档有三个倍率，分别是×1、×10、×100 档，用×10 档测量某电阻时，操作步骤正确，发现表头指针偏转角度很小，为了较准确地进行测量，应换到（　　）档，如果换挡后立即用表笔连接待测电阻进行读数，那么缺少的步骤是（　　）。

2）若将该表的选择开关置于 1mA 档测电流，表盘示数如图 3-53 所示，则被测电流为（　　）mA；若用直流 15V 档测量电压，则读数为（　　）V。

2. 计算题

图 3-54 所示为某万用表的直流电压表部分电路，五个电压量程分别是 U_1=2.5V、U_2=10V、U_3=50V、U_4=250V、U_5=500V，已知表头参数 R_g=3kΩ、I_g=50μA。试求电路中各分压电阻 R_1、R_2、R_3、R_4、R_5。

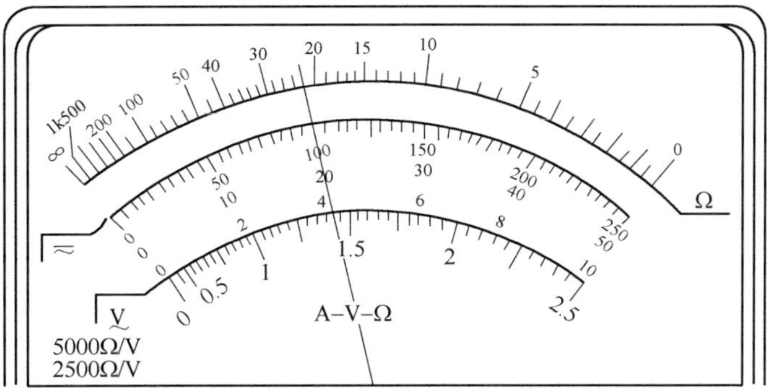

图 3-53　表盘读数

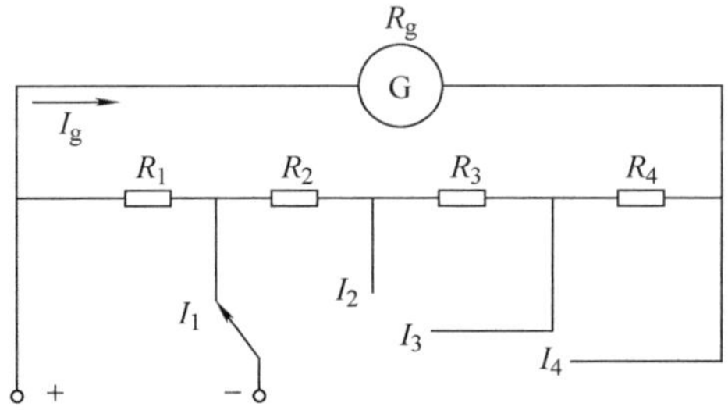

图 3-54　计算题

项目 4　交流电路的连接

项目描述

本项目主要完成家庭用电从进户接线开始到各种家庭用电线路的连接任务，围绕家庭用电线路连接及故障排除将项目分为 9 个任务，每个任务完成相对独立的电路连接及技能训练。

知识目标

1. 认识交流电。
2. 学会交流功率的计算。
3. 学会家庭用电线路连接及各部分的工作原理。

技能目标

1. 掌握进户线的保护电路及原理。
2. 掌握电度表线路的连接及使用。
3. 家庭用电线路的连接及布线。
4. 掌握家庭用电线路的组成及各部分的作用。

任务 1　家庭用电线路的连接

任务目标

1. 家庭用电线路的应用。
2. 家庭用电线路的组成。
3. 家庭用电线路的技能要点。
4. 家庭用电线路的理论概要。

任务要求

1. 各小组按任务要求制订工作计划。
2. 了解家庭用电线路的组成及熔丝的作用。
3. 熟练使用电工工具，并会选线、配线。

4. 会连接家庭用电线路。
5. 培养学生的观察能力及运用学过的电学基础知识分析实际问题的能力。
6. 整理任务实施报告。

注意事项

1. 熟记用电安全操作规程。
2. 各元件安装牢固，无松动感。
3. 线路完全接通后，在教师检验后方可进行通电试验。
4. 要安全文明操作，完成电路连接后将使用的元件整理好放回原处。

实施流程

实施流程见表 4-1。

表 4-1　实施流程

序号	工作内容	教师活动	学生活动	学时
1	布置任务	下达任务书，组织小组讨论学习	接受任务，明确工作内容	2
2	知识储备	讲解家庭用电线路的基本组成及各部分的连接方法	知道家庭用电线路的基本组成	
			熟悉家庭用电线路各部分的作用及连接方法	
			掌握家庭用电线路的连接方法	
3	实践操作	讲解家庭用电线路的基本组成及各部分的连接注意事项，演示用验电器检查零线和相线的方法以及家庭用电线路各元件的连接顺序，组织学生进行家庭用电线路的连接，并巡视指导	安装刀开关、熔断器、熔丝、用电器	
			安装电表	
			电路检查与模拟排故	
4	考核评价	根据考核标准严格测评		

知识准备

1. 家庭用电线路的组成

家庭用电线路由进户线（又称电源线）、电能表、总开关、断路器、熔断器、用电器、插座、开关等组成，且它们采用并联方式连接，其组成如图 4-1 所示。

（1）供电线路　家庭用电线路的低压供电线路有两根线，一根为相线，另一根为零线，它们之间有 220V 的电压。

（2）电能表　直接与进户线连接，即电能表要接在干路上，主要用来测量用户在一定时间内消耗的电能。

电能表铭牌数据含义：220V 是指电能表的额定电压，10A 是指电能表允许通过的最大电流，1500r/kW · h 是指每消耗 1kW · h 的电能，电能表的表盘转 1500r。

读数方法：记下起始时间的值，再记下结束时间的值，两次的差就是这段时间消耗的电能，注意最末一位数字为小数部分，单位为千瓦·时，也称为度电。

（3）总开关　总开关安装在电能表后、熔丝之前；有时用双刀开关同时控制相线和零线，有时用单刀开关只控制相线。

（4）熔丝　熔丝通常由电阻率较大而熔点较低的铅锑合金制成，在电路电流过大时，自动熔断，切断电路。根据焦耳定律 $Q=I^2Rt$ 可知，熔丝的电阻比较大，通过的电流较大，在相同时间内产生的热量就比较多，温度上升得较高，而熔丝的熔点又较低，所以会迅速熔断。熔丝的熔断电流稍大于家庭电路允许通过的最大电流，不能用更粗的熔丝，更不能用铜丝或钢丝代替熔丝。

（5）用电器　在家庭用电线路中，用电器主要指家用电器，接在熔丝后。各用电器之间并联连接，既保证了用电器之间互不影响，又使用电器两端的电压均为220V；一般用电器的控制开关要放在用电器和相线之间，不允许放在用电器和零线之间。

（6）插座　插座分为固定插座和可移动插座，包括两孔插座和三孔插座。三孔插座的两个孔分别接相线和零线，另一孔接地，这样在把三脚插头插入时，可把用电器的金属外壳和大地连接起来。注意：三孔插座的接法为“左零右相上接地”。

2. 家庭用电线路中电流过大的原因

（1）短路　短路是指电流没有经过用电器而直接构成通路，电路中的电阻很小，相当于导线的电阻，电路中的电流会很大。如：在安装时，致使相线和零线直接接通；或用电器内部相线和零线直接接通；或电线或用电器的绝缘皮由于老化而破损，致使相线和零线直接接通。

（2）用电器的总功率过大　当电源电压一定、用电器的总功率过大时，根据公式 $I=P/U$ 可知，电路中的电流会过大。在家庭用电线路中，通常多个用户集中同时使用多个大功率的用电器，或一个插座上使用多个大功率的用电器，都会造成电流过大。

实践操作

1. 原理图的识读与元件的选择

（1）识读家庭用电线路连接的原理图　家庭用电线路的组成如图4-1所示。

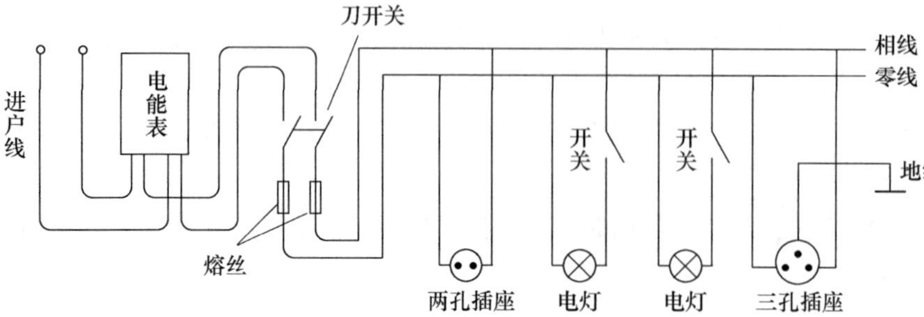

图 4-1　家庭用电线路的组成

（2）选择元件及耗材

组成家庭用电线路的元件及耗材清单见表 4-2。

表 4-2　器材清单

名　称	型号及要求	数　量
万用表	MF-47	1 块
验电器	3350	1 支
十字螺钉旋具	SX-210	1 把
一字螺钉旋具	SX-210	1 把
尖嘴钳	150mm	1 把
钢丝钳	300mm	1 把
断线钳	400mm	1 把
单相电能表	DDS99A	1 块
刀开关	HS11F	1 个
熔断器	30A	2 个
两孔插座	10A	1 个
三孔插座	16A	1 个
灯泡	220V/15W	1 只
导线	$1mm^2$	适量

2. 电路的安装与检查

（1）对照家庭用电线路原理图安装元件。安装过程见表 4-3。

表 4-3　简单家庭用电线路的安装过程

步骤	安装过程
1	教师指导，并讲解各部分的作用。小组讨论，分析电路的连接
2	安装电能表。从进户线进来后接电能表，电能表通常与配电装置安装在一起，电能表安装在配电装置的下方，其中心距地面 1.5~1.8m 处；把进线和出线依次对号接在电能表的出线头上；接线完毕后，要反复查对无误后才能合闸使用
3	接刀开关。安装时要使刀开关保持水平，否则会有触电的危险。连接时必须将电源线接到静触点上（刀开关有两个触点，一个固定不动的是静触点，另一个连接闸刀的是动触点）。将熔丝接在刀开关下，然后接插座照明电路
4	接插座照明电路。将插座接在熔丝线路的零线及相线上，开关与照明线路采用串联连接，且开关要接在照明线路的相线上。若有多组插座及照明电路时，将插座及照明电路进行并联连接，注意三孔插座接法为“左零右相上接地”
5	布局合理，将导线下到相应的导线槽中，做到横平竖直，各转角成 90°
6	线路接好后，认真检查电路连接是否正确，用万用表电阻档检测，防止因接线错误造成不能正常运转或短路事故。此过程可以先自查，再小组内互查，后教师检查
7	整理工具、整顿现场

安装好的简单家庭用电线路效果图如图 4-2 所示。

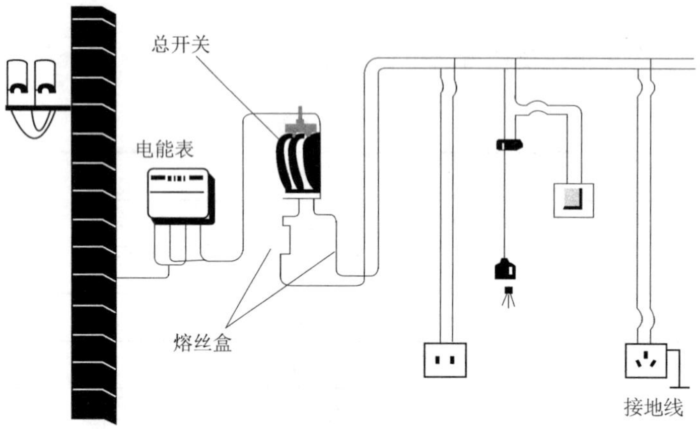

图 4-2　简单家庭用电线路效果图

小贴士

在进行家庭用电线路的连接过程中，首先确定好各元件的位置，注意物件不要倒置；接线时注意电工工具的正确使用；根据不同情况选择不同型号的电线。

（2）电路的检查与故障排除

简单家庭用电线路的连接检查与故障排除见表 4-4。

表 4-4　简单家庭用电线路的连接检查与故障排除

步骤	故障	故障的可能原因及排除方法
1	短路	可能灯座或插座相线、零线短路，应将接在灯座两个接线柱上的相线和零线分开或将插座内的两根接线分开
2	断路	用万用表、验电器等进行测试，分段查找与重点部位检测相结合，对较长线路可采用分段检测法进行排查。哪个部位出现断路，将其接上
3	过载	应合理连接用电器，保证每个用电器不过载
4	接触不良	检测灯座、开关、挂线盒接触情况及熔丝接触线路接头处等的接触情况，对接触不良的进行加固
5	连接错误	重新按布置图连接线路

考核评价

任务完成后，进行考核与评价，具体评分细则见表 4-5。

表 4-5　简单家庭用电线路的连接考核评价表

序号	评价内容	配分	自评	互评	教师评价
1	出勤情况：遵守课堂时间，按时上课、下课，不迟到、不早退	10 分			
2	电工工具使用 1）正确使用验电器检测电路的零线和相线 2）检测万用表的好坏及其他元件的好坏 3）工具的使用无破损、丢失，使用后将工具放置到工具箱中	15 分			

（续）

序号	评价内容	配分	自评	互评	教师评价
3	电路连接 1）从变压器进来的电路连入家庭电路，即连接进户电路 2）按原理图连接电能表及刀开关 3）按原路图连接照明电路和插座电路	35 分			
4	结果测试 接通电源，用验电器检测两孔插座和三孔插座是否有电，及照明电路是否接通	30 分			
5	安全文明操作 注意安全、文明操作、爱护公物	10 分			

巩固与提高

1. 填空题

1）家庭用电线路中安装电能表的目的是测量和记录用户（　　）；安装插座的目的是（　　）；安装刀开关的目的是便于（　　）。

2）照明电路中，各用电器应（　　）联在电路中；开关与所控制的用电器应（　　）联在电路中，熔丝必须（　　）联在电路中。

3）引起电路中电流过大的主要原因有（　　）和（　　），其中相线与零线不经用电器而直接接通称为（　　）。

4）正常情况下零线与地之间的电压为（　　）V，相线与零线之间的电压为（　　）V。日常生活中用（　　）来分辨相线与零线，使用时，（　　）与待测导线接触，（　　）应与人体接触，如果是相线，观察到的现象是（　　）。

2. 选择题

1）安装家庭用电线路时，从进户线到用电器之间有刀开关、电能表、熔断器，它们的正确排列顺序应是（　　）。

A. 刀开关、熔断器、电能表　　B. 电能表、刀开关、熔断器

C. 熔断器、电能表、刀开关　　D. 电能表、熔断器、刀开关

2）照明电路中的电灯、开关正确的连接方式是（　　）。

A. 灯和灯、灯和开关都应并联　　B. 灯和灯、灯和开关都应串联

C. 灯和灯应串联，灯和开关应并联　　D. 灯和灯应并联，灯和开关应串联

3）安装刀开关时，（　　）。

A. 静触点可以在上面，也可以在下面　　B. 静触点必须在上面，且连接电源线

C. 静触点必须在下面，且连接电源线　　D. 电源线可以连接在刀开关的任何接头上

4）在 220V 的照明电路上装有 40W 的电灯 10 盏，现在手边只有额定电流为 1A 的熔丝，安装熔丝比较合适的方法是（　　）。

A. 将一根熔丝直接接在熔断器中　　B. 将两根熔丝并联后接在熔断器中

C. 将三根熔丝并联后接在熔断器中　　D. 将三根熔丝串联后接在熔断器中

任务2　家庭用电线路的选线及布线

任务目标

1. 会对家庭用电线路进行选线。
2. 会对家庭用电线路进行合理布线。

任务要求

1. 各小组讨论制订工作计划。
2. 了解电线的规格及型号。
3. 熟练使用电工工具。
4. 掌握家庭用电线路的配线及布线方法。
5. 整理任务实施报告。

注意事项

1. 熟记用电安全操作规程。
2. 熟记选线口诀及布线方法。
3. 安全文明操作。

实施流程

实施流程见表4-6。

表4-6　实施流程

序号	工作内容	教师活动	学生活动	学时
1	布置任务	下达任务书，组织小组讨论学习	接受任务，明确工作内容	2
2	知识储备	家庭用电线路的选线方法及配线注意事项	知道家庭用电线路用线的规格	
			熟悉家庭用电线路配线的方法	
			掌握家庭用电线路的选线方法和配线注意事项	
3	实践操作	讲解家庭用电线路选线的方法和配线的注意事项，演示家庭用电线路配线的方法，组织学生进行家庭用电线路的连接	安装断路器、熔断器、开关、插座等元件	
			安装家庭用电线路	
			电路检查与模拟排故	
4	考核评价	按具体评分细则对学生进行评价	按具体评分细则进行自评、互评	

知识准备

1. 家庭用电线路布线与选线

家庭用电线路主要分几个回路：照明、插座、空调、厨卫电线。为了防火、方便维修及安全，最好选用有中国电工产品委员会认证的标志和生产许可证号的铜芯电线，各个回路要根据负载功率选择不同规格的电线。家庭用电线路布线规范一般如下。

1）开关：灯具开关底边离地高度 1.4m，侧边离门框 20cm。厨房、卫生间的开关装在门外。

2）插座：厨房、卫生间的插座离地高度 1.8m，用防水插座。其他离地 30cm。

3）选线：进户线截面积不小于 $4mm^2$。照明用线截面积选用 $1.5mm^2$，插座用线截面积选用 $2.5mm^2$，空调用线截面积不得小于 $2.5mm^2$。接负极线（零线/地线）选用绿黄双色线，接开关线（相线）用红、白、黑、紫等任一种。

4）照明回路和插座回路分开走线，插座回路装漏电保护器。最好是厨房单独用一个插座回路，因为厨房负载最大。

5）暗埋线要套保护管。

2. 电线规格

家庭用电源线宜采用 BVV2×2.5 和 BVV2×1.5 型号的电线。BVV 是国家标准代号，为铜质护套线 BVV2×2.5 和 BVV2×1.5，分别代表 2 芯 $2.5mm^2$ 和 2 芯 $1.5mm^2$。一般情况下，BVV2×2.5 做主线、干线，BVV2×1.5 做单个电器支线、开关线。单相空调专线用 BVV2×4，另配专用地线。常用导线规格有 $1mm^2$、$1.5mm^2$、$2.5mm^2$、$4mm^2$、$6mm^2$、$10mm^2$、$16mm^2$、$25mm^2$、$35mm^2$、$50mm^2$、$70mm^2$、$95mm^2$、$120mm^2$、$150mm^2$、$185mm^2$、$240mm^2$。

电线规格应根据家用电器的总功率来计算，然后根据不同规格电线的最大载流能力来选取合适的电线、电缆。载流能力的计算公式为

$$I_{max}=kP/U \tag{4-1}$$

式中　I_{max}——电路需要的最大电流容量，单位为 A；

P——家用电能总功率，单位为 W；

U——家用额定电压，单位为 V；

k—— 过电压的安全系数，数值一般取 1.2～1.3。

对于铜线来说，$I=8S^{0.625}$，S 为电线的截面积，单位为 mm^2。根据此经验公式就可以求出电线的截面积。国家标准规定，不同截面流过的电流不同，一些常用 BV、BVVB 型电线在空气中的最大载流量见表 4-7。

表 4-7　常用 BV、BVVB 型电线在空气中的最大载流量

导体标称截面积/ mm^2	单芯电缆允许载流量/A	二芯电缆/A	三芯电缆/A
1.5	23	20	18
2.5	30	25	21

（续）

导体标称截面积/ mm^2	单芯电缆允许载流量/A	二芯电缆/A	三芯电缆/A
4	39	33	28
6	50	43	36
10	69	59	51

根据式（4-1）的载流能力公式计算出家庭用电的最大需求电流量，然后根据表 4-7 中不同截面的电线所能承受的最大载流能力来选取恰当的电线。

如家用总功率为 5000W，额定电压为 220V，根据式（4-1）计算得出电流值为 27.27～29.55A，经与表 4-7 核对，选用 2.5mm^2 的单芯电缆较为合适。

3. 家庭用电线路配线

室内电路配线可分为明敷和暗敷两种。明敷为导线沿墙壁、天花板表面、横梁、屋柱等处敷设。暗敷为导线穿管埋设在墙内、地坪内或顶棚里。一般来说，明配线安装施工和检查维修较方便，但室内美观受影响，人能触摸到的地方不十分安全；暗配线安装施工要求高，检查和维护较困难。配线方式一般分为瓷（塑料）夹板配线、绝缘子配线、槽板配线、塑料护套线配线和线管配线等。

4. 家庭用电线路布线的注意事项

1）家庭配线中间最好没有接头，必须有接头时应接触牢固并用绝缘胶布缠绕，或者用瓷接线盒。禁止用医用胶布代替电工胶布包扎接头。

2）导线与开关、刀开关、熔丝盒、灯头等的连接应牢固可靠、接触良好。多股软铜线接头应并拢绞合后再放到接头螺母垫片下，防止细股线散开碰到另一接头造成短路。

3）家庭配线不得直接敷设在易燃的建筑材料上面，如须在木料上布线必须使用瓷珠或瓷夹子；穿越木板必须使用瓷套管，不得使用易燃塑料和其他的易燃材料作为装饰用料。

4）接地或接零线虽然正常时不带电，但断线后如遇漏电会使电器外壳带电；如遇短路，接地线也会通过大电流。为了安全，接地（接零）线规格应不低于相线，在其上不得装开关或熔丝，也不得有接头。

5）接地线不得接在自来水管、煤气管和电话线的地线上，也不得接在避雷线上。

6）所有的开关、刀开关、熔丝盒都必须有盖。胶木盖板老化、残缺不全者必须更换；脏污受潮者必须停电擦抹干净后才能使用。

7）电源线不要拖放在地面上，以防电源线绊倒人，并防止损坏绝缘层。

实践操作

1. 原理图的识读与元件的选择

1）识读家庭用电线路和照明线路的原理图，如图 4-3 和图 4-4 所示。

2）根据家庭用电电路和照明电路的电路图，选择合适的元件，见表 4-8。

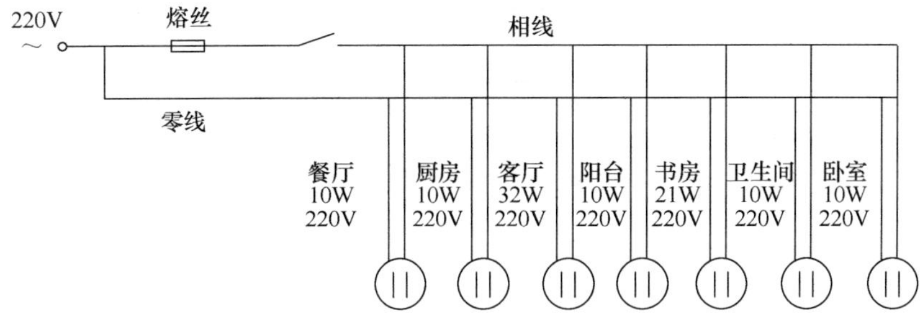

图 4-3 家庭用电线路

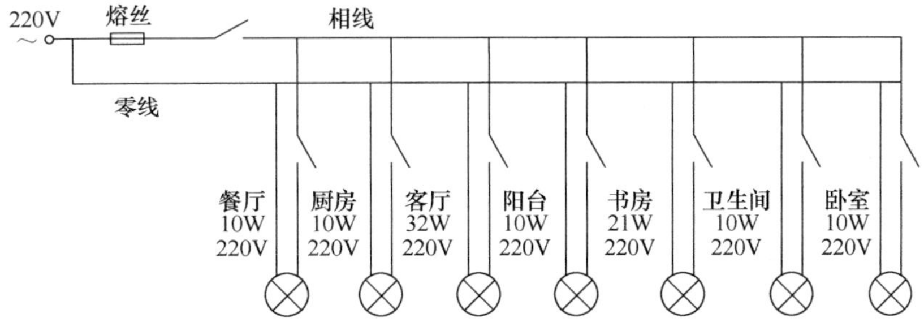

图 4-4 家庭照明线路

表 4-8 器材清单

名　称	型号及要求	数　量
万用表	MF-47	1 块
验电器	3.35	1 支
一字螺钉旋具	SX-210	1 把
十字螺钉旋具	SX-210	1 把
断线钳	400mm	1 把
钢丝钳	300mm	1 把
插入式熔断器	10A	2 个
断路器	32A	2 个
灯开关	BX5800	7 个
插座	10A	7 个
白炽灯	220V/40W	4 只
白炽灯	220V/25W	3 只
灯座	E27	7 个
导线	BVV2×2.5、BVV2×1.5	适量

2. 电路的安装与检查

1）对照家庭用电线路原理图安装元件。家庭用电线路和照明线路的安装过程见表 4-9。

表 4-9 家庭用电线路和照明线路的安装过程

步骤	安装过程
1	按照工艺要求，在配电板上确定断路器、熔断器、灯座、插座的位置后，用螺钉将它们固定在盘面上。要求元件倾斜不超过 5mm，安装要牢固，无松动感
2	按图 4-3 和图 4-4 连接电路，家庭照明线路和家庭用电线路分开连接，分别由断路器控制，并要求电路接触良好、稳固，配线应排列整齐，做到横平竖直。绑扎成束后，用卡钉固定在板面上
3	家庭用电源线宜采用 BVV2×4 和 BVV2×1.5 型号的电线
4	整理工具、整顿现场

小贴士

1. 电路的连接要结实，接点处要使用电工胶布连接。
2. 各元件的连接要紧实，无松动感。

2）电路的检查与故障排除见表 4-10。

表 4-10 家庭用电线路和照明线路的检查与故障排除

步骤	故　障	排　除
1	短路	应将接在灯座两个接线柱上的相线和零线分开或插座内两根接线分开
2	断路	用万用表、验电器等进行测试，分段查找与重点部位检测相结合，对较长线路可采用分段检测法进行排查
3	过载	应合理连接用电器，保证每个用电器不过载
4	接触不良	检测灯座、开关、挂线盒接触情况及熔丝接触线路接头处等的接触情况，对接触不良的进行加固
5	连接错误	按布置图重新连接电路

考核评价

实训任务完成后，进行考核与评价，具体评分细则见表 4-11。

表 4-11 家庭用电线路和照明线路的考核评价表

序号	评价内容	配分	自评	互评	教师评价
1	出勤情况：遵守课堂时间，按时上、下课，不迟到、不早退	10 分			
2	电工工具使用 1）正确使用验电器检测线路的零线和相线 2）检测万用表的好坏及其他元件的好坏 3）工具的使用无破损、丢失，使用后将工具放置到工具箱中	15 分			
3	电路连接 1）根据要求合理选线，连接照明电路选 1.5mm^2 的电线，连接插座线路选 2.5 mm^2 的电线 2）按原理图连接照明电路 3）按原理图连接插座电路 4）检查电路连接是否有漏接、短接的情况	30 分			

（续）

序号	评价内容	配分	自评	互评	教师评价
4	结果测试：接通电源，用验电器检测用电器电路及照明电路是否接通	15 分			
5	安全文明操作 1）注意安全、文明操作、爱护公物 2）团队合作，和谐共进	10 分			
6	工时：按照规定时间，鼓励节省工时	10 分			
7	报告及总结：实训报告完整、工整	10 分			

知识拓展

参照图 4-5 所示布线图为自己家进行布线设计，并将设计电路与教师和同学分享。

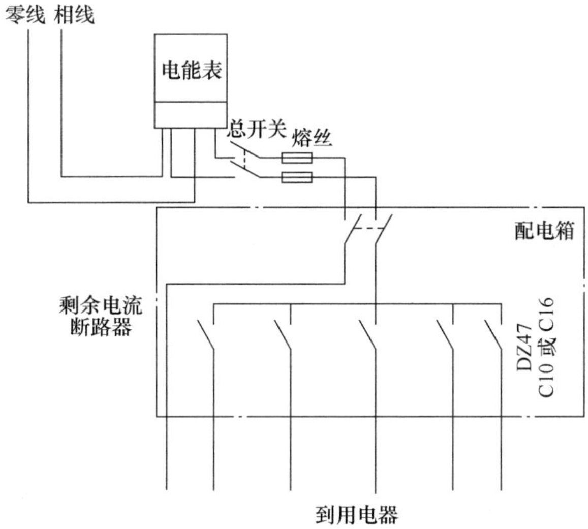

图 4-5　家庭照明线路布线图

巩固与提高

1. 连线题

1）把带有开关的电灯、三孔插座正确地连入图 4-6 所示的家庭用电线路中。

2）把两个白炽灯接入到图 4-7 所示的家庭用电线路中。

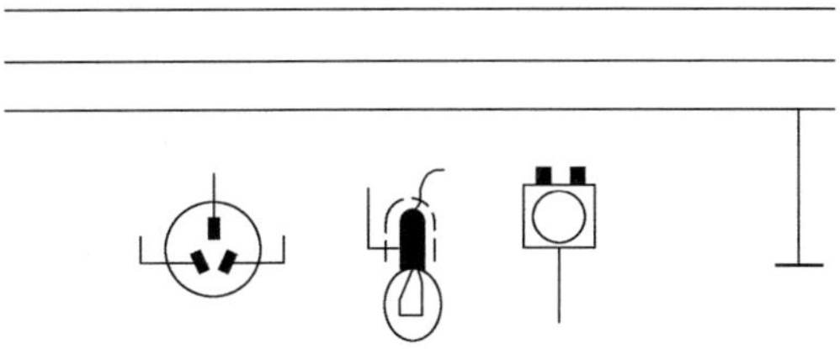

图 4-6　家庭用电线路1

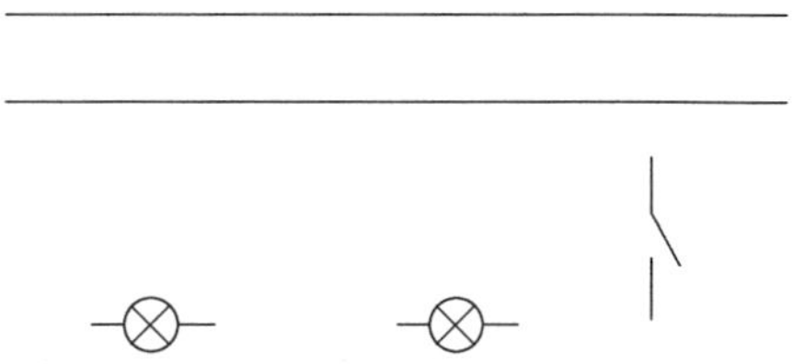

图 4-7　家庭用电线路2

3）完成图 4-8 所示的家庭用电线路的连接。

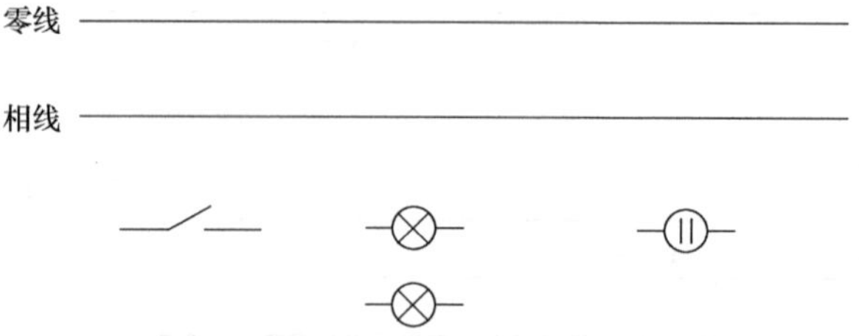

图 4-8　家庭用电线路3

2. 选择题

1）闭合室内照明电路开关，发现灯泡不亮，但灯座完好，用验电器测试灯座两接线柱。若发现验电器氖管都发光，说明（　　）；若发现验电器氖管都不发光，说明（　　）。

A. 相线断了　　B. 零线断了　　C. 灯泡灯丝断了　　D. 相线短路

2）下列接法正确的是（　　）。

A. 开关电灯插座都是串联　　B. 开关与电灯串联再与插座并联

C. 熔丝接在零线上　　D. 开关接在零线上

3）关于家庭用电线路和安全用电，下列说法中正确的是（　　）。

A. 家中熔丝烧断，一定是发生了短路

B. 用验电器辨别相线与零线时，手不能接触验电器上的任何金属

C. 只有高压线路才会发生触电

D. 有人触电时，用干燥的竹竿或木棍将电线拨开

4）下列做法中，符合安全用电原则的是（　　）。

A. 使用验电器时，手按住笔尾金属体，用笔尖接触被测导线

B. 用湿布擦正亮着的台灯灯泡

C. 在电线上晾晒湿衣服

D. 有人触电时，直接用金属杆去挑搭在触电人身体上的电线

任务 3　电能表的连接与使用

任务目标

1. 了解电能表的基本结构、原理、应用。
2. 会在配电板上安装电能表并能正确接线。

任务要求

1. 各小组按任务要求制订工作计划。
2. 认识进户配电面板。

3. 熟练使用电工工具及选择配线。
4. 电能表进线与出线的连接。
5. 会计算负载消耗的电能并进行电能表的读数。
6. 整理任务实施报告。

注意事项

1. 熟记用电安全操作规程。
2. 熟记各电工工具的使用方法。
3. 各元件安装牢固，无松动感。
4. 记下电能表使用前的数据，并注明测量单位。
5. 安全文明操作。

实施流程

实施流程见表 4-12。

表 4-12　实施流程

序号	工作内容	教师活动	学生活动	学时
1	布置任务	下达任务书，组织小组讨论学习	接受任务，明确工作内容	2
2	知识储备	讲解单相电能表的工作原理及电能的计算方法	知道单相电能表的种类	
			熟悉单相电能表的工作原理	
			掌握单相电能表的安装接线方法	
3	实践操作	讲解单相电能表的表盘和内部结构，演示单相电能表的接线方法，组织学生进行单相电能表的安装和接线	安装	
			安装单相电能表	
			电路检查与模拟排故	
4	考核评价	按具体评分细则对学生进行评价	按具体评分细则进行自评、互评	

知识准备

1. 单相电能表的种类

单相电能表分为机械式电能表和电子式电能表两种，如图 4-9 所示。

2. 单相电能表的表盘

单相电能表如图 4-10 所示，盘面上有以下参数：

1）kW・h 表示电能表示数，单位为千瓦・时（俗称度电）。

2）220V 为额定电压。

3）5A 为额定电流。

4）2500r/kW·h 表示电能表每消耗 1kW·h 电能，铝盘应转过 2500r。

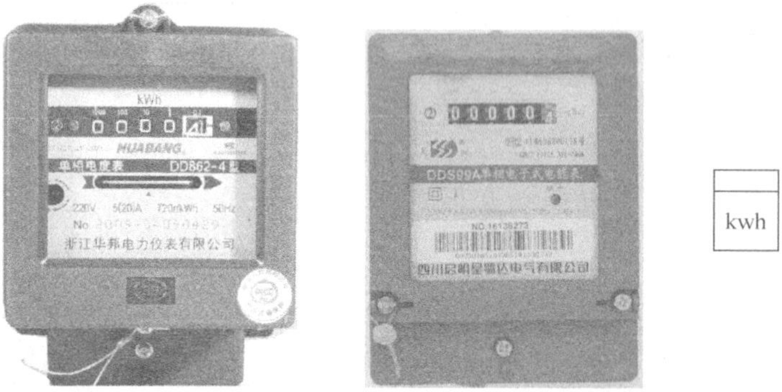

a) b) c)

图 4-9 电能表

a）机械式电能表 b）电子式电能表 c）电能表的图形符号

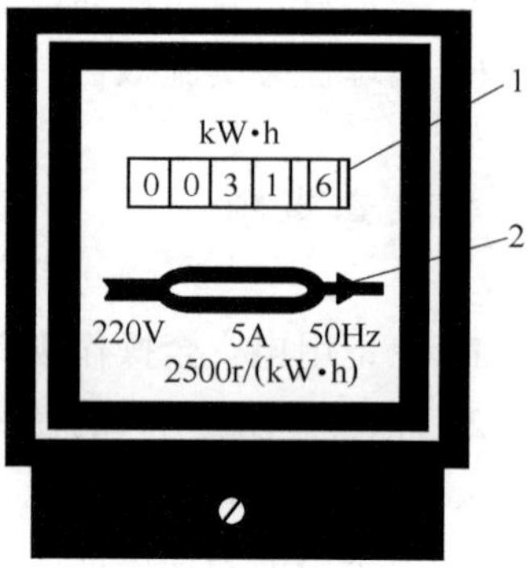

图 4-10 单相电能表的表盘

1—计数器 2—转盘

3. 电能表的内部结构

（1）驱动部件 如图 4-11 所示，驱动部件由电流元件 1 和电压元件 2 组成。电流元件由铁心和绕在铁心上的电流线圈组成。电流线圈的导线较粗，匝数较少，与负载串联，故又称串联电磁铁。电压元件由铁心和电压线圈组成。电压线圈的导线较细而匝数较多，与负载并联，故又称并联电磁铁。

（2）转动部分 如图 4-11 所示，转动部分由铝质圆盘 3 和固定圆盘的转轴 4 构成，转轴支撑在上下轴承中。电能表工作时，电流元件和电压元件产生的交变磁场使铝盘感应出的涡流与该交变磁场相互作用，驱动圆盘转动。

（3）制动部分 如图 4-11 所示，制动部分由永久磁铁 5 构成，它用来在铝盘转动时产生制动力矩，使铝盘的转速能和被测功率成正比，以便用铝盘的转速来反映被测电能的大小。

（4）积算机构 用来计算铝盘在一定时间内的转数，以便达到累计电能的目的。积算机构的结构如图 4-12 所示。当铝盘转动时，通过蜗杆蜗轮及齿轮级的传动，带动滚轮组转动。这样就可以通过滚轮上的数字来反映铝盘的转数，也就是所测电能的大小。

4. 电能表的工作原理

当驱动元件的电压线圈和电流线圈中有交流电流通过时，在转动元件（铝盘）中感应出涡流，涡流在磁通的作用下产生转动力矩使铝盘转动，铝盘的转动速度与负载消耗的功率成正比，铝盘通过传动蜗杆、蜗轮带动计数器即可显示出负载消耗的电能，即“kW·h”数。

5. 单相电能表的接线

电能表的接线方法有两种：跳入式接法和顺入式接法，如图 4-13 所示。这两种接线方法从表面上看不大一样，其内部原理是相同的，即电流表的电流线圈串入负载回路中，而电压线圈与负载并联，两个线圈的“*”端应接电源的同一极性端。一般单相电能表有专门的接线盒，打开盒盖看到有四个接线端钮，实际接线采用哪种方法，要按照电能表说明书中的规定进行。

在低压小电流的单相电路中，电能表可以直接接在线路上。若负载电流很大或电压很高，则应通过互感器才能接入电路。此时电流互感器的一次侧与负载串联，二次侧与电能表的电流线圈串联；电压互感器的一次侧与负载并联，二次侧与电能表的电压线圈并联。

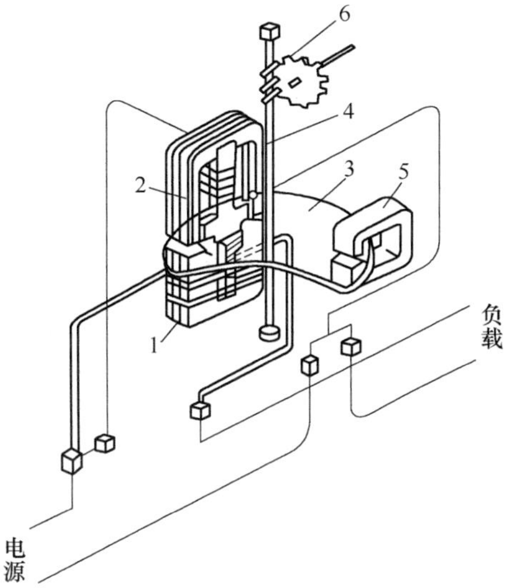

图 4-11　电能表的内部结构

1—电流元件　2—电压元件　3—铝制圆盘　4—转轴　5—永久磁铁　6—蜗轮蜗杆传动机构

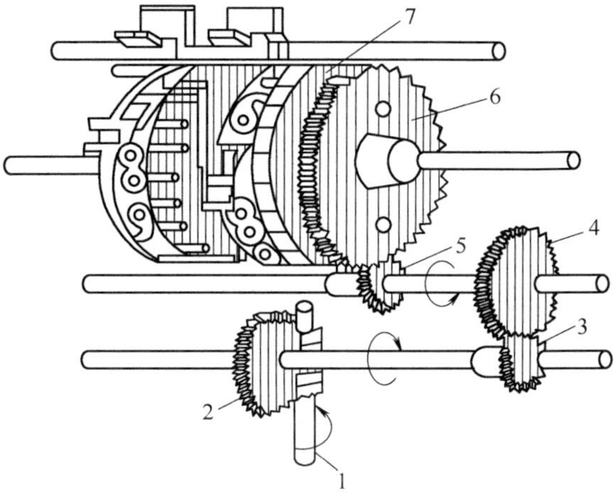

图 4-12　积算机构

1—蜗杆　2—蜗轮　3—齿轮　4—转轴　5—永久磁铁　6—蜗轮蜗杆传动机构　7—滚轮

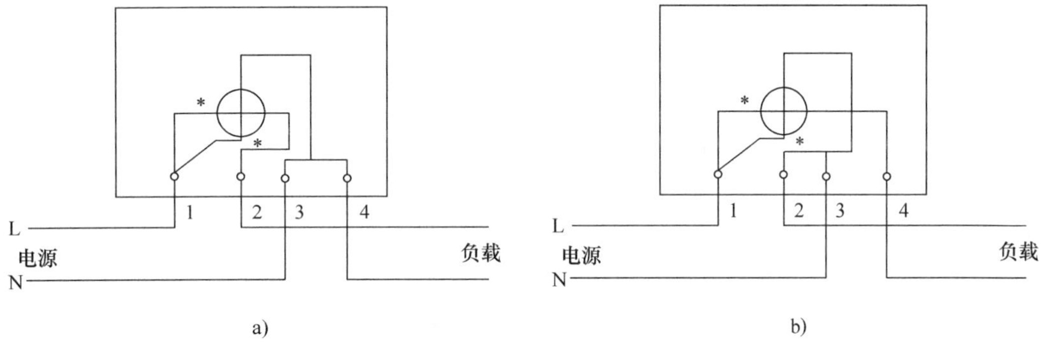

图 4-13　电能表的接线方法

a）跳入式接法　b）顺入式接法

6. 单相电能表的安装与使用

（1）选择电能表　一是根据任务选择单相或三相电能表，对于三相电能表应根据被测线路是三相三线制还是三相四线制来选择；二是额定电压、电流的选择，必须使负载电压、电流等于或小于其额定值。

（2）安装电能表　电能表通常与配电装置安装在一起，而电能表应该安装在配电装置的下方，其中心距地面 1.5~1.8m 处；并列安装多块电能表时，两表间距不得小于 200mm；不同电价的用电线路应分别安装电能表；同一电价的用电线路应该合并安装电能表；安装电能表时，必须使表身与地面垂直，否则会影响其准确度。

（3）接线　要根据说明书的要求和接线图把进线和出线依次对号接在电能表的出线头上；接线时注意电源的相序关系，特别是无功电能表更要注意相序；接线完毕后，要反复查对，无误后才能合闸使用。 当负载在额定电压下是空载时，电能表铝盘应静止不动。 当发现有功电能表反转时，可能是接线错误造成的，但不能认为凡是反转都是接线错误。下列情况下反转属正常现象：

1）装在联络盘上的电能表，当由一段母线向另一段母线输出电能时，电能表盘会反转。

2）当用两块电能表测定三相三线制负载的有功电能时，在电流与电压的相位差角大于60°，即 $\cos\Phi<0.5$ 时，其中一块电能表会反转。

（4）读数　当电能表不经互感器而直接接入电路时，可以从电能表上直接读出实际用电数；如果电能表利用电流互感器或电压互感器扩大量程时，实际消耗的电能应为电能表的读数乘以电流变比或电压变比。

7. 电能

电流能使电灯发光、电动机转动、电炉发热，这些都是电流做功的表现，在电场力的作用下，电荷的定向移动形成的电流所做的功称为电能。电流做功的过程就是将电能转换成其他形式的能的过程。

如果加在导体两端的电压为 U，在时间 t 内通过导体横截面的电荷量为 q，则电流所做的功，即电能 $W=Uq$。由于 $q=It$，所以

$$W=UIt \tag{4-2}$$

式中　W——电能，单位为J；

U——加在导体两端的电压，单位为V；

I——导体中的电流，单位为A；

t——通电时间，单位为s。

式（4-2）表明，电流在一段电路上所做的功，与这段电路两端的电压、电路中的电流和通电时间成正比。

在国际单位制中，电能的单位是焦耳，简称焦，符号是 J。如果加在导体两端的电压为1V，导体中的电流是1A，在1s内消耗的电能就是1J。

实践操作

1. 原理图的识读与元件的选择

（1）识读单相电能表接线电路图　单相电能表接线电路图如图 4-14 所示。

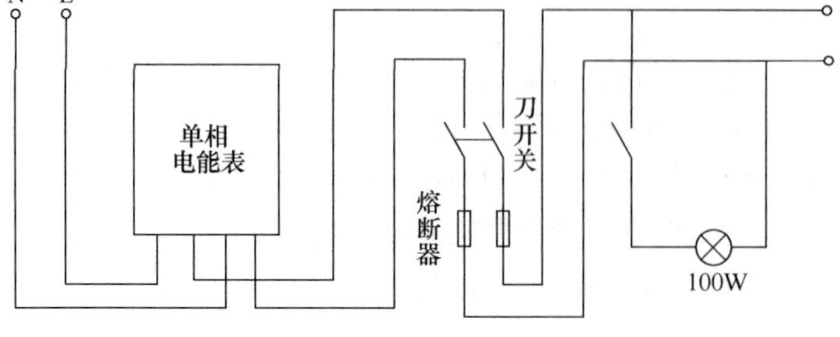

图 4-14　单相电能表接线电路图

（2）选择元件及耗材　器件及耗材清单见表 4-13。

表 4-13　器材清单

名　称	型号及要求	数　量
万用表	MF-47	1 块
验电器	335	1 支
十字螺钉旋具	SX-210	1 把
一字螺钉旋具	SX-210	1 把
尖嘴钳	150mm	1 把
钢丝钳	300mm	1 把
断线钳	400mm	1 把
单相电能表	DDS99A	1 块
刀开关	HS11F	1 个
拉线开关	BX5800	1 个
插入式熔断器	10A	2 个
白炽灯	220V/100W	1 只
白炽灯座	E27	1 个
灯座	E27	1 个
导线	—	适量

2. 电路的安装与检查

单相电能表接线电路的安装过程见表 4-14。

表 4-14　单相电能表的安装过程

步骤	安装过程
1	确定电能表、刀开关、熔断器、灯座的位置后，用螺钉将它们固定在盘面上。要求元件倾斜不超过 5mm，安装要牢固，无松动感
2	按图 4-14 所示连接电路，要求接触良好、稳固，配线应排列整齐，做到横平竖直。绑扎成束后，用卡钉固定在板面上
3	线路接好后，仔细检查安装质量以及接线是否正确。检查无误后通电试验，检查白炽灯亮度是否正常，电能表是否运转，每分钟的转数是否与标度相符，并将相关数据记录在表 4-15 中
4	整理工具、整顿现场

表 4-15　电能表实验数据

电能表		刀开关		熔断器		电能表转速/（r/min）
额定电流/A	1kW·h 对应的转数	额定电流/A	型号	额定电流/A	型号	

安装好的单相电能表接线电路实物效果如图 4-15 所示。

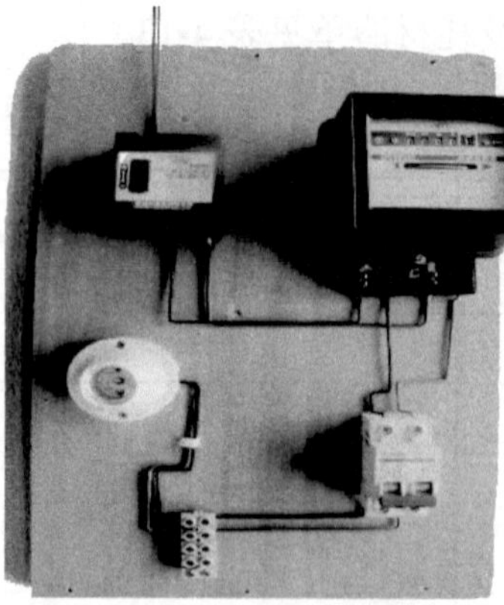

图 4-15　单相电能表接线电路实物效果

考核评价

实训任务完成后，进行考核与评价，具体评分细则见表 4-16。

表 4-16　单相电能表接线的考核评价表

序号	评价内容	配分	自评	互评	教师评价
1	出勤情况：遵守课堂时间，按时上、下课，不迟到、不早退	10 分			
2	电工工具使用 1）利用验电器检测线路是否有电 2）测试各个元件是否完好 3）不损坏、丢失元件、工具	15 分			
3	电路连接 1）按照工艺要求，在配电柜上确定各元件的位置 2）按照原理图连接电路 3）通电运行，并计算电能表的读数	30 分			
4	结果测试：通电试验，检验白炽灯是否点亮，电能表是否运转	15 分			
5	安全文明操作 1）注意安全、文明操作、爱护公物 2）团队合作，和谐共进	10 分			
6	工时：按照规定时间，鼓励节省工时	10 分			
7	报告及总结：实训报告完整、工整	10 分			

巩固与提高

1. 填空题

1）kW・h 是（　　）的单位，1kW・h=（　　）J。电能表表盘上标有 3000r/kW・h 的含义是电路中每消耗（　　）的电能，转盘转过（　　）。

2）电能表是测量（　　）的仪表。表盘上的单位是（　　）。10 月 10 日表盘示数 246.3，

11 月 10 日表盘示数 256.3，则这段时间用电（　　）合（　　）J。

3）电能表的参数是 3000r/kW・h，其含义是（　　）。当表盘转 60r 时，用电器消耗电能（　　）kW・h，合（　　）J。表盘转 60r 用 100s，则用电器的总功率是（　　）W。

4）表盘转 *n*r，用电器消耗电能（　　）kW・h，合（　　）J。表盘转 *n*r 用 *t*s，则用电器的总功率是（　　）W。

5）某同学家 8 月底抄表时，电能表的示数是 9687，9 月底抄表时，电能表的示数为 96959，该家庭 9 月份用电（　　）kW・h，若每度电费是 0.50 元，则应付电费（　　）元。

2. 计算题

1）家庭电路中，只让 220V/100W 的灯正常工作，10s 内电能表的表盘转过 2r；只让电饭锅正常工作，5s 内电能表的表盘转过 12r，求电饭锅的电功率。

2）某电能表上标着“220V　3A”字样，电路中接入 40W 电灯 5 盏、70W 电视机一台、100W 电冰箱一台、500W 电热器一个，这些用电器同时使用，电能表还能安全工作吗？观察读出电能表的电压值和电流值，并计算允许安装的家用电器的最大功率。

3）标有“220V、10（20）A、50Hz、600r/kW・h”的电能表，若在 2h 内电能表转过了 2400r，则在这 2h 内该用户用了多少度电？消耗了多少电能？

任务 4　用示波器观察交流电

任务目标

1. 了解正弦交流电的波形特点，会用示波器观察交流电的波形。
2. 会测量交流电的最大值、有效值、周期、频率和峰-峰值。

任务要求

1. 认识示波器的使用面板。
2. 熟练使用示波器测量交流电的各个值。
3. 熟悉信号发生器的使用方法。
4. 会计算正弦交流电的有效值。
5. 整理任务实施报告。

注意事项

1. 熟记用电安全操作规程。
2. 调整示波器显示并校正。
3. 安全文明操作。

实施流程

实施流程见表 4-17。

表 4-17 实施流程

序号	工作内容	教师活动	学生活动	学时
1	布置任务	下达任务书，组织小组讨论学习	接受任务，明确工作内容	2
2	知识储备	讲解交流电的基本知识及相位和相位差	知道交流电的概念	
			熟悉交流电的三要素	
			掌握示波器的使用方法	
3	实践操作	讲解交流电的波形，演示示波器的使用方法，组织学生进行示波器检测	认识示波器的旋钮和各开关	
			安装	
			电路检查与模拟排故	
4	考核评价	按具体评分细则对学生进行评价	按具体评分细则进行自评、互评	

知识准备

1. 认识交流电

电流（电压和电动势）的大小和方向随时间做周期性变化的电流称为交流电。而随时间按正弦规律发生变化的交流电称为正弦交流电。正弦交流电压的表达式为

$$U=U_m\sin（\omega t+\varphi）$$

（1）正弦交流电的周期、频率和角频率

1）周期：完成一次周期性变化所需用的时间称为周期，用 T 表示，其单位是秒（s），如图 4-16 所示。

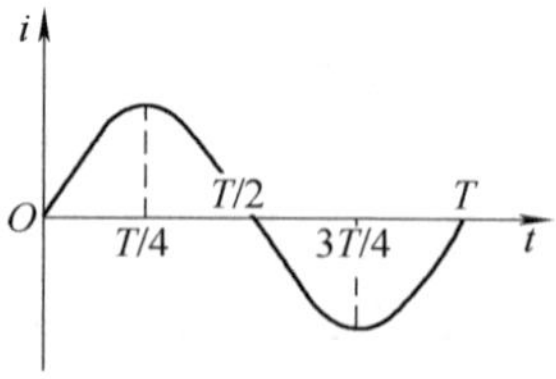

图 4-16 正弦交流电的周期

2）频率：交流电在单位时间（1s）内完成周期性变化的次数称为频率，用字母 f 表示，其单位是赫兹，符号为 Hz。此外，频率常用单位还有千赫（kHz）和兆赫（MHz）：$1kHz=10^3Hz$，$1MHz=10^6Hz$。周期和频率之间有倒数关系，即 $T=\frac{1}{f}$，我国发电厂发出交流电的频率都是 50Hz，习惯上称为“工频”。

3）角频率：单位时间内电角度的变化量称为角频率，用字母 ω 表示，其单位是弧度/秒，符号为 rad/s。角频率和周期、频率有如下关系

$$\omega=\frac{2\pi}{T}=2\pi f$$

注意：周期、频率和角频率都是反映交流电变化快慢的物理量。

（2）相位和相位差

1）相位：正弦表达式中的（$\omega t+\varphi$）称为交流电的相位。$t=0$ 时的相位称为初相位，它反

映了正弦交流电起始时刻的状态。相位是表示正弦交流电在某一时刻所处状态的物理量，它不仅决定瞬时值的大小和方向，还能反映正弦交流电的变化趋势。

2）相位差：两个同频率正弦交流电，任意瞬间的相位之差称为相位差，用符号$\Delta\varphi$ 表示即

$$\Delta\varphi=（\omega t+\varphi_{01}）-（\omega t+\varphi_{02}）=\varphi_{01}-\varphi_{02}$$

显然，两个同频率正弦交流电的相位差，就是它们的初相之差，与时间无关。

相位差的作用是判断两个同频率正弦交流电之间的相位关系，具体判断方法如下：

$\Delta\varphi=\varphi_{01}-\varphi_{02}>0$ 时，称为 i_1 超前 i_2，如图 4-17a 所示。

$\Delta\varphi=\varphi_{01}-\varphi_{02}<0$ 时，称为 i_1 滞后 i_2。

$\Delta\varphi=\varphi_{01}-\varphi_{02}=0$ 时，称为 i_1 与 i_2 同相，如图 4-17b 所示。

$\Delta\varphi=\varphi_{01}-\varphi_{02}=180°$ 时，称为 i_1 与 i_2 反相，如图 4-17c 所示。

$\Delta\varphi=\varphi_{01}-\varphi_{02}=90°$ 时，称为 i_1 与 i_2 正交，如图 4-17d 所示。

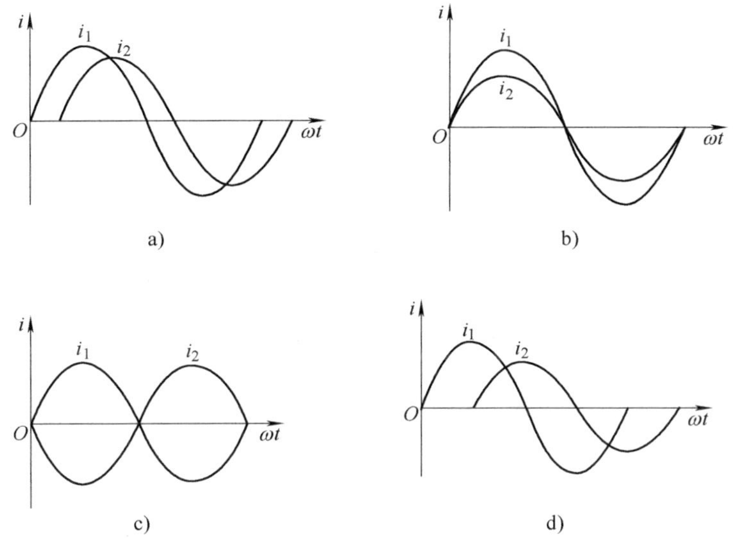

图 4-17　交流电的相位差

a）i_1超前i_2　b）i_1与i_2同相　c）i_1与i_2反相　d）i_1与i_1正交

振幅、频率（或周期、角频率）和初相统称为正弦交流电的三要素，三者缺一不可。

（3）交流电的有效值　交流电和直流电具有不同的特点，但是从能量转换的角度来看，两者是可以等效的。为此，引入一个新的物理量——交流电的有效值。

用直流电流与交流电流分别通过阻值相等的电阻，如果通电的时间相等，在电阻上产生的热量也相等，那么直流电的数值就称为交流电的有效值。其用大写字母来表示。理论和实验表明，正弦交流电的有效值与最大值的关系为

$$I=\frac{I_{\mathrm{m}}}{\sqrt{2}}=0.707I_{\mathrm{m}}$$

$$U=\frac{U_{\mathrm{m}}}{\sqrt{2}}=0.707U_{\mathrm{m}}$$

$$E=\frac{E_{\mathrm{m}}}{\sqrt{2}}=0.707E_{\mathrm{m}}$$

注意：

1）有效值和最大值是从不同角度反映交流电强弱的物理量。通常所说的交流电的电流、电压、电动势的值，如不做特殊说明，都是指有效值。

2）在选择电器的耐压时，必须考虑电压的最大值。

2. 示波器

图 4-18 所示为 SS-5702 型示波器面板，其各旋钮和开关的作用如下。

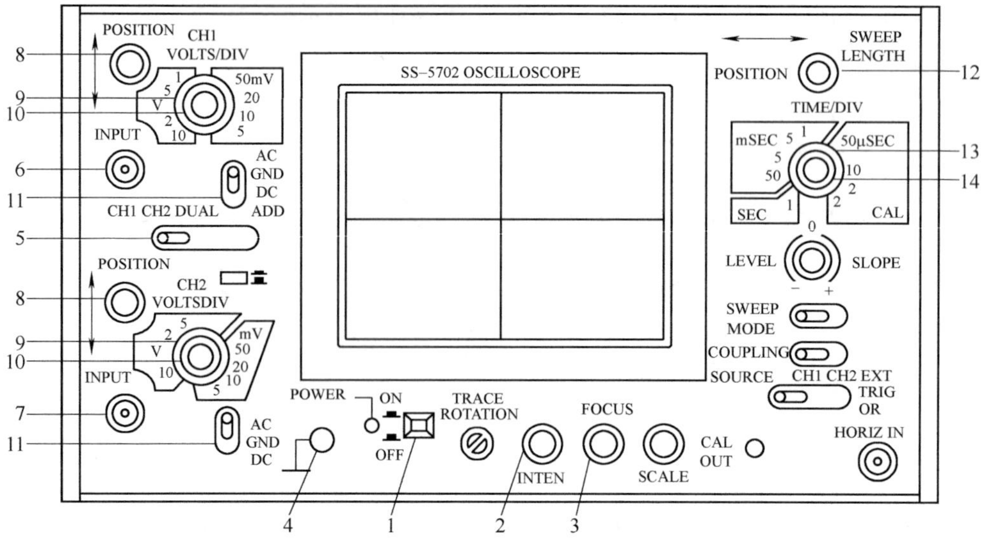

图 4-18 SS-5702型示波器面板

1）POWER：电源开关。

2）INTEN：辉度旋钮。用来控制示波管上所显示光迹的亮度。

3）FOCUS：聚焦旋钮。用来调节光迹及波形的清晰度。

4）接地符号⊥。指输入信号源与示波器连接的接地端。

5）方式选择开关。选择 CH1：屏幕上只显示通道 1 的信号。选择 CH2：屏幕上只显示通道 2 的信号。选择双踪 DUAL：屏幕上同时显示通道 1 和通道 2 的信号。选择叠加 ADD：屏幕上显示通道 1 和通道 2 输入信号的代数和。

6）INPUT：通道 1 输入端。

7）INPUT：通道 2 输入端。

8）POSITION：分别调整通道 1 和通道 2 信号光迹在垂直方向的移动。

9）VOLTS/DIV：V/格。按 1、2、5 序列分 11 档选择垂直偏转因数。

10）VARIBLE：垂直微调旋钮。提供在“V/格“开关各校正档位之间连续改变电压的偏转灵敏度。正常情况下应将此旋钮顺时针旋到底，使之处于校准位置。

11）AC-GND-DC：耦合方式选择。选择交流 AC：用于观测交流信号。选择接地 GND：

输入端接地，在不需要断开被测信号的情况下，可为示波器提供接地参考电平。选择直流 DC：用于观测直流或频率变化极慢的信号。

12）POSITION：用于调整信号光迹在水平方向的移动。

13）TIME/DIV：时间/格。按 1、2、5 序列分 18 档选择扫描速度。

14）VARIBLE：扫描微调旋钮。提供在“时间/格”开关各校正档位之间连续可调的扫描速度。正常工作时，应将此旋钮顺时针旋到底，使之处于校准位置。

使用示波器观测交流信号时先接通“电源”开关，约 15s 后出现扫迹。调节垂直“位移”旋钮，使扫迹移至荧光屏观测区域的中央，用“辉度”旋钮将扫迹的亮度调至所需要的程度，调节“聚焦”旋钮，使扫迹清晰。将“方式选择”开关置于 CH1，“耦合方式”置于 AC。

实践操作

1. 选择元器件及耗材

根据示波器观察交流电的操作方法，选择合适的元器件，器材清单见表 4-18。

表 4-18　器材清单

名　　称	型号及要求	数　　量
示波器	SS-5702	1 台
信号发生器	YB1602	1 台
低压电源	J1202-2	1 个
导线	—	适量

2. 电路的安装与检查

对示波器进行测试，具体测试过程见表 4-19。

表 4-19　示波器测试过程

步骤	测试过程
1	开机前先对示波器进行初始设置
2	检查示波器和函数信号发生器的设备是否完好，接通电源
3	测试示波器“校正信号”的波形幅度和频率 将示波器的“校正信号”通过专用电缆线引入选定的 CH 通道（CH1 或 CH2），首先将“输入耦合选择”开关置于“AC”位置，示波器探头的“测试钩”接“校正信号”端子。如果是接外电路板，则先将探头的“黑色夹子”接电路板的“⊥”接地点，再将探头的“测试钩”接被测信号，再调节“输入衰减”旋钮使波形幅度适中，不超过荧光屏的上下限，调节“扫描时间”旋钮，使荧光屏上显示 2～3 个周期的显示波形。如果波形不稳定，则将“触摸模式”开关置于“AUTO”位置，调节“电平”旋钮就可以得到稳定的波形 1）测量“校正信号”的幅度。测量由“校正信号”端子输出方波的幅度。先将“输入衰减”微调旋钮顺时针旋转至“CAL”位置，即关闭。调节“输入衰减”粗调旋钮使波形适中，读出被测信号的电压峰-峰值，记入表 4-20 中 2）测量“校正信号”的频率。测量由“校正信号”端子输出方波的频率。先将“扫描时间”微调旋钮顺时针旋转至“CAL”位置，即关闭。调节“扫描时间”粗调旋钮和“水平位移”旋钮使波形适中，读出被测信号的频率，记入表 4-21 中

（续）

步骤	测试过程
4	观察由信号发生器输出的信号波形 1）校正示波器，并将示波器的辉度、聚焦等调整合适 2）调整信号发生器，输出频率为1kHz、电压峰-峰值为100mV的正弦波信号 3）连接示波器与信号发生器 4）选择示波器显示通道“CH2”，调节耦合方式为“AC”，将幅度量程旋钮和时间量程旋钮调整到适当值，使示波器显示图4-19所示的波形 ①由示波器上读出信号的频率、周期和峰-峰值，计算出有效值，填入表4-21中，与信号发生器的信号值对比 ②再调出几个其他频率、电压以及波形的信号，重复上述测量步骤，将结果填入表4-21中
5	整理工具、整顿现场

表4-20　示波器测试校正信号结果

测量项目	标准值	实测值
幅度 U_{P-P}/V		
频率 F/kHz		

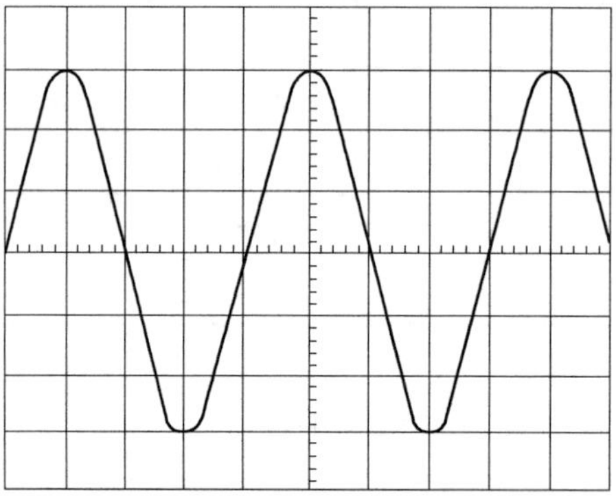

图 4-19　波形

表4-21　示波器测试结果

测量项目	峰-峰值	最大值	有效值	周期 T	频率 f
频率为1kHz、峰-峰值为100mV的正弦交流信号					
频率为________Hz 峰-峰值为______V 的正弦交流信号					

考核评价

实训任务完成后，进行考核与评价，具体评分细则见表4-22。

表 4-22　示波器测试考核评价表

序号	评价内容	配分	自评	互评	教师评价
1	出勤情况：遵守课堂时间，按时上、下课，不迟到、不早退	10 分			
2	电工工具使用 1）检查示波器线路连接是否正确 2）测试元器件是否完好 3）不损坏或丢失元器件、工具	15 分			
3	电路连接 1）按照电路连接图进行电路连接 2）通电测试运行，并记录波形情况和数据	30 分			
4	结果测试：输出波形是否正常	15 分			
5	安全文明操作 1）注意安全、文明操作、爱护公物 2）团队合作，和谐共进	10 分			
6	工时：按照规定时间，鼓励节省工时	10 分			
7	报告及总结：实训报告完整、工整	10 分			

巩固与提高

1. 填空题

1）(　　) 和 (　　) 都随时间 (　　) 变化的电流称为交流电。

2）正弦交流电的最大值 U_m 与有效值 U 之间的关系为 (　　)。

3）正弦交流电的三要素是 (　　)、(　　)、(　　)。

4）已知一正弦交流电流 $i=\sin(314t-\pi/4)$A，则该交流电流的最大值为 (　　)，有效值为 (　　)，初相位为 (　　)，频率为 (　　)，周期为 (　　)，t=0.1s 时，交流电的瞬时值为 (　　)。

5）有一交流电源，其频率为 10kHz，则此交流电的周期是 (　　)。

6）已知两个正弦交流电流 $i_1=10\sin(314t-30°)$A，$i_2=310\sin(314t+90°)$A，则 i_1 和 i_2 的相位差为 (　　)，(　　) 超前 (　　)。

7）有一正弦交流电流，有效值为 20A，其最大值为 (　　)。

8）已知正弦交流电压 $u=10\sin(314t+30°)$V，该电压有效值 U=(　　)。

9）已知正弦交流电流 $i=5\sqrt{2}\sin(314t-60°)$A，该电流有效值 I=(　　)。

10）已知正弦交流电压 $u=220\sqrt{2}\sin(314t-60°)$V，它的最大值为 (　　)，有效值为 (　　)，角频率为 (　　)，相位为 (　　)，初相位为 (　　)。

2. 计算题

1）写出下列各组正弦量的相位差，指出哪个超前、哪个滞后。

A. $u_1=380\sqrt{2}\sin t$V，$u_2=380\sqrt{2}\sin\left(314t-\dfrac{2\pi}{3}\right)$V

B. $u_1=220\sin\left(100\pi t-\frac{2\pi}{3}\right)$V，$u_2=100\sin\left(100\pi t+\frac{2\pi}{3}\right)$V

C. $u_1=12\sin\left(10t+\frac{\pi}{2}\right)$V，$u_2=12\sin\left(10t-\frac{\pi}{3}\right)$V

D. $u_1=-220\sqrt{2}\sin100\pi t$V，$u_2=220\sqrt{2}\sin100\pi t$V

2）电流 $i=10\sin\left(100\pi t-\frac{\pi}{3}\right)$，问它的三要素各为多少？在交流电路中，有两个负载，已知它们的电压分别为 $u_1=60\sin\left(314t-\frac{\pi}{6}\right)$V，$u_2=80\sin\left(314t+\frac{\pi}{3}\right)$V，求总电压 u 的瞬时值表达式，并说明 u、u_1、u_2 三者的相位关系。

3）已知工频正弦电压 u_{ab} 的最大值为 311V，初相位为－60°，其有效值为多少？写出其瞬时值表达式；当 t=0.02s 时，U_{ab} 的值为多少？

任务 5　家庭照明电路的连接——单控开关电路的连接

任务目标

1. 了解家庭照明电路的基本组成。
2. 会连接单控开关电路。
3. 掌握家庭照明电路各部分的作用。

任务要求

1. 各小组根据任务制订工作计划。
2. 将断路器、灯座、插座与单相电能表固定在网孔板上，按图接线。
3. 要合理使用螺钉旋具，防止损坏螺钉。
4. 导线必须铺得横平、竖直和平服。
5. 整理任务实施报告。

注意事项

1. 熟记用电安全操作规程。
2. 熟记各电工工具的使用方法。

3. 进入实训场地必须穿好工作服和电工鞋，女生必须戴好工作帽。
4. 经教师检查确认接线正确后，接通电源，操作开关，观察实训结果。
5. 工作中注意文明操作，工具、量具及材料的摆放要规范有序。

实施流程

实施流程见表 4-23。

表 4-23　实施流程

序号	工作内容	教师活动	学生活动	学时
1	布置任务	下达任务书，组织小组讨论学习	接受任务，明确工作内容	2
2	知识储备	讲解各元件在电路中的连接方法，如开关、插座、电能表、断路器的连接方法	知道电路所需要的各元件	
			熟悉各元件的作用	
			掌握各元件的连接方法	
3	实践操作	讲解各元件的连接方法和连接注意事项，演示刀开关、插座、断路器等的连接方法，组织学生进行单控开关照明电路的连接	安装开关、插座、断路器和灯泡等	
			安装完整的单控照明电路	
			电路检查与模拟排故	
4	考核评价	按具体评分细则对学生进行评价	按具体评分细则进行自评、互评	

知识准备

照明电路通常由以下几部分组成：电能表、断路器、刀开关、插座、导线、照明灯具。

1. 断路器

断路器是一种常用的低压电器，具有过载、短路和欠电压保护功能，有保护线路和电源的能力。

单极断路器及其在电路中的符号如图 4-20 所示。

两极断路器如图 4-21 所示。

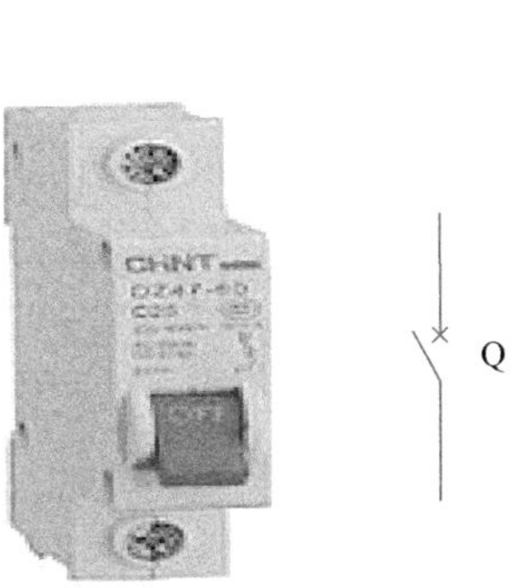

图 4-20　单极断路器及符号

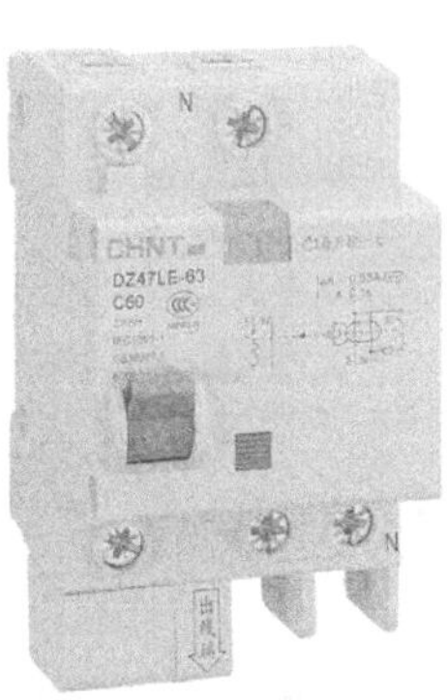

图 4-21　两极断路器

断路器由操作机构、触点、保护装置（各种脱扣器）、灭弧系统等组成，其工作原理如

图 4-22 所示。

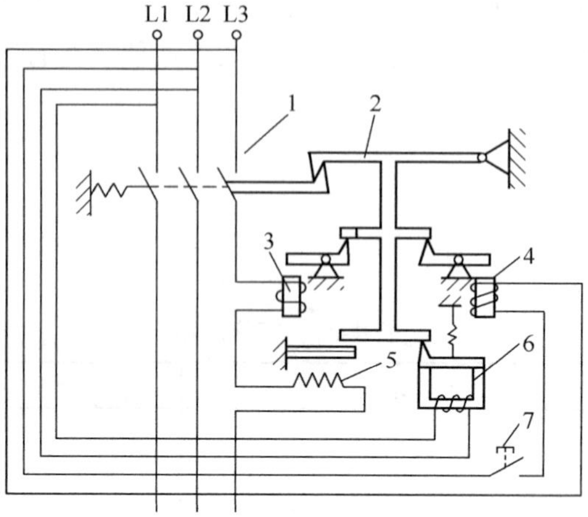

图 4-22　断路器的工作原理

1—主触点　2—自由脱扣机构　3—过电流脱扣器　4—分励脱扣器　5—热脱扣器　6—欠电压脱扣器　7—停止按钮

断路器的主触点是靠手动操作或电动合闸的。主触点闭合后，自由脱扣机构将主触点锁在合闸位置上。过电流脱扣器的线圈和热脱扣器的热元件与主电路串联，欠电压脱扣器的线圈和电源并联。当电路短路或严重过载时，过电流脱扣器的衔铁吸合，使自由脱扣机构动作，主触点断开主电路。当电路过载时，热脱扣器的热元件发热，使双金属片向上弯曲，推动自由脱扣机构动作。当电路欠电压时，欠电压脱扣器的衔铁释放，也使自由脱扣机构动作。分励脱扣器则作为远距离控制用，在正常工作时，其线圈是断电的，在需要距离控制时，按下启动按钮，使线圈通电，衔铁带动自由脱扣机构动作，使主触点断开。

2. 电路中的常用开关

开关在电路中通常可分为单联开关、双联开关；单控开关、双控开关等。“联”指同一面板上有相同的开关，有几个就称为几联。“控”指开关动作后，能接通（或断开）在不同位置的触点数量，接通（断开）几点就称为几控。

单联开关的结构如图 4-23 所示。

图 4-23　单联开关的结构

在使用中要将相线接入开关，以达到控制负载通断的目的，即“相线进开关，零线进灯头”。

3. 插座在电路中的连接

在家庭电路中插座是为了给可移动电器供电，可分为固定插座和可移动插座，包括单相两孔插座和单相三孔插座，如图 4-24 所示。单相两孔插座横装时，一般左孔接零线 N，右孔接相线 L，简称“左零右相”；竖装时，上孔接相线 L，下孔接零线 N，简称“上相下零”。三孔插座安装时正对面板，左孔接零线 N，右孔接相线 L，上孔接地线 PE，简称“左零右相上接地”。

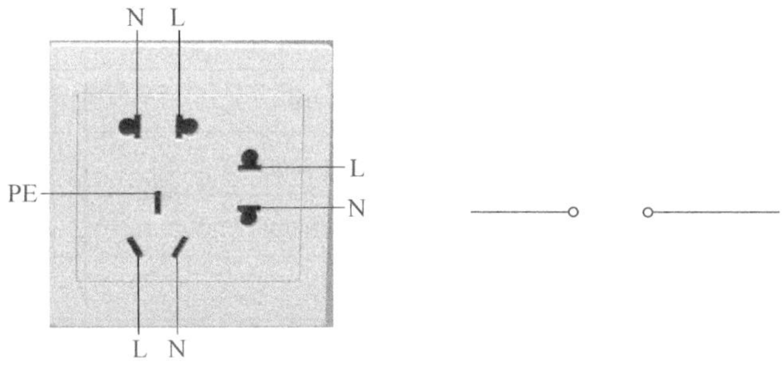

图 4-24　常见插座外表、接线及符号

a）常见插座外形及接线　b）单相插座图形符号

实践操作

1. 原理图的识读与元器件的选择

1）识读单控开关照明电路的电气原理图和配电板安装接线图，如图 4-25 所示。

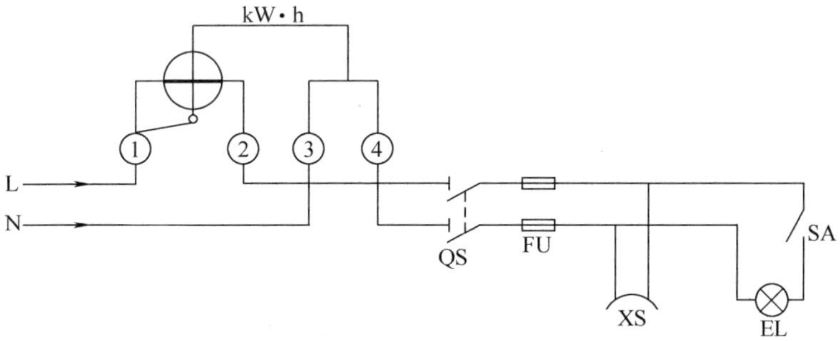

图 4-25　电气原理图

2）选择元器件及耗材。根据单控开关照明电路电路图，器材清单见表 4-24。

表 4-24　器材清单

名　称	型号及要求	数　量
万用表	MF-47	1 块
验电器	3305	1 支
十字螺钉旋具	SX-210	1 把
一字螺钉旋具	SX-210	1 把
尖嘴钳	150mm	1 把

（续）

名　　称	型号及要求	数　　量
钢丝钳	300mm	1把
断线钳	400mm	1把
单相电能表	DDS99A	1块
刀开关	HS11F	1个
低压断路器	DW17-400/3	1个
白炽灯	220V/100W	1只
灯座	10A	1个
两孔插座	10A	1个
导线	—	适量

2. 电路的安装与检查

1）对照单控开关照明电路原理图安装元器件。单控开关照明电路的安装过程见表4-25。

表4-25　单控开关照明电路的安装过程

步骤	安装过程
1	对所用电器元器件进行检测
2	在配电板上对各元器件的位置进行定位及划线
3	根据图4-25固定元器件（要注意接线盒的开口方向），要求整齐美观、布局合理
4	在配电板上进行明线布线
5	布线完工后，先检查护套线布局的合理性，然后按电路要求将元器件面板装上，注意接点不得松动
6	通电前，必须对多余的元器件以及断线头进行清理，同时清理接线板上的工具，以防造成短路和触电事故，然后对配电板线路的正确性进行全面自检（用万用表电阻档），以确保通电一次性成功
7	通电检验时，应在教师监护下进行，严禁单独操作。注意操作时的安全

小贴士

布线过程中要注意以下问题

1. 几条护套线平行敷设时，应紧密，线与线之间不能有明显的空隙（勒直护套线的方法是：用纱团包裹后来回勒平，使之挺直）。

2. 护套线转弯成圆弧直角时，转弯圆度不能过小，以免损伤导线，转弯前后距转弯30～50mm处应各用一个线卡。

3. 护套线不可在线路上直接连接，可通过接线盒或借用其他电器的接线桩来连接线头。

4. 护套线进入明线盒前30～50mm处应安装一个线卡，盒内应留出剖削2～3次的剖削长度。

5. 布线时，严禁损伤线芯和导线绝缘层。

2） 电路的检查与故障排除见表4-26。

表 4-26　单控开关照明电路的检查与故障排除

步骤	故　　障	排　　除
1	灯泡不亮	1）调换新灯泡 2）检查熔丝烧断的原因并更换熔丝 3）检查灯座和开关的接线并修复 4）用验电器检查线路的断路处并修复
2	开关合上后熔断器熔丝熔断	1）检查灯座内两线头并修复 2）检查灯座并扳正中心铜片 3）检查导线绝缘是否老化或损坏并修复 4）检查用电器并修复 5）减小负载或更换熔断器
3	灯泡忽亮忽灭	1）更换灯泡 2）检查灯座和开关并修复 3）检查熔断器并修复 4）检查电源电压
4	灯泡发强烈白光，并瞬时或短时烧毁	1）更换与电源电压相符的灯泡 2）更换新灯泡
5	灯光暗淡	1）正常现象，不必修理 2）提高电源电压 3）检查线路，更换导线

考核评价

实训任务完成后，进行考核与评价，具体评分细则见表 4-27。

表 4-27　单控开关照明电路考核评价表

序号	评价内容	配分	自评	互评	教师评价
1	出勤情况：按时上课、下课，不迟到、不早退	10 分			
2	护套线配线 1）护套线敷设平直，导线剖削无损伤 2）钢精轧头（或线卡）安装符合要求	15 分			
3	电路及元器件安装 1）电能表、断路器、插座、开关、灯具等元件安装无松动、规范 2）导线连接、压接规范，相线进开关	45 分			
4	安全文明操作 1）不破坏实训设施、操作规范 2）与其他同学积极配合	10 分			
5	工时：按照规定时间，鼓励节省工时	10 分			
6	报告及总结：实训报告完整、工整	10 分			

知识拓展

照明电路在运行中，会因为各种原因而出现故障，如线路老化、电器设备故障（开关、灯座、灯泡、插座）等。照明电路的维修步骤如下：

1）了解故障现象：在维修时首先应观察故障现象，这是保证整个维修工作能否顺利进行的前提。可通过询问当事人、观察故障现场等手段了解故障现象。

2）分析故障现象：根据故障现象，利用电气原理图及布置图进行分析，确定能造成故障的大致范围，为检修提供方案。

3）对故障进行检修：通过检测手段，如用万用表、验电器等工具检测确定故障点，针对故障元件或线路进行维修或更换。

巩固与提高

填空题

1）开关一般离地高度为（　　），与门框的距离一般为（　　）。

2）三相插座的接线方式是（　　）。

3）在护套线配线中，钢筋轧片之间的距离一般为（　　），距开关、插座等的距离一般为（　　）。

4）安装螺纹口灯座时，底部的金属片一定要与（　　）相连，而螺旋套只准接在（　　）。

任务6　家庭照明电路的连接——单联双控开关电路的连接

任务目标

1. 会连接单联双控开关电路。
2. 熟悉单联双控开关电路各部分的作用。

任务要求

1. 各小组按任务制订工作计划。
2. 元器件布置要合理、匀称、安装可靠，便于走线。
3. 接线规范正确，走线合理，无接点松动、露铜、过长、反圈、压绝缘层等现象。
4. 线路整齐美观、符合工艺要求。
5. 整理任务实施报告。

注意事项

1. 熟记用电安全操作规程。
2. 单联双控开关内的接线不要接错，以免发生短路事故。
3. 电路发生故障，应先切断电源，然后进行检修。
4. 安全文明操作。

实施流程

实施流程见表 4-28。

表 4-28　实施流程

序号	工作内容	教师活动	学生活动	学时
1	布置任务	下达任务书，组织小组讨论学习	接受任务，明确工作内容	2
2	知识储备	讲解单联双控开关的结构及白炽灯两地控制线路的方法	知道单联双控开关的内部结构	
			熟悉单联双控开关的连接方法	
			掌握白炽灯两地控制的接线方法	
3	实践操作	讲解单联双控开关的连接方法，演示白炽灯双控线路的连接方法，组织学生进行单联双控开关电路的连接	安装开关和插座	
			安装白炽灯	
			电路检查与模拟排故	
4	考核评价			

知识拓展

1. 单联双控开关的结构

单联双控开关有一个开关、两对触点（一对常开触点和一对常闭触点），常见单联双控开关的外形如图 4-26 所示。它有 3 个接线端，其中接线端 1 为连接铜片，它就像一座活动的桥梁一样，无论怎样拨动开关，连接铜片 1 总要与接线端 2、3 中的任一个保持接触，从而达到控制电路通或断的目的。

a)　　b)

图 4-26　单联双控开关

a）单联双控开关的实物　b）单联双控开关的结构

2. 其他几种白炽灯两地控制的电路图（图 4-27）

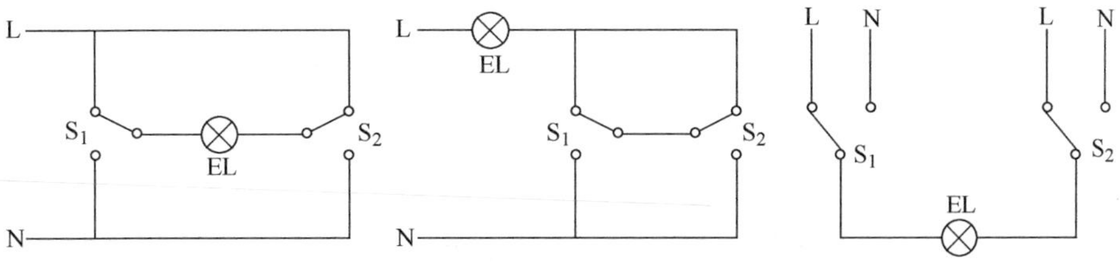

a)　　b)　　c)

图 4-27　白炽灯两地控制电路图

图 4-27 所示的三种电路图的缺点是：当灯处于熄灭状态时，灯头上有可能始终处于带电状态，给维修带来了安全隐患。

实践操作

1. 原理图的识读与元器件的选择

1）识读单联双控开关白炽灯电路的控制电路图，如图 4-28 所示。

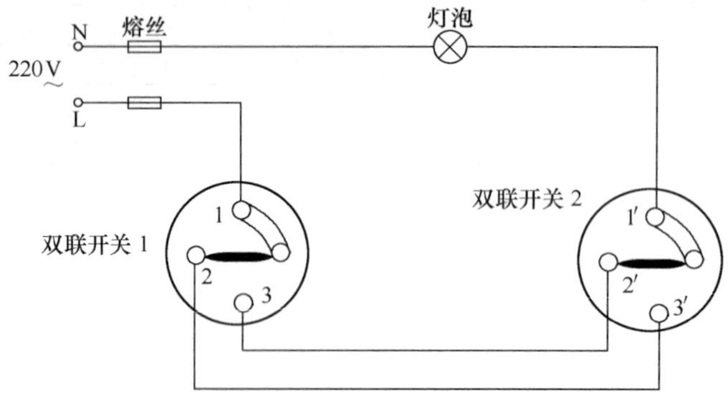

图 4-28　单联双控开关白炽灯电路的控制电路图

2）选择元器件及耗材。选择 60W 白炽灯进行两地控制线路的安装，采用螺口平灯头圆木安装形式，据此选择合适容量、规格的元器件，器材清单见表 4-29。

表 4-29　器材清单

名　　称	型号及要求	数　　量
白炽灯	220V/60W	1 只
单联双控开关	10A	2 个
熔断器	10A	2 只
开关接线盒	PVC	1 个
平装螺口灯座	10A	1 个
圆木	10cm	1 根
接线板	220V、50Hz	1 个
接线端子排	双向	1 个
导线	—	适量

2. 电路的安装与检查

1）对照单联双控开关电路图安装元器件，安装过程见表 4-30。

表 4-30　单联双控开关电路的安装过程

步骤	安装过程
1	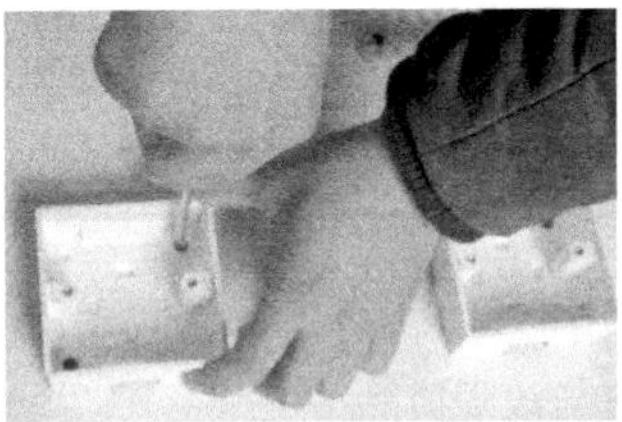 安装开关接线盒：根据布置图，用木螺钉将两个开关接线盒固定在安装板上
2	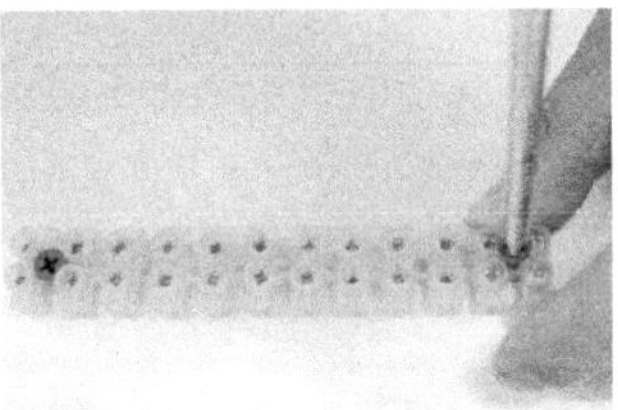 安装端子排：将接线端子排用木螺钉安装固定在接线板下方
3	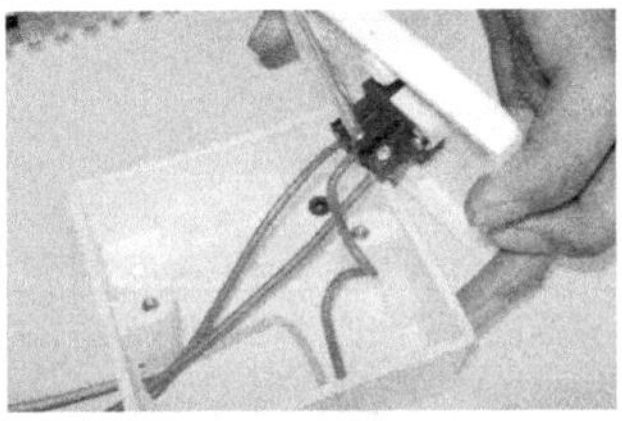 开关 S_1 面板接线：将来自于熔断器的相线接在中间接线座上，再用两根导线接在另两个接线座上
4	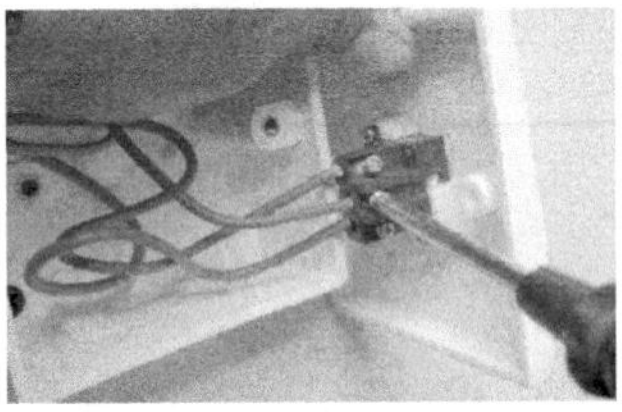 开关 S_2 面板接线：将来自于开关 S_1 接线盒的两根相线接在左右两边两个接线座上，再用一根导线接在中间一个接线座上
5	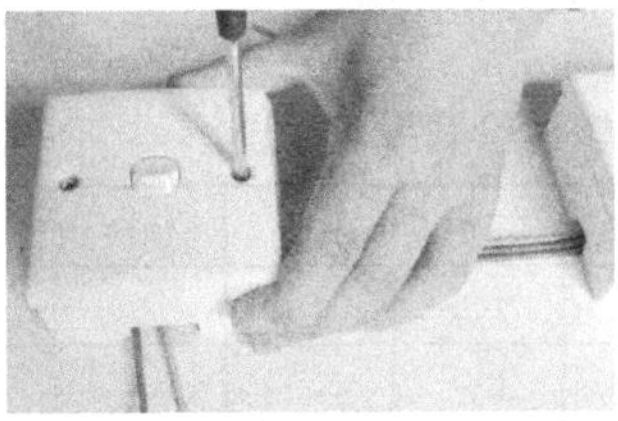 固定开关 S_1、S_2，并连接两个开关
6	安装灯座，并固定好灯泡
7	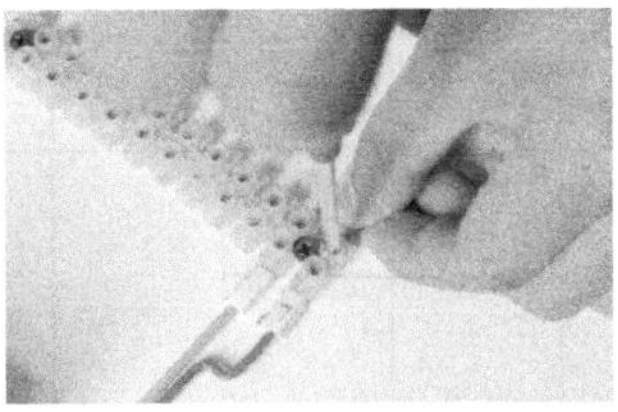 接通电源：将单相电源接入接线端子排对应下的接线座
8	整理工具、整顿现场

小贴士

1. 按电工操作手册使用电工工具。
2. 连接导线时最好不要有断接点。
3. 通电试验要在教师检查完后进行。

2）电路的检查与故障排除见表 4-31。

表 4-31　单联双控开关电路的检查与故障排除

步　骤	故障现象	排　除
1	按下任一开关，灯泡都不亮	1）调换新灯泡 2）检查熔丝烧断的原因并更换同规格的熔丝 3）检查灯座和开关的接线处并修复 4）用验电器检查电路的断路处并修复 5）用万用表检查电路的通断情况 6）检查灯座和开关并修复
2	灯泡忽亮忽灭	1）更换灯泡 2）检查灯座和开关并修复 3）检查熔断器并修复 4）检查电源电压不稳定的原因并修复
3	按下任一开关，灯有时亮有时不亮	1）检查灯座和开关的接线处并修复 2）用万用表检查电路的通断情况并修复 3）检查两开关的接线情况并修复
4	灯长亮	检查两开关的接线情况并修复

考核评价

实训任务完成后，进行考核与评价，具体评分细则见表 4-32。

表 4-32　单联双控开关电路考核评价表

序号	评价内容	配分	自评	互评	教师评价
1	出勤情况：按时上课、下课，不迟到、不早退	5 分			
2	元器件检查：电器元器件是否漏检或错检	5 分			
3	安装元器件 1）按布置图安装 2）元器件安装牢固、整齐、合理、美观 3）元器件无损坏	15 分			
4	布线 1）按电路图接线 2）布线符合要求 3）接点不松动，露铜长度标准、不反圈 4）导线绝缘层或线芯无损伤 5）中性线经过开关 6）开关控制相线	30 分			

（续）

序号	评价内容	配分	自评	互评	教师评价
5	通电试灯 1）按下开关熔体熔断 2）按下任一开关灯均不亮 3）一开关受控制，另一开关不受控制	15 分			
6	安全文明操作 1）注意安全、文明操作、爱护公物 2）团队合作，和谐共进	10 分			
7	工时：按照规定时间，鼓励节省工时	10 分			
8	报告及总结：实训报告完整、工整	10 分			

巩固与提高

问答题

1. 按下单联双控开关，两边的两个接线座是否接通？
2. 如何用开关实现三地控制一盏灯？需要什么形式的开关？

任务 7　浴霸电路的连接

任务目标

1. 了解浴霸的基本结构、原理、应用。
2. 会在配电板上安装模拟浴霸并能正确接线。

任务要求

1. 各小组按任务制订工作计划。
2. 熟练使用电工工具及选择配线。
3. 掌握浴霸的控制原理。
4. 掌握浴霸进线与出线的连接。
5. 整理任务实施报告。

注意事项

1. 各元器件安装牢固，无松动感。
2. 安全文明操作。

实施流程

实施流程见表 4-33。

表 4-33　实施流程

序号	工作内容	教师活动	学生活动	学时
1	布置任务	下达任务书，组织小组讨论学习	接受任务，明确工作内容	2
2	知识储备	讲解浴霸的功能及结构和工作原理	了解浴霸的功能和内部结构	
			熟悉浴霸的工作原理	
			掌握浴霸电路的连接方法和注意事项	
3	实践操作	讲解浴霸的内部结构，演示浴霸开关的连接方法，组织学生进行浴霸电路的连接	安装浴霸电路的开关	
			安装浴霸电路的照明及取暖灯泡	
			电路检查与模拟排故	
4	考核评价			

知识准备

浴霸是通过特制的防水红外线灯和换气扇的巧妙组合将浴室的取暖、红外线理疗、浴室换气、日常照明、装饰等多种功能集合于一体的浴用小家电产品。

（1）浴霸的功能　浴霸的功能有照明、换气和取暖。

（2）浴霸的工作原理　在正常工作情况下，浴霸电路中用于取暖的取暖灯实际上是将电能转换成了热能，热量的公式为：$Q=W=Pt=UIt$，单位为焦耳。

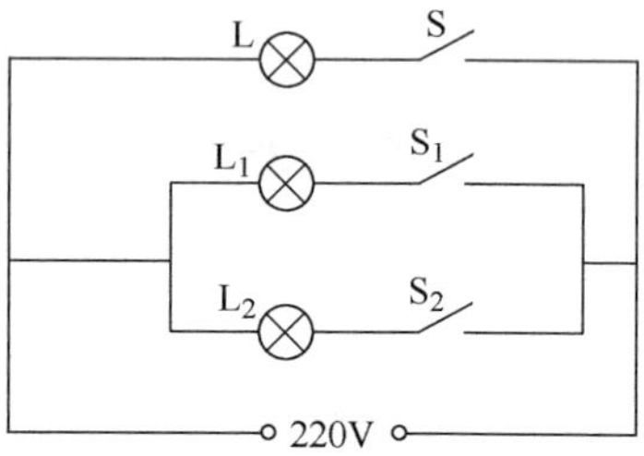

图 4-29　浴霸简化电路图

图 4-29 所示为某浴霸的简化电路图，图中 L 为 40W 照明灯，L_1、L_2 是两个额定功率都为 275W 的红外线取暖灯。

1）当开关 S 断开，S_1、S_2 闭合，取暖灯 L_1、L_2 同时正常工作，R_1、R_2 并联，电路中的各支路电阻 $R_1=R_2=U^2/P_1=$（220V）^{2}/275W=176Ω，总电阻为：$R=R_1/2=176\Omega/2=88\Omega$，若所消耗的电能全部转化成热能，那么正常工作 30min，其产生的热量为

$$Q=W=2P_1t=550\times30\times60\text{J}=9.9\times10^5\text{J}$$

2）L、L_1、L_2 三个灯同时正常工作时的总功率为：$P=P_1+P_2=40\text{W}+550\text{W}=590\text{W}$

（3）浴霸的接线　浴霸的工作原理如图 4-30 所示：浴霸上有 4 个开关控制浴霸的工作状态，闭合照明开关，位于中间的照明灯正常工作；闭合换气开关，位于浴霸内部的电动机带动换气扇正常工作；闭合任意 1 个取暖开关，两个大功率发热灯泡同时正常工作。

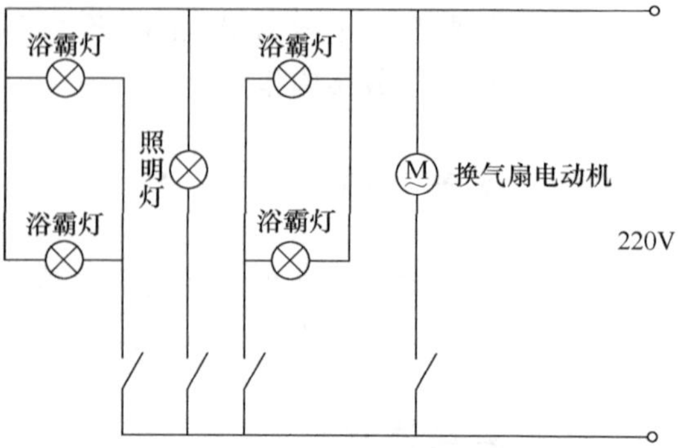

图 4-30　浴霸的工作原理图

（4）浴霸的种类　浴霸（也称多功能取暖器）是许多家庭沐浴时首选的取暖设备。目前市场上销售的浴霸按其发热原理可分为以下 4 种。

1）灯泡系列浴霸：以特制的红外线石英加热灯泡作为热源，通过直接辐射加热室内空气，不需要预热，可在瞬间获得大范围的取暖效果。其功能是取暖、换气、照明。

2）PTC（一种陶瓷电热元件）系列浴霸：以 PTC 陶瓷发热元件为热源，具有升温快、热效率高、不发光、无明火、使用寿命长等优点，同时具有双保险功能，安全可靠。

3）双暖流系列浴霸：采用远红外线辐射加热灯泡和 PTC 陶瓷发热元件联合加热，取暖更快，热效率更高。

4）不伤眼的浴霸：又称为“阳光浴”，它模拟太阳光的原理，提供一种光催化涂料组合物，还有一种具有该组合物的辐射加热系统，利用电能转化为热能，热能通过该种组合物转化为远红外线。具有体感温度高、无风、无噪声、无光等优点，同时使用寿命长，安全可靠。

实践操作

1. 接线图的识读与元器件的选择

1）识读浴霸电路图，如图 4-31 所示。

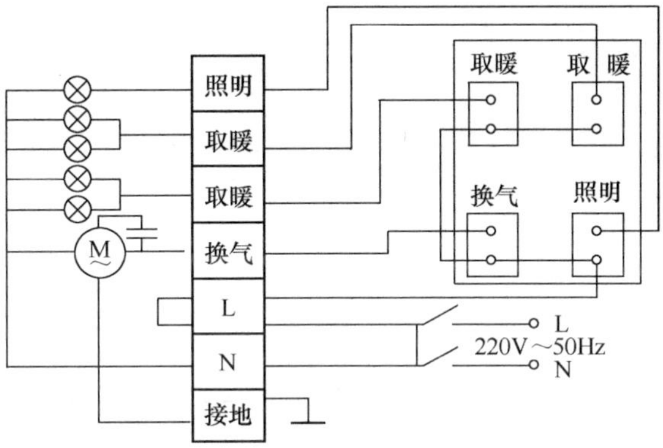

图 4-31　浴霸电路图

2）根据浴霸电路的接线图，模拟浴霸选择合适的元器件，器材清单见表 4-34。

表 4-34　器材清单

名　　称	型号及要求	数　　量
万用表	MF-47	1 块
验电器	335	1 支
十字螺钉旋具	SX-210	1 把
一字螺钉旋具	SX-210	1 把
尖嘴钳	150mm	1 把
钢丝钳	300mm	1 把
断线钳	400mm	1 把
按钮开关	10A	4 个
白炽灯	220V/100W	4 只
灯座	220V、6A	4 个
导线	—	适量

2. 电路的安装与检查

1）对照浴霸电路图安装元器件，浴霸电路的安装过程见表 4-35。

表 4-35　浴霸电路的安装过程

步骤	安装过程
1	按照工艺要求，在配电柜上确定换气扇、按钮开关、灯座的位置后，用螺钉将它们固定在盘面上。要求元器件倾斜不超过 5mm，安装要牢固，无松动感
2	按图 4-31 所示连接电路，要求接触良好、稳固，配线应排列整齐，做到横平、竖直，绑扎成束后，用卡钉固定在板面上
3	将开关线路连接在相线上，同时换气扇将接地
4	线路接好后，仔细检查电路的安装质量以及接线是否正确
5	检查无误后通电试验，检查浴霸灯与照明灯是否正常点亮，按钮开关控制是否正确

接好的浴霸开关实物图效果如图 4-32 所示。

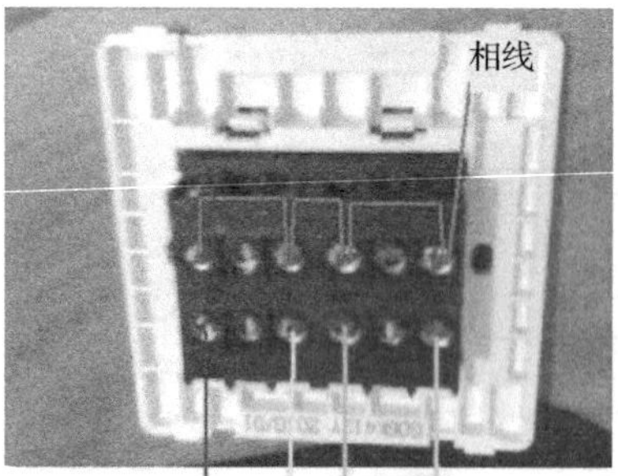

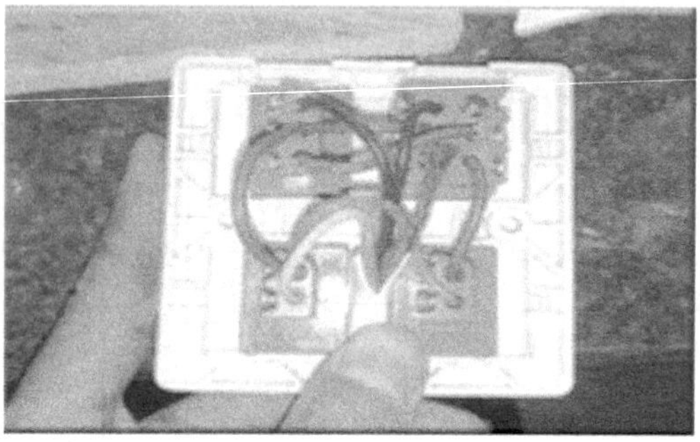

图 4-32　浴霸开关实物图

小贴士

1. 电源配线系统要规范。浴霸的功率最高可达 1100W 以上，因此安装浴霸的电源配线必须是防水线，最好是直径不小于 1mm^2 的多丝铜芯电线，所有电源配线都要走塑料暗管镶在墙内，绝不许有明线设置，浴霸电源控制开关必须是带防水 10A 以上容量的合格产品，特别是老房子的浴室安装浴霸更要注意规范。

2. 浴霸的厚度不宜太大。选购时一定要注意浴霸的厚度，一般在 20cm 左右即可。因为浴霸要安装在顶棚上，若想把浴霸装上必须在顶棚以下加一层顶，也就是常说的 PVC 吊顶，这样才能使浴霸的后半部分可以夹在两顶中间，如果浴霸太厚，装修就困难了。图 4-33 所示为浴霸实物图。

图 4-33　浴霸实物图

3. 浴霸应安装在浴室顶部的中心位置，或略靠近浴缸的位置，这样既安全又能使功能最大程度地发挥。

4. 工作时禁止用水喷淋浴霸。

5. 忌频繁开关和振动。

6. 保持卫生间清洁干燥。

2）浴霸电路的检查与故障排除见表 4-36。

表 4-36 浴霸电路的检查与故障排除

步骤	故障	排除
1	照明灯不亮	检查灯座接触片是否接触良好，用尖嘴钳将接触片稍微拉一下，或换个照明灯，检查开关线路
2	取暖灯不亮或呈一线式亮	线路接错，将浴霸取下来重新接线

考核评价

实训任务完成后，进行考核与评价，具体评分细则见表 4-37。

表 4-37 浴霸电路考核评价表

序号	评价内容	配分	自评	互评	教师评价
1	出勤情况：按时上课、下课，不迟到、不早退	10 分			
2	电工工具使用 1）利用验电器检验线路的好坏 2）用万用表检查开关、灯等元件的好坏 3）不损坏、丢失元器件或工具	15 分			
3	电路连接 1）按照工艺要求，确定各元器件在配电板上的位置 2）按照浴霸线路原理图连接电路 3）将开关线连在相线上，同时换气扇要接地 4）线路接好后，仔细检查电路的安装质量以及接线是否正确	30 分			
4	结果测试 通电试验，检查浴霸灯与照明灯是否正常点亮，按钮开关控制是否正确	15 分			
5	安全文明操作 1）注意安全、文明操作、爱护公物 2）团队合作，和谐共进	10 分			
6	工时：按照规定时间，鼓励节省工时	10 分			
7	报告及总结：实训报告完整、工整	10 分			

巩固与提高

1. 填空题

1）电流做功的过程是能量转化的过程，且用电器消耗了多少能，电流就做多少功。电流通过电灯做功，电能转化为（ ）能；电流通过电动机做功，电能转化为（ ）能；电流通过电热器做功，电能转化为（ ）能。

2）一只电能表上标有“2000r/kW·h”，如果此电能表的转盘转了 1000r，则电流做了（ ）J 的功。

2. 选择题

1）电炉丝热得发红，而跟电炉连接着的铜导线却不怎么热，这是因为（　　）。

A. 铜导线的电阻小，所以消耗的电能少，而电炉丝的电阻大，消耗的电能多，所以会发红

B. 通过电热丝的电流强度大于通过铜导线的电流强度

C. 铜导线比电炉丝传热快，所以不怎么热

D. 以上说法都不正确

2）220V 的照明电路中安装了一块 10A 的电能表，该电路中已接入 100W 的灯泡 15 只，允许再接入（　　）。

A. 额定电压 220V、工作电阻 73.3Ω 的恒温箱 1 个

B. 额定电流 4A 的电炉两台

C. 标有“380V，1.5A”的电动机两台

D. 标有“220V，1000W”的电热煮水器 1 台

3）某电阻两端的电压增大为原来的两倍时，在相同的时间里，它消耗的电能将变成原来的（　　）。

A. 2 倍　　B. $\frac{1}{2}$　　C. 4 倍　　D. $\frac{1}{4}$

3. 计算题

实验室有一台“220V、1200W”的电炉，通过配电板接在 220V 电源上，求：

1）该电炉的正常工作电流为多大？

2）如果它连续工作 5h，会产生多少热量？

3）配电板上应安装怎样规格的熔丝？

4）如果只有额定电流为 1.5A，熔断电流为 3A 的熔丝，如何安装？

常见熔丝规格（I_e—额定电流　I_d—熔断电流）：

I_e/A	1.5	2	2.5	3	3.75	5	6	7.5	10	11	12.5	15
I_d/A	3	4	5	6	7.5	10	12	15	20	22	25	30

任务 8　三相交流电路负载的连接

任务目标

1. 掌握三相交流电的基本概念。
2. 掌握表示正弦交流电性质的几个基本物理量。

任务要求

1. 各小组按任务制订工作计划。

2. 认真学习三相负载的正确连接方法。
3. 掌握三相电路中性线电压、相电压、线电流、相电流的关系。
4. 了解三相四线制低压配电系统中中性线的作用。
5. 学会根据实训内容选择仪表及量程。
6. 自拟实验电路及数据表格。
7. 整理任务实施报告。

注意事项

1. 熟记用电安全操作规程。
2. 熟记各电工工具的使用方法。
3. 各元件安装牢固，无松动感。
4. 安全文明操作。

实施流程

实施流程见表 4-38。

表 4-38　实施流程

序号	工作内容	教师活动	学生活动	学时
1	布置任务	下达任务书，组织小组讨论学习	接受任务，明确工作内容	2
2	知识储备	讲解三相交流电的相电压与线电压的概念	知道三相交流电的相电压与线电压的概念	
			熟悉三相交流电线电压与相电压的关系	
			掌握三相交流负载的连接方法	
3	实践操作	讲解三相交流电路线电压与相电压的关系，演示三相交流负载的连接方法，组织学生进行操作	安装	
			电路检查与模拟排故	
4	考核评价	按具体评分细则对学生进行评价	按具体评分细则进行自评、互评	

知识准备

1. 三相交流电的相电压与线电压

工业及民用的交流电源，几乎都是由三相电源供给的，单相交流电源也是由三相电源的一相提供的。三相电源一般来自发电机或变压器二次侧的三个绕组。三个绕组的始端为 A、B、C，末端为 X、Y、Z，若将三个绕组的末端连在一起，便形成星形（Y形）联结。三个绕组的连接点成为一个公共端，称为中性点，从公共端引出的导线称为中性线（或零线），并用字母 N 表示，有时中性线与大地直接相连，称为地线。从三个绕组始端引出的三条输电线称为端线或相线。这时电源有四条输电线，称为三相四线制电源。

端线（A、B、C）与中性线之间的电压，就是一相绕组的电压，称为相电压，用 U_P 表示。相电压有三个，即 U_A、U_B、U_C，三个相电压是一组对称的电压，它们的相量表示式为

$$\dot{U}_A = U_p\angle 0°$$
$$\dot{U}_B = U_P\angle -120°$$
$$\dot{U}_C = U_p\angle 120°$$

任意两根相线之间的电压，称为三相电源的线电压，用 U_l 表示。三个线电压与相电压之间的关系为

$$\dot{U}_{AB} = \dot{U}_A - \dot{U}_B$$
$$\dot{U}_{BC} = \dot{U}_B - \dot{U}_C$$
$$\dot{U}_{CA} = \dot{U}_C - \dot{U}_A$$

根据它们之间的几何关系，可得

$$\dot{U}_{AB} = \sqrt{3}U_p\angle 30°$$
$$\dot{U}_{BC} = \sqrt{3}U_P\angle -90°$$
$$\dot{U}_{AC} = \sqrt{3}U_p\angle 150°$$

2. 三相交流电线电压与相电压的关系

三个线电压也是一组对称的电压，线电压的大小是相电压的 $\sqrt{3}$ 倍，在相位上超前相应的相电压 30° 。如果三相四线制电源的线电压 U_l=380V，则此电源的相电压 $U_P=\frac{380V}{\sqrt{3}}$=220V。当三相对称负载做Y形联结时，线电压 U_L 是相电压 U_P 的 $\sqrt{3}$ 倍，线电流 I_L 等于相电流 I_P，即：$U_L=\sqrt{3}\ U_P$，$I_L=I_P$，流过中性线的电流 $I_N=0$；做△形联结时，线电压 U_L 等于相电压 U_P，线电流 I_L 是相电流 I_P 的 $\sqrt{3}$ 倍，即：$I_L=\sqrt{3}\ I_P$，$U_L=U_P$。

3. 三相交流电路负载的联结方法

三相交流电路中负载有星形和三角形两种联结方法，如图 4-34 所示。采用哪种联结方法取决于电源电压与负载的额定电压。目前我国低压配电大多数为 380V、三相四线制系统，当三相负载对称时，中性线中无电流，因此可以将中性线省去，这样便构成了三相三线制的联结方式。而当三相负载不对称时，由于中性线的作用，三相负载电压仍然对称，各相负载均可正常工作。这时三相电流却是不对称的，因此中性线电流也不为零，中性线不能省去，即须采用三相四线制供电。为了保证中性线的作用，在中性线上不允许安装熔断器或开关。

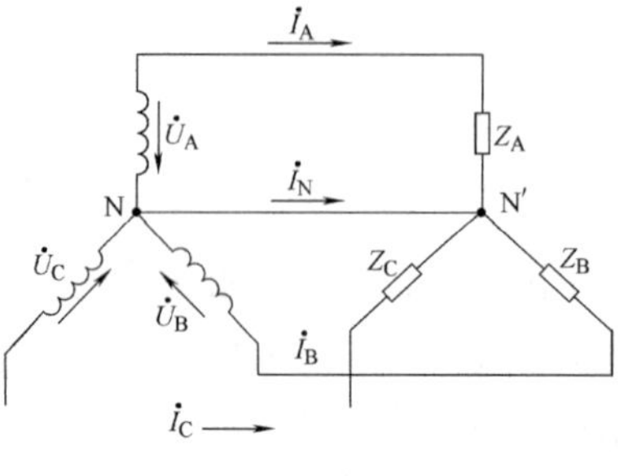

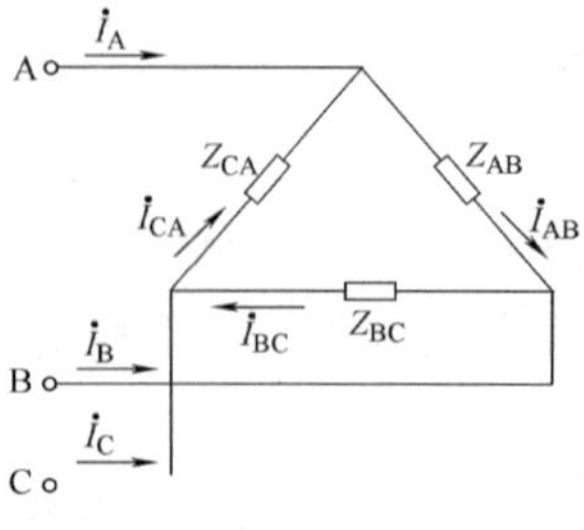

图 4-34　三相交流电路中负载的联结方法

a）星形联结　b）三角形联结

三相对称负载不论是星形联结还是三角形联结，三相电路的有功功率均为

$$P=3P_P=3U_PI_P\cos\varphi=\sqrt{3}\,U_LI_L\cos\varphi$$

式中，P_P 为其中一相的功率；I_P 及 I_L 为相电流及线电流；φ 为相电压和相电流的相位差。

实践操作

1. 原理图的识读与元器件的选择

1）识读三相交流电路负载的连接原理图，如图 4-35 所示。

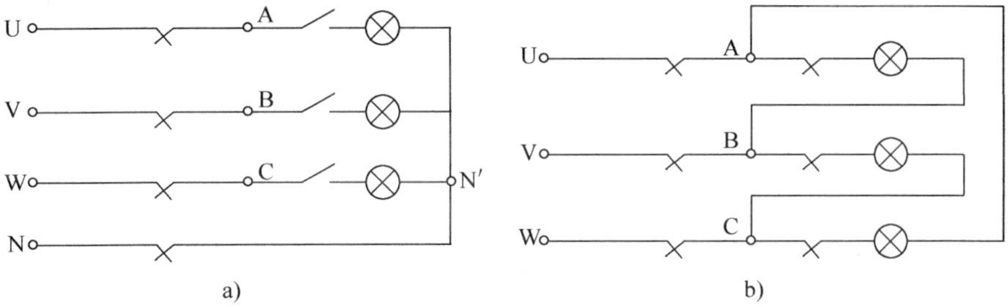

图 4-35　三相交流电路负载的连接原理图

a）三相负载的星形联结　b）三相负载的三角形联结

2）选择元器件及耗材。根据三相交流电路负载的连接电路图，选择合适的元器件，器材清单见表 4-39。

表 4-39　器材清单

名　　称	型号及要求	数　　量
电流插座	10A	1 个
插头	10A	1 个
灯板	10A	1 块
白炽灯泡	220V/100V	5 只
交流电压表	500V	1 块
交流电流表	2A	1 块
交流电流表	1A	1 块
功率表	600V/1A	1 块
导线	$1.5mm^2$	适量

2. 电路的安装与检查

1）对照三相交流电路负载的连接原理图安装元器件。安装过程见表 4-40。

表 4-40　三相交流电路负载的连接过程

步骤	安装过程
1	采用线电压为 220V 的三相电源，用四只 220V、100W 的白炽灯泡接成三相负载

（续）

步骤	安装过程
2	灯泡负载接成星形：把各相负载的末端连接在一起接到三相电源的中性线上，把各相负载的首端分别接到三相交流电源的三根相线上。将白炽灯按图 4-35a 进行连接 1）测量对称负载有中性线及无中性线两种情况下的各线电压、相电压、线电流，有中性线时的中性线电流和无中性线时电源中性点与负载中性点之间的电压 $U_{N'N}$。将测得数据记入表 4-41 中 2）测量不对称负载（A 相负载中并联一只白炽灯泡），有中性线及无中性线两种情况下与实验内容 1）中所测相同内容的各数据，记入表 4-41 中
3	灯泡负载接成三角形：把各相负载按首尾相连的方式连接起来，然后将三个连接点分别连接到三相交流电源的三根引线上。将白炽灯按图 4-35 b 所示进行三角形联结 测量负载对称与不对称（AB 相负载上并联一只白炽灯泡）两种情况下的各线电压、线电流及 AB 相的相电流，将测得数据记入表 4-42 中
4	整理现场

表 4-41　三相交流电电压及电流测量值（一）

	线电压			相电压			线电流		
	u_{UV}	u_{VW}	u_{WU}	u_U	u_W	u_V	I_{UV}	I_{VW}	I_{WU}
三角形联结									
星形联结									

表 4-42　三相交流电电压及电流测量值（二）

	线电压			线电流			线电流
	u_{UV}	u_{VW}	u_{WU}	I_{UV}	I_{VW}	I_{WU}	I_{AB}
负载对称接法							
负载不对称接法							

2）电路的检查与故障排除见表 4-43。

表 4-43　三相交流电路连接的负载检查与故障排除

步骤	故　障	排　除
1	某一相的电压过大，某一相电压太小	接上中性线
2	三相电流不平衡	合理安排三相负载，让负载连接平衡

考核评价

实训任务完成后，进行考核与评价，具体评分细则见表 4-44。

表 4-44　三相交流负载的连接考核评价表

序号	评价内容	配分	自评	互评	教师评价
1	出勤情况：按时上课、下课，不迟到、不早退	10 分			
2	电工工具的使用 1）利用万用表检测各元器件好坏 2）对灯泡进行检测，确保元器件性能没有问题 3）不损坏、丢失元器件、工具	10 分			

（续）

序号	评价内容	配分	自评	互评	教师评价
3	电路连接 1）将灯泡按星形联结进行连接并测量线电压、相电压及线电流 2）将灯泡按三角形联结进行连接，并测量线电压、线电流及相电压 3）将灯泡按负载对称和不对称两种方法进行连接，并测量相应的值 4）准确读出测量值	30 分			
4	结果测试 按图分别连接电路，将灯泡按星形和三角形联结，并测量线电压、相电压及相应的数据，将数据填入表中	10 分			
5	线路分析 线路连接要准确，明确星形和三角形联结方法；用实验验证线电压、相电压的关系	10 分			
6	安全文明操作 1）注意安全、文明操作、爱护公物 2）团队合作，和谐共进	10 分			
7	工时：按照规定时间，鼓励节省工时	10 分			
8	报告及总结：实训报告完整、工整	10 分			

巩固与提高

1. 填空题

1）三相负载的连接方法有（　　）和（　　）两种。

2）三相对称电压就是三个（　　）相同、（　　）相等、相位互差（　　）的三相交流电压。

3）我国在三相四线制（低压供电系统）的照明电路中，相电压是（　　）V，线电压是（　　）V。

4）对称三相负载做星形联结，接在 380V 的三相四线制电源上，此时负载端的相电压等于（　　）倍的线电压，相电流等于（　　）倍的线电流，中性线电流等于（　　）。

5）在三相对称负载三角形联结的电路中，线电压为 220V，每相电阻均为 110Ω，则相电流 I_p=（　　）A，线电流 I_L=（　　）A。

2. 判断题

1）中性线的作用就是使不对称星形联结负载的端电压保持对称。（　　）

2）三相电路的有功功率，在任何情况下都可以用功率表进行测量。（　　）

3）三相负载做三角形联结时，必有线电流等于相电流。（　　）

4）三相不对称负载越接近对称，中性线上通过的电流就越小。（　　）

5）中性线不允许断开，因此不能安装熔丝和开关，并且中性线截面积比相线大。（　　）

任务9　变压器同名端的测量

任务目标

1. 了解变压器的基本结构。
2. 学会对变压器的同名端进行测量。

任务要求

1. 各小组制订工作计划。
2. 认识进户配电面板。
3. 观察单相变压器外观结构，判断高压绕组、低压绕组。
4. 会测定单相变压器的电压比。
5. 整理任务实施报告。

注意事项

1. 认识变压器铭牌数据。
2. 记下变压器高压绕组端、低压绕组端。
3. 安全文明操作。

实施流程

实施流程见表4-45。

表4-45　实施流程

序号	工作内容	教师活动	学生活动	学时
1	布置任务	下达任务书，组织小组讨论学习	接受任务，明确工作内容	2
2	知识储备	讲解变压器的工作原理与基本结构、变压器的铭牌 讲解变压器同名端测试方法	知道变压器的种类 熟悉变压器的工作原理与基本结构 掌握变压器同名端的测试方法	
3	实践操作	讲解变压器的基本结构，演示变压器同名端的测量方法，组织学生进行变压器同名端的测量	安装 电路检查与模拟排故	
4	考核评价	按具体评分细则对学生进行评价	按具体评分细则进行自评、互评	

知识准备

1. 变压器的工作原理与基本结构

变压器是利用电磁感应的原理来改变交流电压的装置，主要构件是一次绕组、二次绕组和铁心（磁心），如图 4-36 所示。

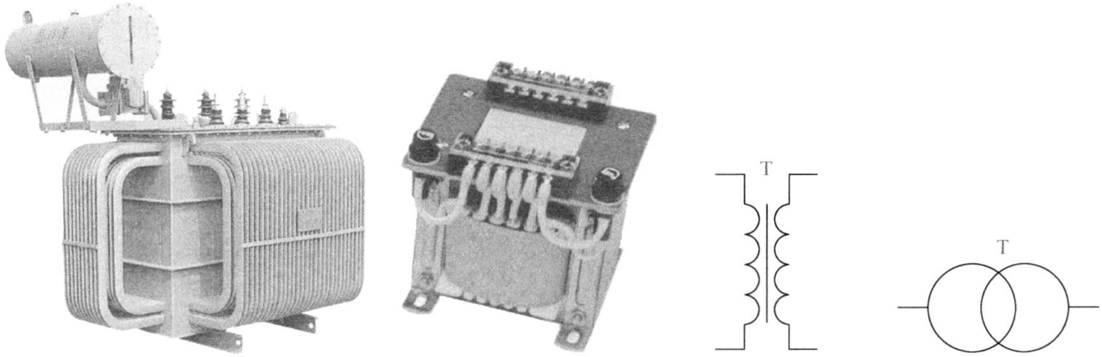

a) b) c)

图 4-36 变压器及符号

a）大型变压器 b）小型变压器 c）变压器符号

（1）变压器的工作原理 变压器是变换交流电压、交变电流和阻抗的器件，当一次绕组圈中通有交流电流时，铁心（或磁心）中便产生交流磁通，使二次绕组中感应出电压（或电流）。

（2）变压器的基本结构

1）铁心：铁心构成了变压器的磁路，同时又是套装绕组的骨架。铁心由铁心柱和铁轭两部分构成。铁心柱上套有绕组，铁轭将铁心柱连接起来形成闭合磁路。

铁心材料：为了提高磁路的导磁性，减少铁心中的磁滞、涡流损耗，铁心一般用高磁导率的磁性材料——硅钢片叠成。硅钢片有热轧和冷轧两种，其厚度为 0.35～0.5mm，两面涂以厚 0.2～0.23mm 的漆膜，使片与片之间绝缘。

2）绕组：绕组是变压器的电路部分，由铜或铝绝缘导线绕制而成。一次绕组的作用是输入电能，二次绕组的作用是输出电能。它们通常套装在同一个铁心柱上，但具有不同的匝数，通过电磁感应作用，一次绕组的电能可传递到二次绕组，且使一次绕组、二次绕组具有不同的电压和电流。两个绕组中，电压较高的称为高压绕组，电压较低的称为低压绕组。

2. 理想变压器

理想变压器是指没有损耗的变压器，如图 4-37 所示。理想变压器一次绕组、二次绕组的电阻可以忽略，其漏电感可以忽略，铁心损耗可以忽略，相当于是一个电压可变但是内阻为零的电源，没有内阻压降。

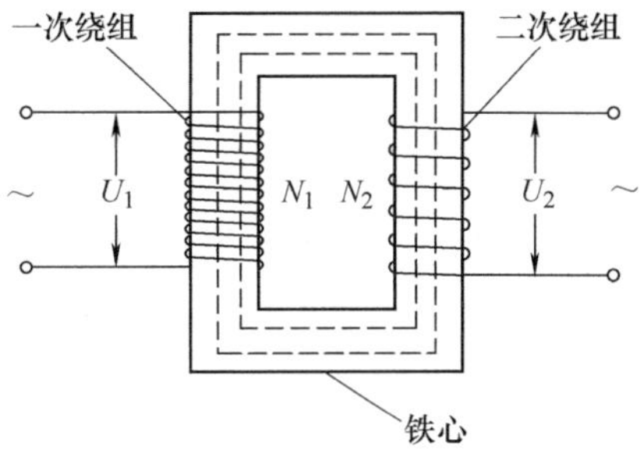

图 4-37 理想变压器

变压器两组绕组的匝数分别为 N_1 和 N_2，N_1 为一次绕组匝数，N_2 为二次绕组匝数。在一次绕组上加一交流电压，在二次绕组两端就会产生感应电动势。当 $N_2>N_1$ 时，其感应电动势要比一次绕组所加的电压还要高，这种变压器称为升压变压器：当 $N_2<N_1$ 时，其感应电动势低于一次电压，这种变压器称为降压变压器。一次、二次电压和绕组匝数间具有下列关系

$$\frac{U_1}{U_2}=\frac{N_1}{N_2}=n$$

式中，n 称为电压比。当 $n>1$ 时，则 $N_1>N_2$，$U_1>U_2$，该变压器为降压变压器；反之，则为升压变压器。

另有电流之比为 $I_1/I_2=N_2/N_1$

电功率：$P_1=P_2$

3. 变压器的效率与损耗

在额定功率时，变压器的输出功率和输入功率的比值称为变压器的效率，即

$$\eta=\frac{P_2}{P_1}\times 100\%$$

式中 η——变压器的效率；

P_1——输入功率；

P_2——输出功率。

当变压器的输出功率 P_2 等于输入功率 P_1 时，效率 η 等于 100%，变压器将不产生任何损耗。但实际上这种变压器是不存在的。变压器传输电能时总要产生损耗，这种损耗主要有铜损和铁损。变压器绕组有电阻，电流通过绕组时的功率损耗称为铜损。变压器铁心中的磁滞和涡流损耗为铁损。

4. 变压器的额定值及型号

变压器的额定值是制造厂对变压器在指定工作条件下运行时所规定的一些量值。额定值通常标注在变压器的铭牌上。变压器的额定值主要有以下几项。

（1）额定容量 S_N　额定容量是指额定运行时的视在功率，单位为 V·A、kV·A 或 MV·A。由于变压器的效率很高，通常一、二次侧的额定容量设计成相等。

（2）额定电压 U_{1N} 和 U_{1N}　正常运行时规定加在一次侧的端电压称为变压器一次侧的额定电压 U_{1N}。二次侧的额定电压 U_{2N} 是指变压器一次侧加额定电压时，二次侧的空载电压。对三相变压器，额定电压指线电压。

（3）额定电流 I_{1N} 和 I_{2N}　指在某环境温度、某种冷却条件下允许规定的满载线电流值。

（4）变压器型号　变压器的型号用来表示设备的特征和性能。变压器的型号一般由两部分组成：前一部分用汉语拼音字母表示变压器的类型和特点；后一部分由数字组成，斜线左方数字表示额定容量（kV·A），斜线右方数字表示高压侧额定电压（kV）。型号含义如下：

所以，型号 S9-315/10 表示三相油浸自冷式铜绕组变压器，设计序号为 9，额定容量为 315kV•A，高压侧额定电压为 10kV。电力变压器的主要类型除 S9 外，还有 S6、S7、SL7、SF7 等。

5. 变压器的种类

常用变压器的分类可归纳如下：

（1）按相数分　可分为单相变压器、三相变压器。单相变压器用于单相负荷和三相变压器组。三相变压器用于三相系统的升、降电压。

（2）按冷却方式分　可分为干式变压器、油浸式变压器。干式变压器主要依靠空气对流进行冷却，一般用于局部照明、电子线路等小容量变压器。油浸式变压器主要以油做冷却介质，如油浸自冷、油浸风冷、油浸水冷、强迫油循环等。

（3）按绕组形式分　可分为双绕组变压器、三绕组变压器、自耦变压器等。双绕组变压器用于连接电力系统中的两个电压等级。三绕组变压器一般用于电力系统区域变电站中，连接三个电压等级。自耦变压器用于连接不同电压的电力系统，也可作为普通的升压或降压变压器用。

6. 小型变压器同名端的判断

小型变压器的检测包括通电前的检测和同名端的判断两部分。

（1）小型变压器通电前的检测　小型变压器在使用前要进行检测，具体方法如下：

1）根据标记判别一、二次绕组。小型变压器一次绕组多标有 220V 或 380V 字样，二次绕组则标出额定电压值，如 15V、24V、36V 等。

2）外观检查。检查变压器铁心、绕组、绕组骨架、引出线及其套管、绝缘材料有无机械损伤；绕组有无断线、脱焊、霉变或烧焦的痕迹；检查绝缘材料是否老化、发脆、剥落等。

3）绕组通断的检测。根据绕组直流电阻的大小选择用万用表或电桥进行检测。电阻值偏大时，能用万用表电阻档测量的，可直接用万用表检测各个绕组的直流电阻。测试中，若某个绕组的电阻值为无穷大，则说明此绕组有断路性故障。当电阻值较小，不能用万用表检测时，则应用单臂电桥或双臂电桥进行检测。

4）绝缘测试。用绝缘电阻表对变压器进行绝缘测试。

（2）小型变压器同名端的判断　在使用多绕组变压器时，常需要弄清各绕组引出线的同名端或异名端，才能正确地将绕组并联或串联使用。常用的同名端判别方法有直流判别法和交流判别法，判别步骤如下。

1）直流判别。

①将万用表置于最小直流电压档。

②按图 4-38 所示接入万用表，取一节 1.5V 的干电池，在接入变压器一次绕组的瞬间，观察万用表指针的偏转情况。若指针正偏，则与电池正极相连的 1 端和与万用表红表笔相连的 3 端为同名端。

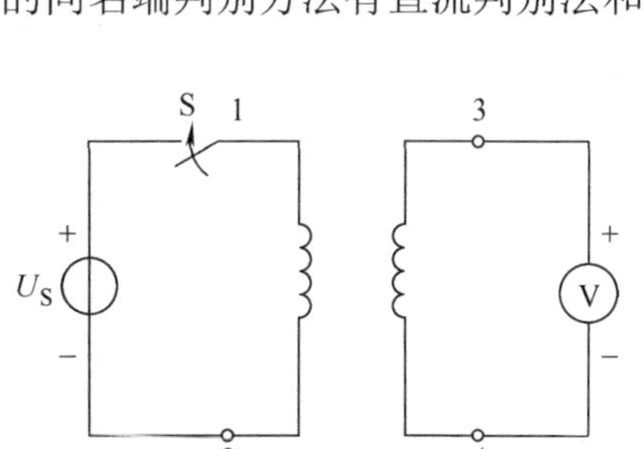

图 4-38　直流判别法

2）交流判别法。

①如图 4-39 所示，将两个绕组任意两端连接在一起（如 2 和 4），在一次绕组两端加一

个较低的交流电压，测出 1 和 2 之间的电压值 U_1。

②测量出 1 和 3 之间的电压值 U_2。若 $U_1>U_2$，则 1 和 3 是同名端；若 $U_1<U_2$，则 1 和 4 是同名端。

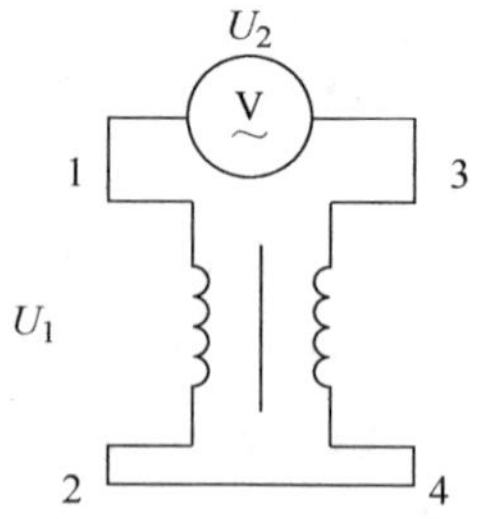

图 4-39　交流判别法

实践操作

1. 原理图的识读与元器件的选择

1）识读变压器同名端测定电路的原理图。直流法测定变压器同名端的电路如图 4-40 所示。

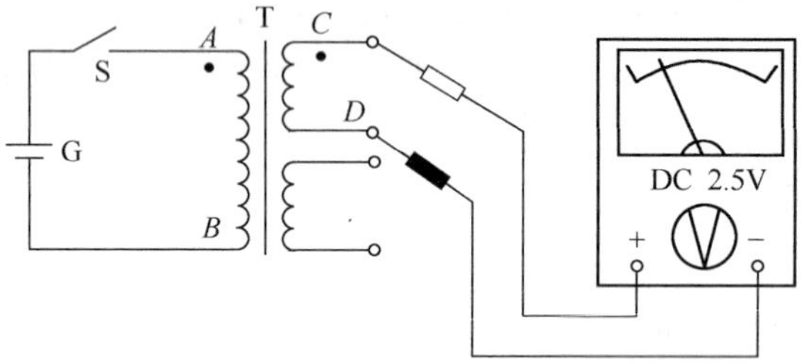

图 4-40　直流法测定变压器同名端的电路

2）选择元器件及耗材。根据变压器同名端电路图选择合适的元器件，器材清单见表 4-46。

表 4-46　器材清单

名　　称	型号及要求	数　　量
小功率变压器	可转换电压等级 PE249	1 台
指针式万用表	MF47	1 块
干电池	1.5V	1 节
开关	10A	1 个
导线	$1.5mm^2$	适量

2. 电路的安装与检查

对照变压器同名端测定电路原理图安装元器件，安装过程见表 4-47。

表 4-47　变压器同名端测定电路安装过程

步骤	安装过程
1	按图 4-40 连接电路（G 为 1.5V 电池，S 为开关）
2	将万用表置于直流电压 2.5V 档（直流电流 0.5mA 档也可以）
3	将万用表的表笔分别接二次绕组的两端，图中红表笔接 *C* 端，黑表笔接 *D* 端 当接通 S 的瞬间，使变压器的变化电流流过一次绕组，根据电磁感应，此时在变压器二次绕组上将产生一个时间很短的感应电压，仔细观察万用表指针，可以看到指针的摆动方向。如果指针正向偏转，则万用表的正极 *C* 点、电池的正极 *A* 点所接的为同名端，*D* 点和 *B* 点是同名端。若闭合开关 *S* 时，万用表指针向左摆，则 *C* 点和 *B* 点是同名端，*D* 点和 *A* 点是同名端
4	在检测过程中，要仔细观察开关 S 闭合时万用表指针的摆动方向，按摆动情况确定同名端
5	整理现场

变压器同名端测定电路实物效果图如图 4-41 所示。

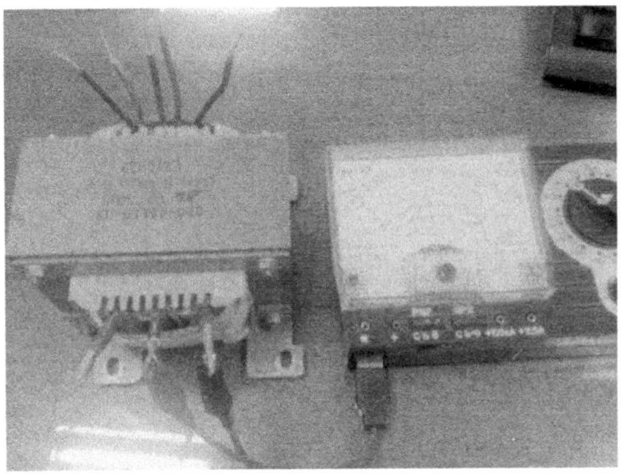

图 4-41　变压器同名端测定电路实物效果图

小贴士

1. 选择正确的直流电压档位。
2. 多次测量观察万用表的指针偏转方向，必须注意 S 不可长时间接通，以免造成绕组故障。

考核评价

实训任务完成后，进行考核与评价，具体评分细则见表 4-48。

表 4-48　变压器同名端测量考核评价表

序号	评价内容	配分	自评	互评	教师评价
1	出勤情况：按时上课、下课，不迟到、不早退	10 分			
2	电工工具使用 1）检测万用表好坏 2）利用万用表对各元器件进行测试 3）不损坏、丢失元器件、工具	15 分			
3	电路连接 1）按图连接电路 2）闭合开关，观察电流表指针摆动情况 3）判别同名端	30 分			
4	结果测试 接通电路后，闭合开关，观察电流表的指针摆动情况，判别同名端	15 分			
5	安全文明操作 1）注意安全、文明操作、爱护公物 2）团队合作，和谐共进	10 分			
6	工时：按照规定时间，鼓励节省工时	10 分			
7	报告及总结：实训报告完整、工整	10 分			

巩固与提高

1. 选择题

1）一台容量为 5600kV・A 的三相电力变压器，为星形联结，电压为 35kV/10.5kV，则二次侧的额定电流为（　　）A。

A. 533.3　　B. 177.7　　C.37.9

2）一台容量为 2kV・A 的单相变压器，一次侧额定电压为 220V，则一次电流为（　　）A。

A. 9.9　　B. 15.7　　C. 27.27

3）型号为 SFP-63000 / 110 的电力变压器中，数字“110”表示（　　）。

A. 变压器的容量是 110kV・A

B. 高压侧额定电压是 110kV

C. 低压侧额定电压是 110kV

4）已知一变压器 S=5kV・A，Q=3kvar，则 P 为（　　）kW。

A. 2　　B. 3　　C. 4　　D. 5

5）一台容量为 20kV・A，电压 U_1/U_2=3300V/220V 的单相变压器，在额定运行情况下，可接 220V、40W 的白炽灯（　　）只。

A. 500　　B. 800　　C. 90　　D. 700

6）在额定负载下运行的油浸变压器，上层油温不应超过（　　）℃。

A. 40　　B. 85　　C. 65　　D. 75

7）某台变压器的型号为 SJl-100 / 10，则该变压器的额定电压为（　　）。

A. 10 kV・A　　B. 10 kV　　C. 100 kV・A　　D. 110 kV・A

2. 探究题

在实训室或家中找出一台正在使用的变压器，用万用表测量一次电压和二次电压。

项目5 低压电器运行控制电路的连接

项目描述

本项目主要是让学生完成 CA6140 型卧式车床主电路到各部分控制电路的连接任务，围绕电气控制电路的分析、接线及故障排除等环节，将项目细化为 8 个任务，每个任务完成相对独立的电路连接及技能训练。

知识目标

1. 认识常用低压电器，掌握它们的外形、符号、型号、使用。
2. 理解三相异步电动机各种常用控制电路的工作原理，能熟练地进行各种电路接线。
3. 能正确分析和处理三相异步电动机常见电气控制电路的故障。

技能目标

1. 灵活使用常用低压电器。
2. 掌握典型控制电路安装与调试的技能。
3. 掌握卧式车床电气控制电路工作原理及连接方法。
4. 排除常用电气控制电路的故障。

任务1 点动控制电路的连接

任务目标

1. 了解电工安全操作常识，掌握常用电工工具的使用方法。
2. 认识断路器、刀开关、组合开关、熔断器、交流接触器、按钮的结构、符号、选型和用途，了解电动机。
3. 识读电气原理图。
4. 学会独立制作导线，识读直接起动和点动控制电气原理图，掌握直接起动和点动控制的工作原理，会按照电气原理图连接实物图并合理布线。
5. 会检测电路，能对出现的异常现象进行分析并处理。

任务要求

1. 讨论并制订工作计划。
2. 认识断路器、刀开关、组合开关、熔断器、交流接触器、按钮，会区别三种电气控制系统图。
3. 熟练使用电工工具。
4. 理解直接起动和点动控制的工作原理，并按照电气原理图连接实物。
5. 整理任务实施报告。

注意事项

1. 熟记用电安全操作规程，熟记各电工工具的安全使用方法。
2. 各元件安装牢固，导线连接结实，无松动感。
3. 电动机和按钮等金属外壳必须可靠接地。
4. 先检测电路，排除故障，确认无误后方可通电运行。
5. 安全文明操作。

实施流程

实施流程见表 5-1。

表 5-1　实施流程

序号	工作内容	教师活动	学生活动	学时
1	布置任务	下达任务书，组织小组讨论学习，指导小组分工	接受任务，明确工作内容	0.5
			知道任务目标，明确组内分工	
2	知识准备	讲解安全用电常识，结合实物讲解开关、熔断器、交流接触器、按钮和电动机。分析识读电气原理图，讲解直接起动和点动控制的工作原理，演示直接起动和点动控制的接线与布线，引导分析点动控制电路常见故障并排除	熟记安全操作流程	1
			认识低压电器并会选用	
			区分三种电气控制系统图	
			理解两种起动的原理并会区别	
			记忆接线方法并合理规划	
			思考可能出现的故障点	
3	实践操作	讲解开关、熔断器、交流接触器、按钮和电动机的相关知识，讲解直接起动和点动控制的工作原理，演示根据电气原理图安装接线的方法，组织学生进行实物接线，教师巡视指导	认识器件器材	2
			思考并区别两种起动的工作原理，连接实物，检测完成的电路，排除故障。先小组内自查，再组间互查，最后教师点评	
4	考核评价	根据考核标准严格测评	通过互评、自评，了解自己的优势与不足并改正缺点	0.5

知识准备

1. 常用低压电器

低压电器通常是指工作在交流 1000V 或直流 1200V 以下起保护、控制、调节、转换等功能作用的电器设备。

（1）低压开关　一般为非自动切换电器，用于隔离、接通和分断电路，多数作为机床电路的电源开关、局部照明电路的控制部分，有时也用来直接控制小容量电动机的起动、停止和正反转。

1）分类。根据工作原理、使用条件和结构形式，低压开关可分为刀开关、组合开关和低压断路器。刀开关是一种手动电器，广泛应用于配电设备，用于隔离电源，有时可直接起动小容量笼型异步电动机，包括开启式负荷开关和封闭式负荷开关。

组合开关又称转换开关，具有体积小、触点对数多、接线方式灵活和操作方便等特点，一般用于电气设备中非频繁地通断电路、转换电源和负载，测量三相电压以及控制小容量感应电动机。

低压断路器又称自动空气开关，简称断路器，是低压配电系统和电力拖动系统中非常重要的电器。它相当于刀开关、熔断器、热继电器和欠电压继电器的组合，集控制与多种保护功能于一身，并具有操作安全、使用方便、工作可靠、安装简单、分断能力强等特点，得到广泛应用。

2）外形、结构及符号。刀开关的外形如图 5-1 所示，结构如图 5-2 所示，文字符号为 QS。

组合开关的文字符号为 QS，如图 5-3 所示。

低压断路器如图 5-4 所示，文字符号为 QF。

a）　　b）　　c）

图 5-1　刀开关的外形

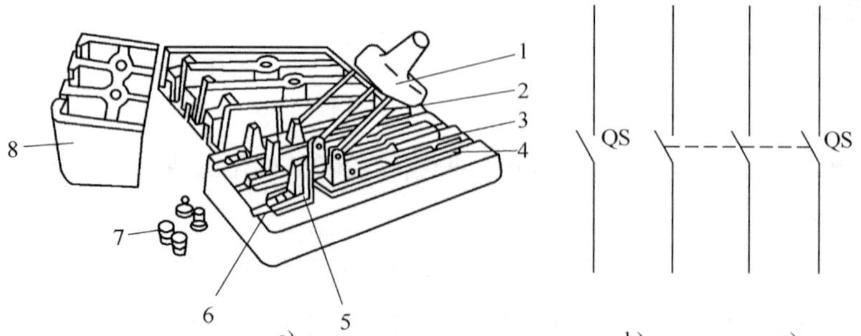

a) b) c)

图 5-2 刀开关的结构、符号

a）刀开关的结构 b）单项符号 c）三相符号

1—瓷柄 2—动触点 3—出线座 4—瓷底座 5—静触点 6—进线座 7—胶盖紧固螺钉 8—胶盖

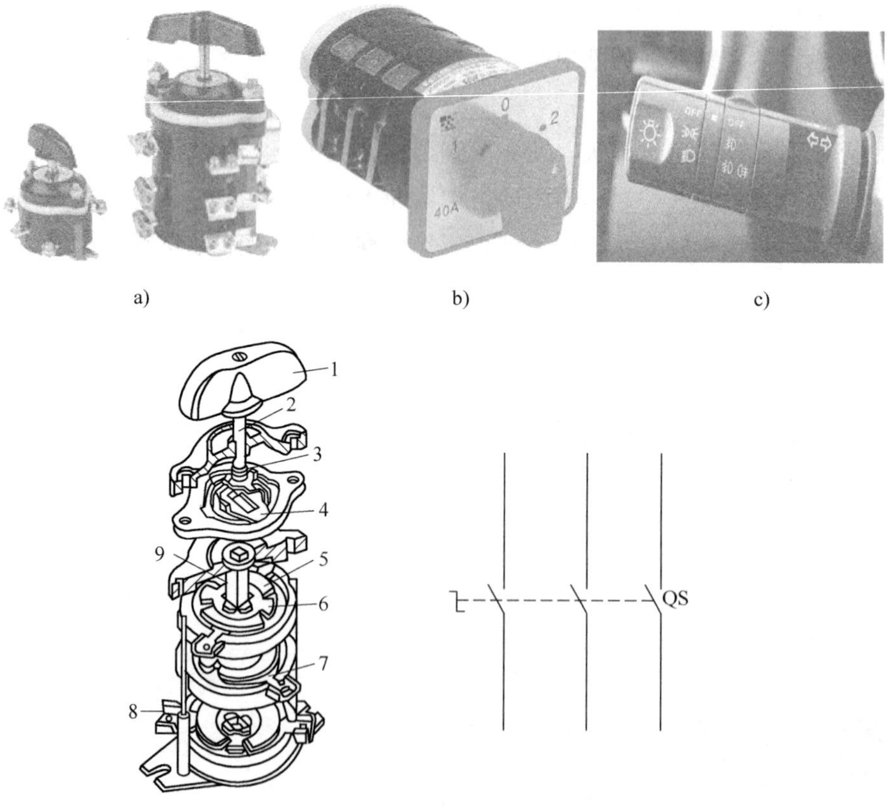

a) b) c)

d) e)

图 5-3 常用HZ10系列组合开关

a）、b）、c）外形 d）结构 e）图形和文字符号

1—手柄 2—转轴 3—弹簧 4—凸轮 5—绝缘垫板 6—动触片 7—静触片 8—接线柱 9—绝缘杆

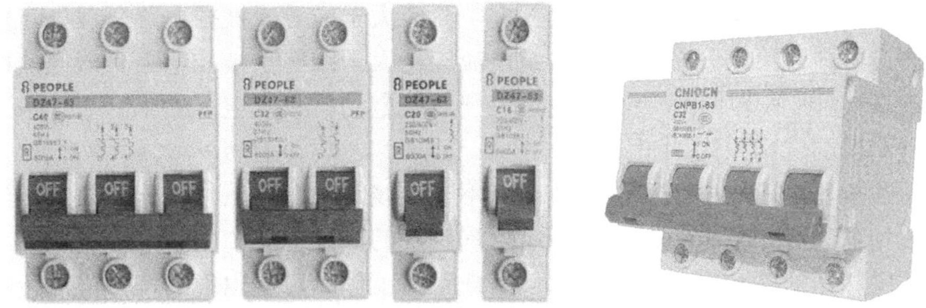

a)

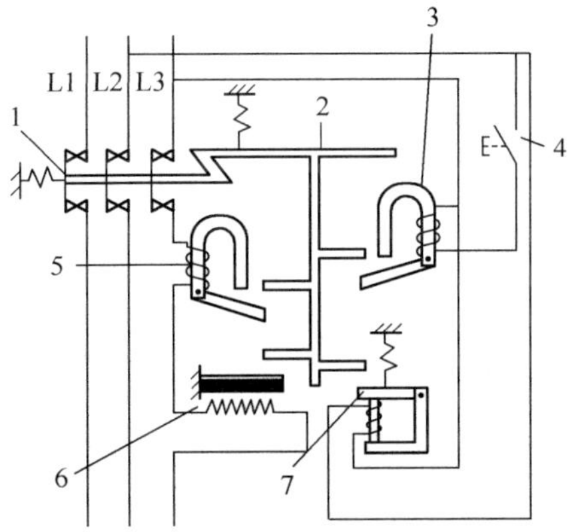

b)

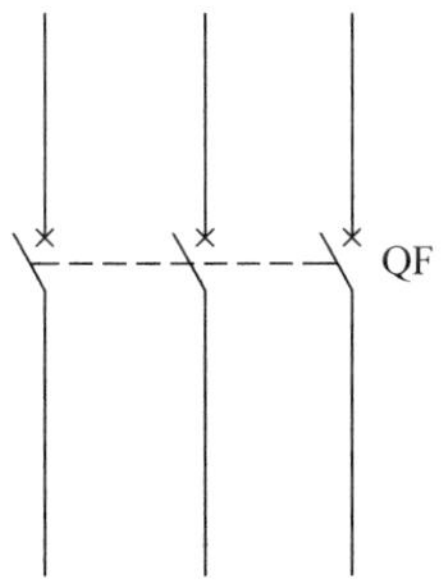

c)

图 5-4　低压断路器

a）外形　b）结构　c）图形和文字符号

1—主触点　2—自由脱扣　3—分励脱扣　4—分断按钮　5—过电流脱扣　6—热脱扣　7—欠电压脱扣

3）低压断路器的工作原理。当主触点闭合后，若电路发生短路或过电流（电流达到或超过过电流脱扣器动作值）事故时，过电流脱扣器的衔铁吸合，驱动自由脱扣器动作，主触点在弹簧的作用下断开；当电路过载时（L3 相），热脱扣器的热元件发热，使双金属片产生足够的弯曲，推动自由脱扣器动作，从而使主触点断开，切断电路；当电源电压不足（小于欠电压脱扣器释放值）时，欠电压脱扣器的衔铁释放，使自由脱扣器动作，主触点断开，切断电路。分励脱扣器用于远距离切断电路，当需要分断电路时，按下分断按钮，分励脱扣器线圈通电，衔铁驱动自由脱扣器动作，使主触点断开而切断电路。

4）低压开关选型。

刀开关的选用原则如下：

①用于照明和电热负载时，选用额定电压 220V，额定电流不小于电路所有负载额定电流之和的两极开关。

②用于控制电动机的直接起动和停止时，选用额定电压 380V，额定电流不小于电动机额定电流 3 倍的三极开关。

组合开关的选用原则如下：

①用于一般照明、电热电路时，其额定电流应大于或等于被控电路负载电流的总和。

②用作设备电源引入开关时，其额定电流应稍大于或等于被控电路负载电流的总和。

③用于直接控制电动机时，其额定电流一般取电动机额定电流的 1.5～2.5 倍。

低压断路器的选用原则如下：

①低压断路器的额定电压和额定电流应不小于线路的正常工作电压和负载电流。

②热脱扣器的脱扣整定电流应等于所控制负载的额定电流。

③电磁脱扣器的脱扣整定电流应大于负载正常工作时可能出现的峰值电流，用于控制电动机的断路器，其值应大于 1.5 倍的电动机起动电流。

（2）熔断器　熔断器在低压配电系统和电力拖动系统中起短路保护作用。使用时，熔断器熔体串联于被保护的电路中，当流过熔断器的电流大于规定值时，以其自身产生的热量使熔体熔断，从而自动切断电路，实现短路保护。

1）外形、结构、符号。熔断器主要由熔体、安装熔体的熔管和熔座三部分组成。其种类多样，外形如图 5-5 所示，文字符号为 FU。

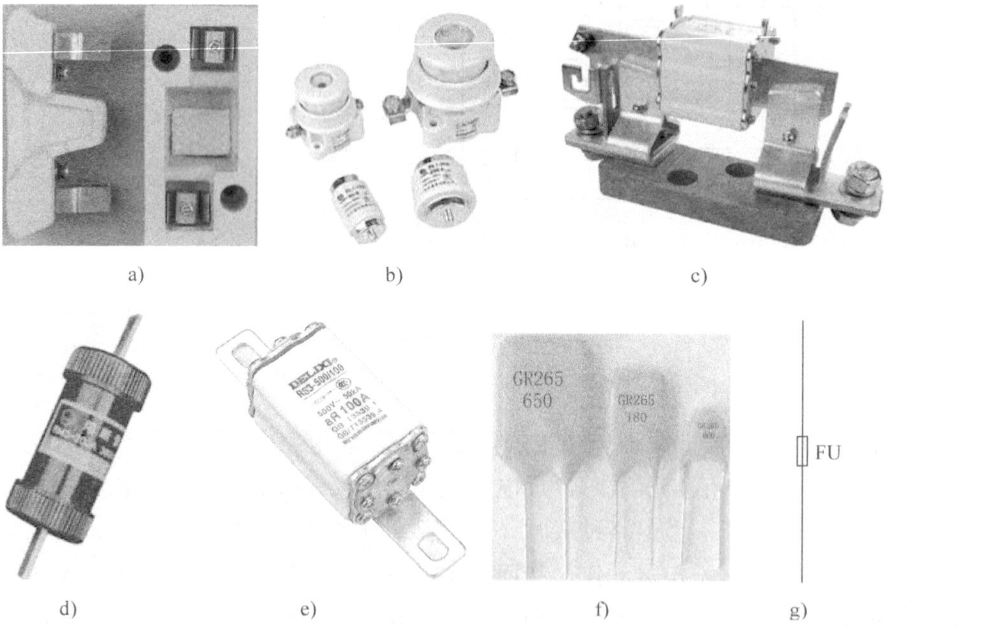

a)　b)　c)　d)　e)　f)　g)

图 5-5　熔断器

a）RC系列瓷插式熔断器　b）RL系列螺旋式熔断器　c）RM系列有填料封闭管式熔断器　d）RM系列无填料封闭管式熔断器　e）RS系列快速熔断器　f）RZ系列自恢复熔断器　g）图形和文字符号

2）选型。

①熔断器的额定电压必须大于或等于线路的额定电压；熔断器的额定电流必须大于或等于所装熔体的额定电流；熔断器的分断能力应大于电路中可能出现的最大短路电流。

②对于变压器、电炉和照明等负载，熔体的额定电流应略大于或等于负载电流；对于输配电线路，熔体的额定电流应略大于或等于线路的安全电流；对于控制线路中电动机的短路保护，要根据电动机的起动条件和时间长短来选择熔体的额定电流。一台电动机的短路保护，

熔体的额定电流应不小于电动机额定电流的 2.5 倍；多台电动机的短路保护，熔体的额定电流应不小于其中最大容量电动机额定电流的 1.5～2.5 倍加上其余电动机额定电流的总和。

（3）交流接触器　接触器是用于远距离频繁地接通与断开交直流主电路及大容量控制电路的一种自动切换电器，主要控制对象是电动机，也可用于其他电力负载、电热器、电照明、电焊机与电容器组等，具有操作频率高、使用寿命长、工作可靠、性能稳定、维护方便等优点，并具有低电压释放保护功能，因此被广泛应用。根据控制电流性质的不同，接触器分为交流接触器和直流接触器。

交流接触器常用于远距离、频繁地接通和分断额定电压至 1140V、电流至 630A 的交流电路。

1）外形、结构和符号。交流接触器主要由电磁机构、触点系统、灭弧装置和辅助部件组成，外形如图 5-6 所示，文字符号为 KM，如图 5-7 所示。

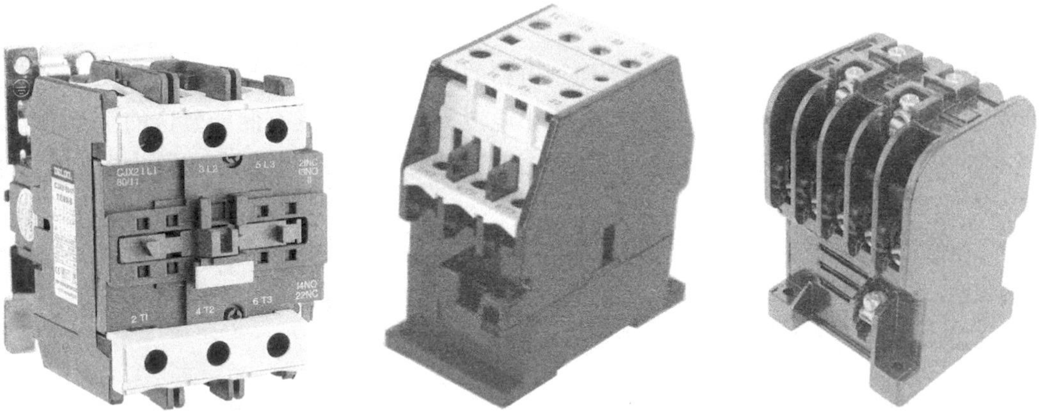

图 5-6　交流接触器外形

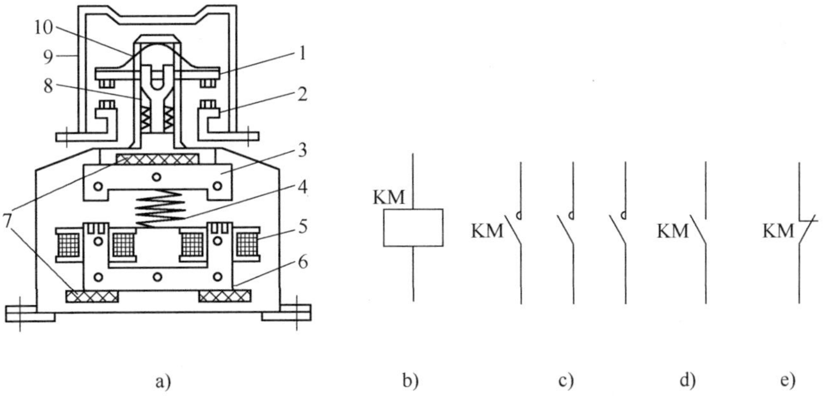

图 5-7　交流接触器结构及符号

a）结构　b）线圈　c）主触点　d）常开辅助触点　e）常闭辅助触点

1—动触点　2—静触点　3—衔铁　4—缓冲弹簧　5—电磁线圈　6—铁心

7—垫毡　8—触点弹簧　9—灭弧罩　10—触点压力簧片

2）交流接触器的工作原理。当线圈得电后，在铁心中产生磁通及电磁吸力，衔铁在电磁吸力的作用下吸向铁心，同时带动动触点移动，使常闭触点断开，常开触点闭合。当线圈失电或线圈两端电压显著降低时，电磁吸力小于弹簧反力，使得衔铁释放，触点机构复位，断开电路或解除互锁。

3）交流接触器的型号、选型。常用的交流接触器有CJ10、CJ12、CJ10X、CJ20、CJX2、3TB、3TD、LC1-D、LC2-D等系列。CJ10、CJ12系列为早期全国统一设计系列产品，目前仍在广泛使用。

为尽可能经济、安全地使用接触器，必须对控制对象的工作情况及接触器的性能有较全面的了解，选用时应根据具体使用条件主要考虑以下几个方面。

①根据负载性质选择接触器类型。

②额定电压应不小于主电路工作电压。

③额定电流应不小于被控电路额定电流，对于电动机负载还应根据其运行方式适当增减。

④吸引线圈的额定电压、频率与所控制电路的选用电压、频率相一致。

（4）按钮　按钮是一种手动接通或分断小电流控制电路、具有储能复位的主令电器，一般不直接控制主电路的通断，而是在控制电路中通过控制接触器、继电器等电器实现控制主电路通断的目的。

1）外形、结构及符号。按钮外形如图 5-8 所示。按钮由按钮帽、复位弹簧、桥式触点和外壳等组成，其结构如图 5-9 所示。触点采用桥式触点，触点额定电流为 5A 以下，分常开触点（动断触点）、常闭触点（动合触点）两种。

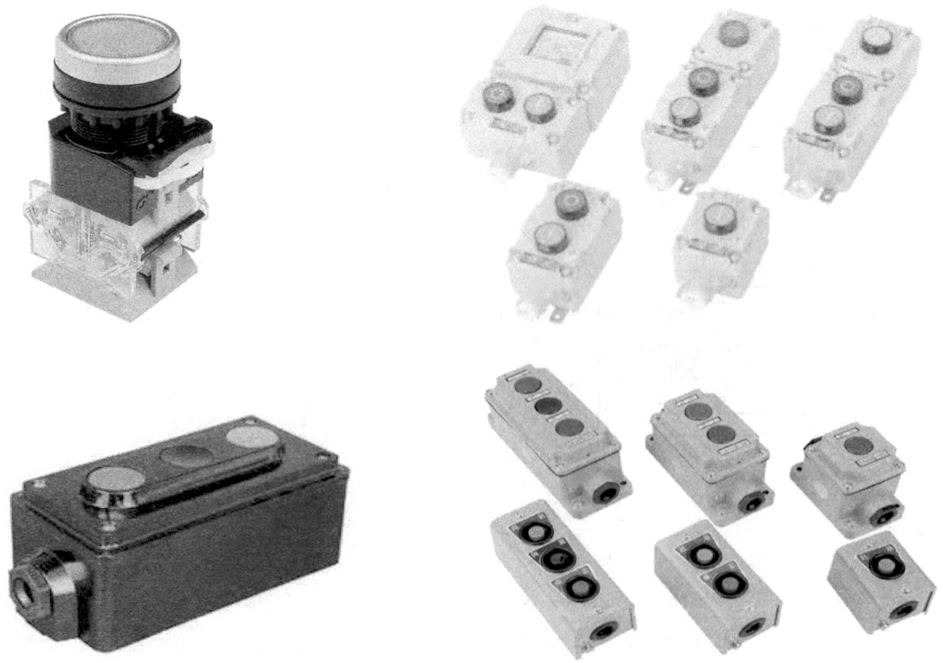

图 5-8　按钮外形

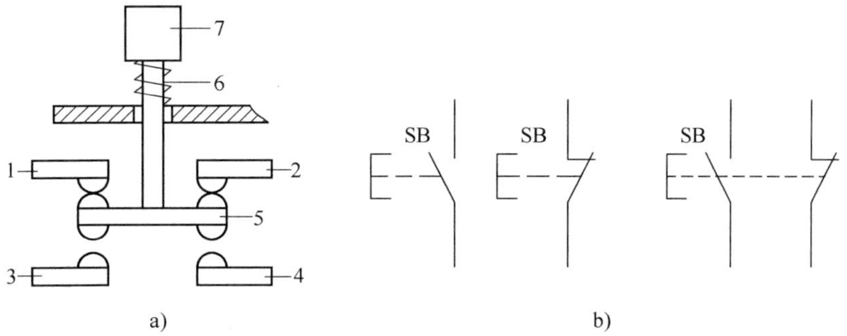

图 5-9　按钮结构及符号

a）结构示意图　　b）图形和文字符号

1、2—常闭触点　3、4—常开触点　5—桥式触点　6—复位弹簧　7—按钮帽

2）按钮的工作过程。按钮动作时，在外力作用下，常闭触点断开，常开触点闭合；按钮复位时，常开触点断开，常闭触点闭合。

2. 电气控制线路的绘制原则及标准

（1）电气控制系统图　电气控制线路是用导线将电动机、用电器、仪表等电器元件连接起来并实现某种要求的电气线路。电气控制系统图是用统一的工程语言，即工程图的形式表示电气控制线路的组成、工作原理、安装、调试及维修等技术要求的图形，一般有电气原理图、电器布置图、电气安装接线图三种。

在电气控制系统图中，为加强国际间交流，国家颁布了 GB/T 4728.1～2—2005《电气简图用图形符号》。各种电气元件的图形符号和文字符号必须符合统一的国家标准，各接线端子用字母数字符号标记，符合 GB/T 4026—2010《人机界面标志标识的基本和安全规则　设备端子和导体终端的标识》。

（2）电气原理图　电气原理图是根据控制线路图工作原理绘制的，具有结构简单、层次分明、便于研究和分析线路工作原理的特性。在电气原理图中只包括所有电气元件的导电部件和接线端点之间的相互关系，不按各电气元件的实际布置位置和实际接线情况来绘制，也不反映电气元件的大小。图 5-10 所示为电动机正反转电气原理图。

绘制电气原理图的基本规则如下：

1）电气原理图一般分为主电路和辅助电路两部分。主电路指从电源到电动机绕组的大电流通过的路径。辅助电路包括控制电路、照明电路、信号电路及保护电路等。通常主电路用粗实线表示，画在左边（或上部）；辅助电路用细实线表示，画在右边（或下部）。

2）各电气元件不画实际的外形图，而采用国家规定的统一标准来画，文字符号也采用国家标准。属于同一电器的线圈和触点，都采用同一文字符号表示。对同类型的电器，在同一电路中的表示可在文字符号后加注阿拉伯数字序号来区分。

3）各电气元件和部件在控制电路中的位置，应根据便于阅读的原则安排，同一电气元件的各部件根据需要可不画在一起，但文字符号要相同。

4）所有电器的触点状态，都应按没有通电和没有外力作用时的初始开、关状态画出。

5）无论是主电路还是控制电路，各电气元件一般按动作顺序从上到下、从左到右依次排列，可水平或垂直布置。

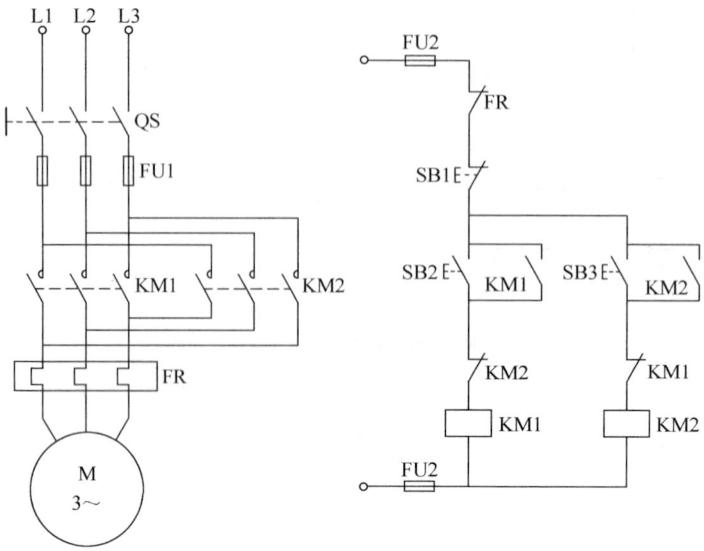

图 5-10 电动机正反转电气原理图

6）有直接电联系的交叉导线的连接点，要用黑圆点表示；无直接电联系的交叉导线，交叉处不能画黑圆点。

（3）电气元件布置图 电气元件布置图主要用来表明各种电气设备在机械设备上和电气控制柜中的实际安装位置，为机械电气控制设备的制造、安装、维护、维修提供必要的资料，图 5-11 所示为柴油机主控制柜内部电气元件布置图。

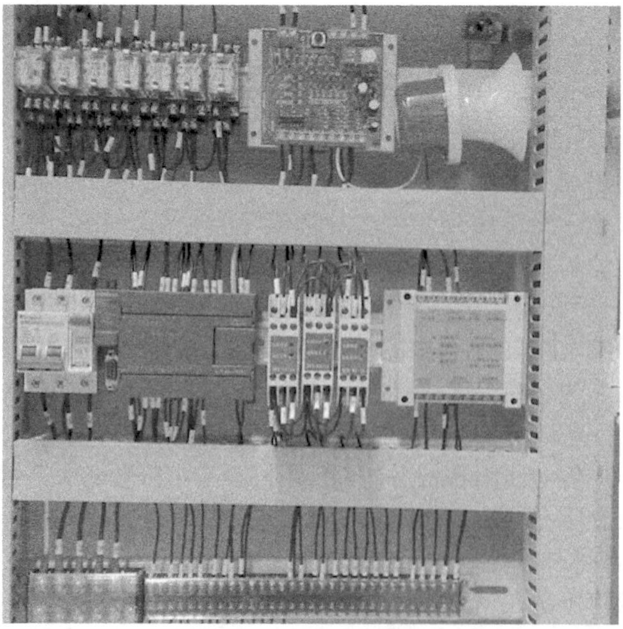

图 5-11 电气元件布置图

（4）电气安装接线图 电气安装接线图是依照电气元件的实际位置和实际接线绘制的，

根据电气元件布置最合理、连接导线最经济等原则来安排。图 5-12 所示为三相异步电动机正反转的安装接线图。

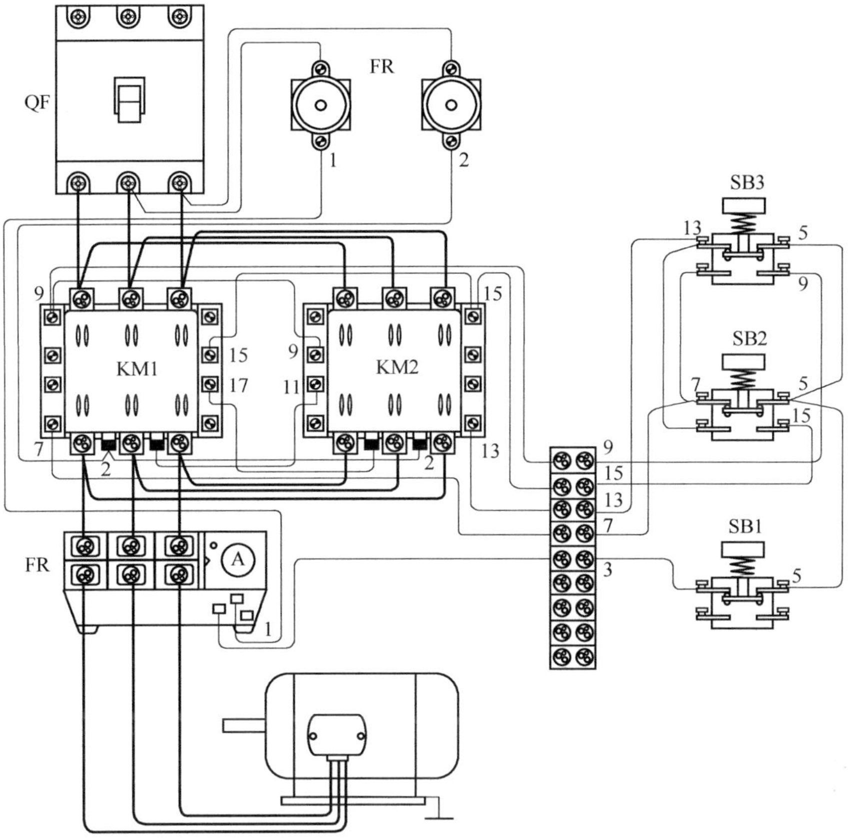

图 5-12　三相异步电动机正反转的安装接线图

3. 直接起动

直接起动控制是指用手动电器进行电动机直接起动控制，无须控制电路部分，适用于容量较小的电动机，简单易行。手动直接起动控制电路电气原理图如图 5-13 所示。

图 5-13a 所示为刀开关和熔断器手动直接起动控制电路。刀开关 QS 分断或闭合电路，熔断器 FU 实现短路保护。图 5-13b 所示为断路器手动直接起动控制电路。该电路还具有过载保护、短路保护及欠电压保护功能。

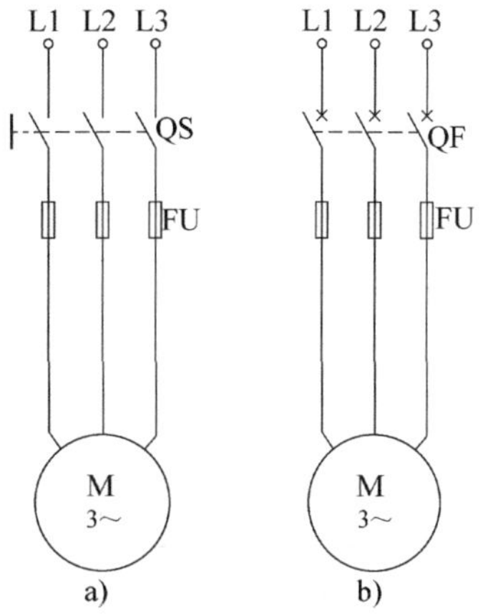

图 5-13　手动直接起动控制电路电气原理图

a）刀开关控制电路　b）断路器控制电路

实践操作

1. 原理图的识读与元器件的选择

（1）识读点动控制原理图　点动控制是指按下按钮，电动机通电运转；松开按钮，电动机断电停转。这种控制常用于电动葫芦的起重电动机控制和车床溜板箱的快速移动电动机控制。基本电动机点动控制电路如图 5-14 所示。

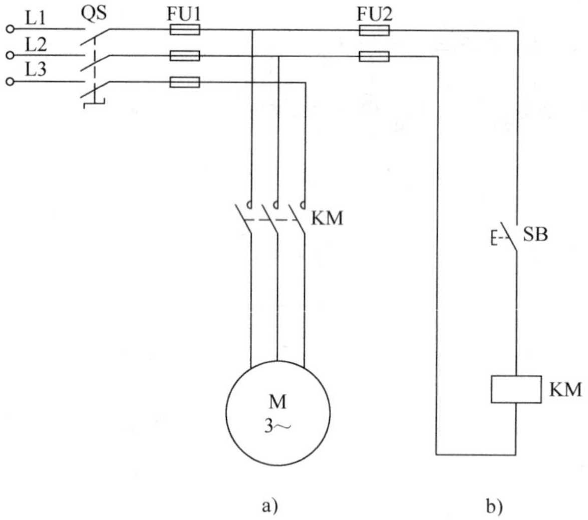

图 5-14　基本电动机点动控制电路

a）主电路　b）控制电路

（2）工作原理　当按下点动按钮 SB 时，接触器 KM 线圈通电，KM 主触点闭合，电动机 M 通电起动运行。当手松开按钮 SB 时，接触器 KM 线圈断电，KM 主触点断开，电动机 M 失电停机。

（3）选择元器件及耗材　根据点动控制要求，列出所需的元器件及耗材清单，见表 5-2。

表 5-2　元器件及耗材清单

名称	型号及要求	数量
三相断路器	DZ47-63，25A	1 个
熔断器	RT18-32X，380V/15A，配 1A 熔体	2 只
交流接触器	CJ20-10，380V/50Hz/10A	1 个
按钮	LAY7，380V/10A，AC15V	1 个
万用表	MF47 型	1 块
一字螺钉旋具	SX-210	1 把
十字螺钉旋具	SX-210	1 把
剥线钳	手动剥线钳 160mm	1 把
斜口钳	160mm	1 把
尖嘴钳	160mm	1 把
导线、插针	线径 1～1.5mm	适量

2. 电路的安装与检查

（1）对照点动控制原理图连接实物　点动控制电路的接线过程见表 5-3。

表 5-3　点动控制电路的接线过程

步骤	安装过程
1	教师指导，学生分小组讨论，分析、设计电气原理图
2	选配元件。列出元件清单，对配齐的电器元件逐一进行质量检测
3	按照工艺要求，制作导线。插针接触良好，防止漏电、压绝缘皮，长度适宜
4	切断电源，根据电气原理图先连接主电路，再连接控制电路
5	布局合理，将导线下到相应的导线槽中，做到横平竖直
6	电路接好后，认真检查线路连接是否正确，用万用表电阻档检测，防止因接线错误造成不能正常运转或短路事故。在此过程中可以先自查，再小组内互查，后教师检查
7	通电试车，如未能正常运行，再断电调试，直至正常起动运行。尽可能减少试车次数，提高准确率，安全生产
8	整理工具、电动机，整顿现场

小贴士

接线前先检测元件质量，再进行接线。规定按钮红色为停止控制，绿色为起动控制。安全使用电工工具，不能带电进行接线操作。接完电路应先调试控制回路后调试主回路。电动机金属外壳与实训柜的金属部分须可靠接地。

安装好的点动控制电路实物效果图如图 5-15 所示。

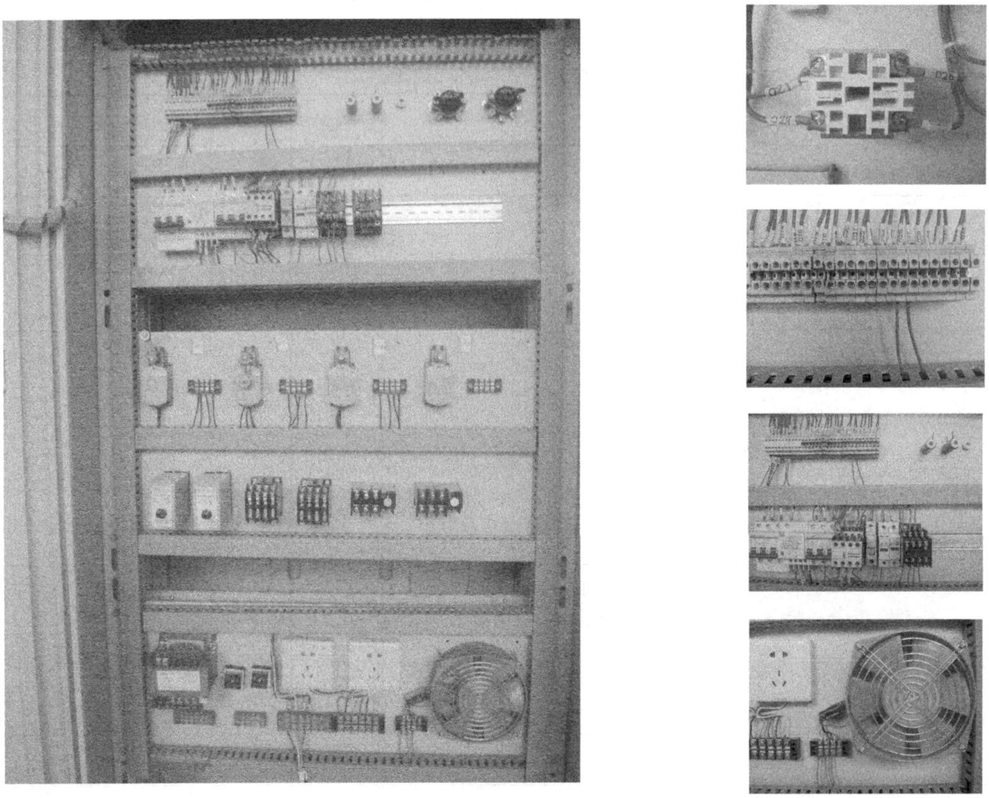

图 5-15　点动控制电路实物效果图

（2）电路的检查与故障排除　点动控制电路检查与故障排除过程见表 5-4。

表 5-4　点动控制电路检查与故障排除过程

步骤	故　障	排　除
1	电路进行空操作实验时，按下 SB 按钮后，接触器 KM 虽然能动作，但衔铁剧烈振动，发出严重噪声	经过万用表检查电路未见异常，电源电压正常。怀疑辅助电路熔断器 FU 接触不实，当接触器动作时，振动造成辅助电路时通时断，使接触器振动，或接触器电磁机构有故障造成振动。检查熔断器接触情况，保证熔管与插座接触良好，再发现振动如初，检查接触器电磁机构
2	电路空操作试验正常，带负载运行时，按下 SB 按钮发现电动机嗡嗡响，不能起动	可能是断相造成。用万用表检查各接线端子之间连接线有无异常，可能中间一极主触点接触不良

小贴士

所有端子的接线要整齐并防止虚接。拧螺钉时不要用力过猛，防止螺纹脱扣。实训柜金属外壳须可靠接地；在电路检测过程中，应先调试控制回路，后调试主回路。

考核评价

实训任务完成后，进行考核与评价，具体评分细则见表 5-5。

表 5-5　点动控制电路考核评价表

序号	评价内容	配分	自评	互评	教师评价
1	出勤情况：按时上课、下课，不迟到、不早退	10 分			
2	电工工具使用 1）利用万用表检测各元器件好坏 2）会测试常开、常闭触点 3）不损坏、丢失元器件和工具	10 分			
3	接线工艺 1）会正确选择按钮的触点 2）能够按照电气原理图连接实物 3）正确制作导线，不露铜、不压绝缘皮 4）正确接线，不错、漏、多接线 5）布线美观、整齐、合理 6）连接接地线	30 分			
4	通电试车：第一次通电试车若不成功，能自行分析原因，排除故障，反复调试，直至故障完全排除，尽可能减少试车次数	20 分			
5	安全文明生产 1）注意安全、文明生产、爱护公物 2）团队合作，和谐共进	10 分			
6	工时：按照规定时间，鼓励节省工时	10 分			
7	报告总结：实训报告完整、工整	10 分			

知识拓展

在实际应用中，生产机械在进行调整工作时也需点动控制。下面介绍另一种典型的点动控制，如图 5-16 所示：当按下 SB2 时实现电动机长动控制；当按下 SB3 时常闭触点先断开，自锁回路断开，实现点动控制；当按下 SB1 时电动机停转。

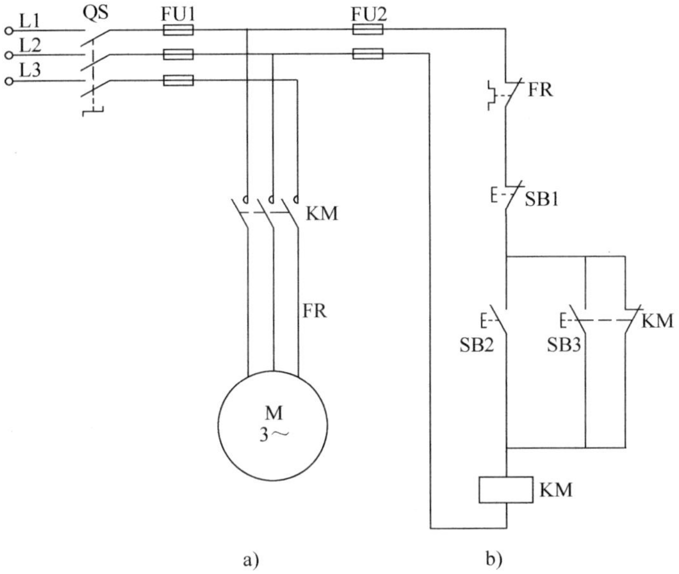

图 5-16　点动控制

a）主电路　b）控制电路

巩固与提高

1. 填空题

1）低压电器是指交流（　　）V、直流（　　）V 以下电路中的电器。

2）电气原理图中电器元件的文字符号 QS 代表（　　）、FU 代表（　　）、KM 代表（　　）、SB 代表（　　）、SQ 代表（　　）。

3）在安装刀开关时，手柄要向（　　）装，不得（　　）或（　　）；接线时，（　　）接在上端，下端接（　　）。

2. 选择题

1）低压开关一般是（　　）。

A. 自动切换开关　　B. 非自动切换开关

C. 半自动切换开关　　D. 自动控制电器

2）在电力拖动控制电路中用作过载保护的低压电器是（　　）。

A. 时间继电器　　B. 热继电器

C. 接触器　　D. 熔断器

3）熔断器的额定电流应（　　）所装熔体的电流。

A. 大于　　B. 大于或等于

C. 等于　　D. 小于

4）当交流接触器的线圈失电时，各触点的动作是（　　）。

A. 常开先断开　　B. 常开动作，常闭不动作

C. 常闭动作，常开不动作　　D. 常开先闭合

3. 简答题

1）低压断路器的用途是什么？低压断路器与刀开关的区别主要有哪些？

2）电气系统图主要有哪几种？各有什么作用和特点？

3）点动、长动在控制电路上的区别是什么？

任务2　连续运转控制电路的连接

任务目标

1. 熟练使用电工工具。
2. 认识热继电器的结构、符号、选型和用途。
3. 理解自锁的含义，掌握电路的保护环节。
4. 掌握连续运转控制的工作原理，会按照电气原理图连接实物图并合理布线，独立制作导线。
5. 会检测电路，能对出现的异常现象进行分析和处理。

任务要求

1. 讨论并制订工作计划。
2. 认识热继电器。
3. 理解连续运转控制的工作原理，并按照电气原理图连接实物。
4. 检测电路，如出现异常现象能分析并处理。
5. 整理任务实施报告。

注意事项

1. 熟记用电安全操作规程，熟记各电工工具的安全使用方法。
2. 各元件安装牢固，导线连接结实，无松动感。
3. 电动机和按钮等金属外壳必须可靠接地。
4. 先检测电路，排除故障后方可通电运行。
5. 安全文明操作。

实施流程

实施流程见表 5-6。

表 5-6　实施流程

序号	工作内容	教师活动	学生活动	学时
1	布置任务	下达任务书，组织小组讨论学习，指导小组分工	接受任务，明确工作内容 知道任务目标，明确组内分工	0.5
2	知识准备	讲解热继电器，解释自锁的含义，引导学生分析电路的保护环节；讲解连续运转控制电路的工作原理，演示连续运转控制电路的接线与布线过程	了解热继电器 掌握新概念，认识电路中的保护环节 理解连续运转的控制过程 思考接线过程	1
3	实践操作	讲解热继电器的使用，引导学生分析其保护过程及适用范围；讲解连续运转控制的工作原理，演示根据电气原理图安装接线的方法；启发学生了解其他多种控制方式，如顺序控制和多点控制；组织学生进行实物接线并巡视指导；对完成的实物接线进行检测，模拟故障点，分析并处理	分析连续运转控制的工作原理 按照原理图连接实物，并思考多种控制方式 对接完的电路进行检测，先小组内自查，再小组间互查，思考故障点，检测并排除故障，最后教师检查点评	2
4	考核评价	根据考核标准严格测评	了解自己的优势与不足，并改正缺点	0.5

知识准备

热继电器是利用电流的热效应原理来切断电路的一种自动电器。电动机在运行中常会遇到过载情况，但只要过载不严重，绕组不超过允许温升，过载就是允许的。但如果过载情况严重，时间长，就会加速电动机绝缘的老化，甚至烧毁电动机。热继电器就是防止电动机因过热而烧毁电动机的一种实现过载保护的保护电器。

1. 外形、结构及符号

热继电器的实物图如图 5-17 所示。热继电器主要由热元件、双金属片和触点组成，文字符号为 FR，如图 5-18 所示。

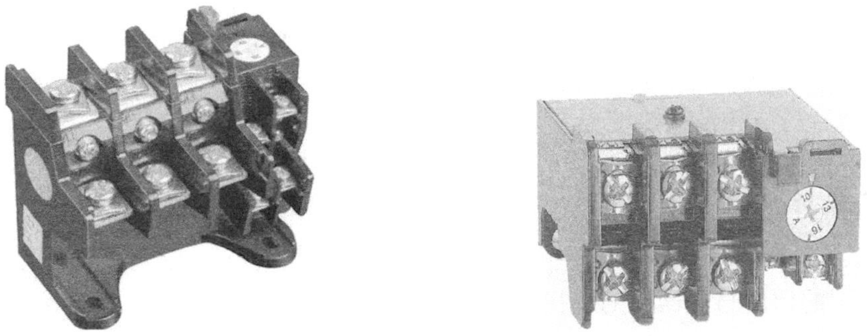

图 5-17　热继电器的实物图

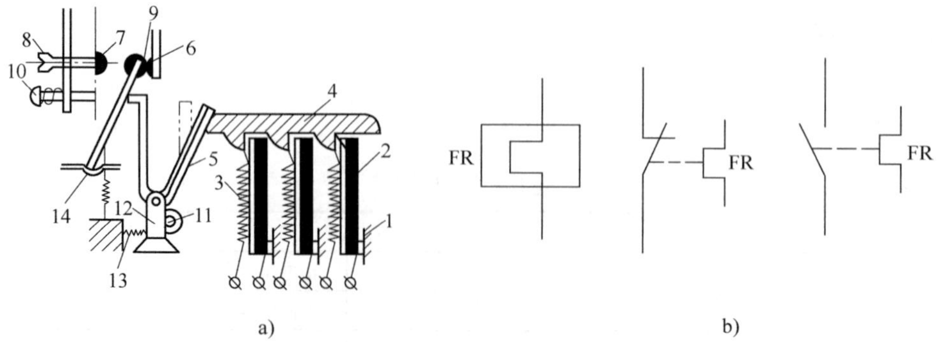

图 5-18 热继电器结构与符号

a）热继电器结构 b）符号

1—双金属片固定支点 2—双金属片 3—热元件 4—导板 5—补偿双金属片 6—常闭触点 7—常开触点 8—复位螺钉 9—动触点 10—复位按钮 11—调节旋钮 12—支撑 13—压簧 14—推杆

2. 热继电器的工作原理

图5-18a所示为热继电器的结构示意图。热元件由发热电阻丝做成。双金属片作为热继电器的感受机构，由两种线胀系数不同的金属制成，当双金属片受热膨胀时，会产生形变。应用时，将热元件串接于主电路中，常闭触点串接于控制电路中。电动机正常运行时产生的热量使双金属片弯曲变形的程度不足以使热继电器触点动作。当电动机过载时，双金属片弯曲形变增大，推动导板使常闭触点断开，切断电动机控制回路，实现过载保护。

双金属片动作后经一定时间冷却，可自动或手动复位。动作电流可通过旋转凸轮旋钮的位置来调节。

3. 选用

1)根据保护电动机的额定电流来选择热继电器规格。一般热继电器的额定电流略大于电动机的额定电流。

2)根据整定电流值选择热元件的编号和电流等级。一般热继电器的整定电流应为电动机额定电流的 0.95～1.5 倍。

3)根据电动机定子绕组的连接方式选择热继电器的结构形式。一般电动机的定子绕组做Y联结时，选用普通三相结构的热继电器；做△联结时，选用带断相保护装置的三相结构热继电器。

实践操作

1. 原理图的识读与元器件的选择

(1) 识读连续运转控制原理图 连续运转控制电路的电气原理图如图 5-19 所示。它由接触器控制

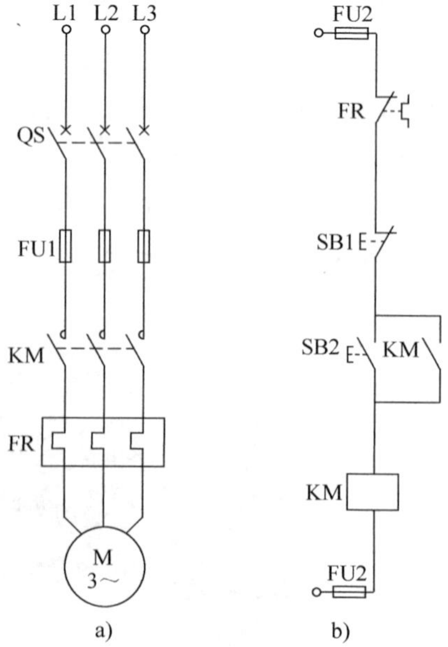

图 5-19 连续运转控制电路的电气原理图

a）主电路 b）控制电路

电动机单方向连续运转。

（2）工作原理 合上QS，引入三相电源。按下按钮SB2，接触器KM线圈通电，接触器主触点闭合，电动机接通电源起动运转，同时与SB2并联的KM常开触点闭合，使接触器的线圈经两条路径通电。这样，当SB2复位时，接触器KM的线圈可通过KM辅助触点仍然通电，从而保持电动机的连续运转。这种依靠接触器自身辅助触点而使其线圈保持通电的现象称为自锁（或自保）。起自锁作用的辅助触点称为自锁触点。

当按下按钮SB1时，控制电路断开，KM线圈断电释放，KM主触点将三相电源切断，电动机停止运转。

（3）保护环节

1）欠电压、失电压保护是由接触器的工作原理决定的。欠电压是指线路电压低于电动机应加的额定电压。欠电压保护是指当线路电压下降到某一数值时，电动机能自动脱离电源而停转，避免电动机在欠电压下运行而发生过载的一种保护。失电压保护是指电动机在正常运行中，由于外界某种原因引起突然断电时，能自动切断电动机电源；当重新供电时，保证电动机不能自行起动，从而保护人身和设备安全。

2）热继电器FR具有过载保护作用。它的发热元件串联在电动机主电路中，常闭触点串联在控制电路中。电动机过载时，流过热继电器中发热元件的电流增大，通过内部机构使触点动作。

3）熔断器FU1、FU2具有短路保护作用。

（4）选择元器件及耗材 根据连续运转控制要求，列出所需的元器件及耗材清单，见表5-7。

表5-7 元器件及耗材清单

名称	型号及要求	数量
三相断路器	DZ47-63，25A	1只
熔断器	RT18-32X，380V/15A，配1A熔体	2只
交流接触器	CJ20-10，380V/50Hz/10A	1只
热继电器	JR36-20，380V/0.47A，脱扣10A	1只
按钮	LAY7，380V/10A，AC15V	2个
万用表	MF47型	1块
一字螺钉旋具	SX-210	1把
十字螺钉旋具	SX-210	1把
剥线钳	手动剥线钳160mm	1把
斜口钳	160mm	1把
尖嘴钳	160mm	1把
导线、插针	线径1～1.5mm	适量

2. 电路的安装与检查

1）对照连续运转控制原理图安装元器件。连续运转控制电路的安装过程见表5-8。

表 5-8　连续运转控制电路的安装过程

步骤	安装过程
1	认识热继电器，会检测、使用热继电器
2	教师指导，学生分小组讨论，分析、理解连续运转工作原理图
3	选配元件。列出元件清单，对配齐的元件逐一进行质量检测
4	按照工艺要求制作导线。插针接触良好，防止漏电、压绝缘皮，长度适宜
5	切断电源，根据电气原理图先连接主电路，再连接控制电路
6	布局合理，将导线下到相应的导线槽中，做到横平竖直
7	线路接好后，认真检查线路连接是否正确，用万用表电阻档检测，防止因接线错误造成不能正常运转或短路事故。此过程可以先自查，再小组内互查
8	通电试车，如未能正常运行，再断电调试，直至正常起动运行。尽可能减少试车次数，提高准确率，安全生产
9	整理工具，整顿现场

安装好的连续运转控制电路实物接线效果如图 5-20 所示。

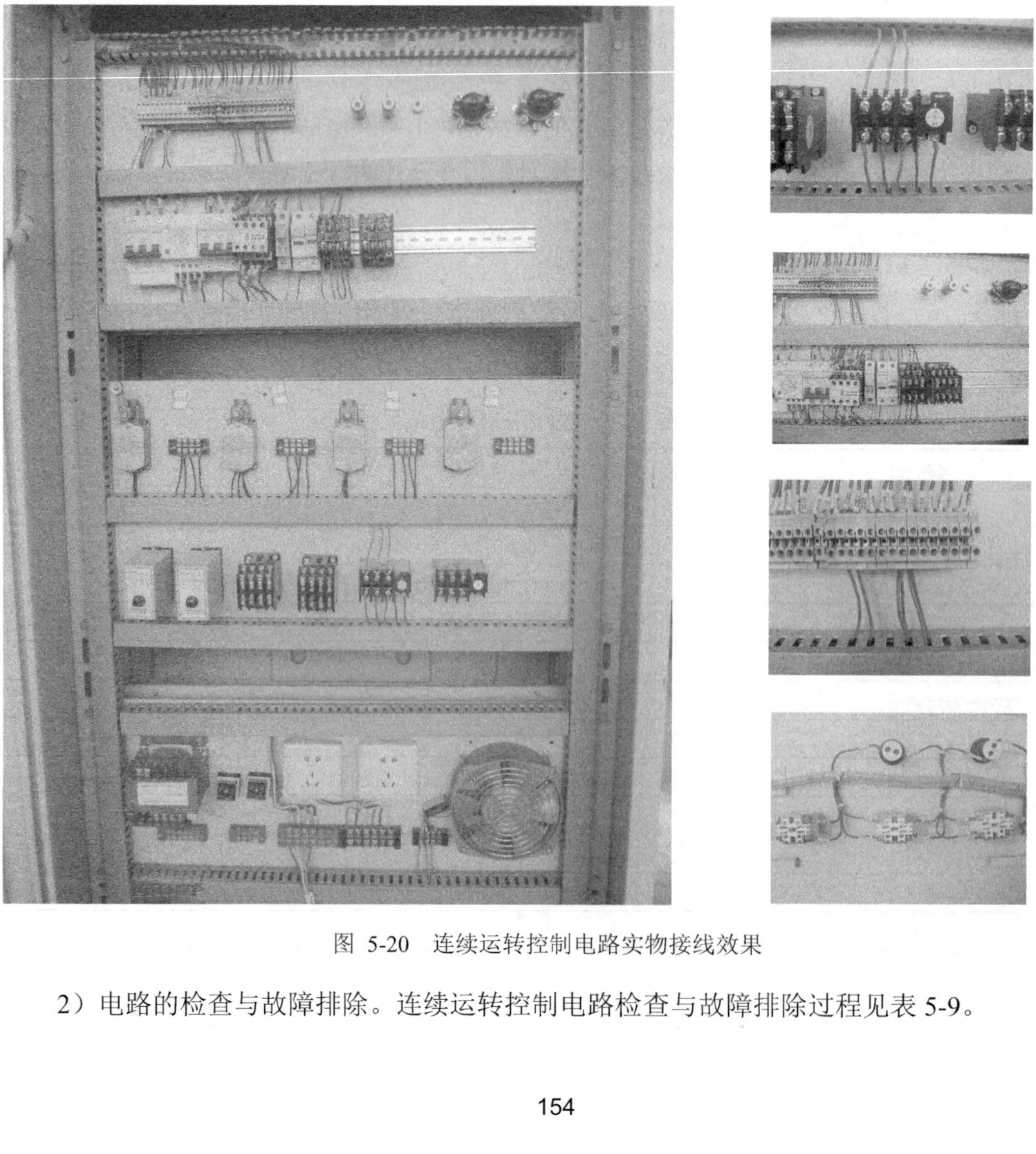

图 5-20　连续运转控制电路实物接线效果

2）电路的检查与故障排除。连续运转控制电路检查与故障排除过程见表 5-9。

表 5-9　连续运转控制电路检查与故障排除过程

步骤	故　障	排　除
1	电动机无法起动运转	熔断器内未安装熔管，或检测线路都无误的情况下，用万用表逐一检测各元器件的使用，有可能是接到同一个 SB 的常开和常闭触点上，而没利用两个 SB 按钮
2	电动机无法连续运转，按钮松开即停转	检查控制电路，自锁触点可能接触不良
3	用万用表检测电路时指针读数没有明显变化	用万用表测线路通断时，应调至电阻档或蜂鸣档

小贴士

在安装连续运转控制电路时，要安全使用电工工具。先检测元件质量，再进行接线。接线时要断电操作，实训柜须可靠接地。万用表使用电阻档时，每次更换量程都要先调零。在电路检测过程中，应先调试控制回路后调试主回路。

考核评价

实训任务完成后进行考核与评价，具体评分细则见表 5-10。

表 5-10　连续运转控制电路考核评价表

序号	评价内容	配分	自评	互评	教师评价
1	出勤情况：按时上课、下课，不迟到、不早退	10 分			
2	电工工具使用 1）利用万用表检测各元器件好坏 2）会测试常开、常闭触点 3）不损坏、丢失元器件和工具	10 分			
3	接线工艺 1）会正确选择按钮和接触器的触点 2）工作原理理解程度：能够按照电气原理图连接实物 3）正确制作导线，不露铜、不压绝缘皮 4）正确接线，不错接、漏接、多接线 5）布线美观、整齐、合理 6）连接接地线	30 分			
4	通电试车：第一次通电试车若不成功，能自行分析原因，排除故障，反复调试，直至故障完全排除，尽可能减少试车次数	20 分			
5	安全文明生产 1）注意安全、文明生产、爱护公物 2）团队合作，和谐共进	10 分			
6	工时：按照规定时间，鼓励节省工时	10 分			
7	报告总结：实训报告完整、工整	10 分			

知识准备

多机拖动系统中，各电动机所起的作用是不同的，有时需按一定的顺序起动，才能保证操作过程的合理性和工作的安全可靠。

1. 顺序控制

指一台电动机起动后另一台电动机才能起动的控制方式。如铣床要求主轴电动机起动后，进给电动机才能起动。图 5-21 所示为电动机顺序控制电路。

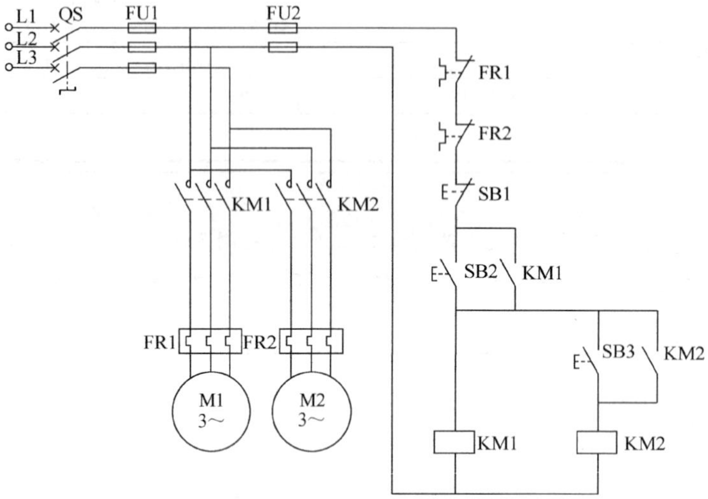

图 5-21　电动机顺序控制电路

电动机 M2 的控制电路并联在接触器 KM1 线圈两端，与 KM1 自锁触点串联，使得 KM1 得电吸合，电动机 M1 起动后，KM2 线圈才能得电，M2 才能起动，实现先 M1 后 M2 的顺序控制。停机时同时停。

2. 多点控制

纺织厂工人操作设备即为多点控制。图 5-22 所示为多点控制电路。

合上电源开关 QS，按下按钮 SB3 或 SB4，接触器 KM 都能通电并自锁，其主触点 KM 闭合，电动机 M 起动，KM 常开辅助触点闭合，实现自锁。按下按钮 SB1 或 SB2，接触器 KM 都能失电，电动机可以随时停止。

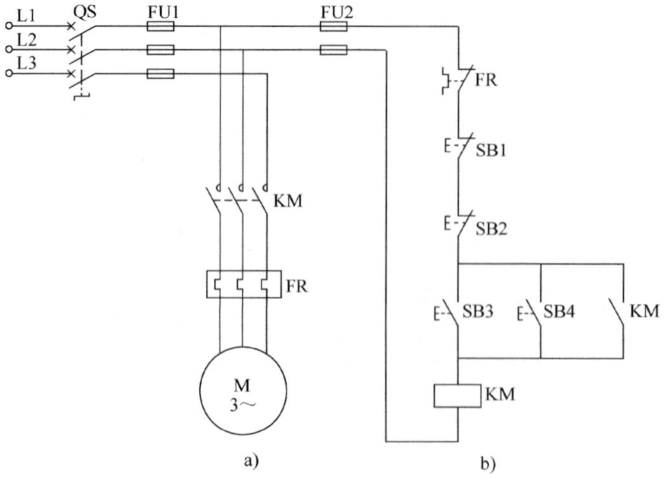

图 5-22　多点控制电路

a）主电路　b）控制电路

巩固与提高

1. 填空题

1）熔断器在使用时，应（　　）在所保护的电路中，作为（　　）保护。

2）按钮是一种（　　）操作接通或分断（　　）控制电路，具有（　　）的一种控制开关。

3）交流接触器主要由（　　）、（　　）、（　　）和（　　）组成。

2. 选择题

1）低压断路器中的电磁脱扣器起（　　）的作用。

A. 欠电压保护　　B. 短路保护

C. 过载保护　　D. 断相保护

2）交流接触器中，短路环的作用是（　　）。

A. 增大铁心中的磁通　　B. 熄灭电弧

C. 削弱铁心中的磁通　　D. 消除铁心振动和噪声

3） 热继电器的热元件应（　　）。

A. 串联在主电路中　　B. 并联在主电路中

C. 串联在控制电路中　　D. 并联在控制电路中

4）一台电动机起动后另一台电动机才能起动的控制方式是（　　）。

A. 自锁控制　　B. 位置控制

C. 互锁控制　　D. 顺序控制

3. 简答题

1）在电动机控制电路中，熔断器和热继电器的作用是什么？它们可以互相代替吗？

2）失电压与欠电压保护有何区别？采用什么元件能实现失电压和欠电压保护？

任务 3　接触器互锁的正反转控制电路的连接

任务目标

1. 了解电动机正反转的应用。
2. 理解电动机正反转的原理，掌握接触器互锁电动机正反转控制电路的工作原理。
3. 掌握倒顺开关的结构及作用。
4. 学会按图装接正反转电路。
5. 培养识图能力以及比较分析和归纳总结的能力。
6. 培养综合分析电路的能力及依据电路排除故障的能力。
7. 培养学生养成严谨认真的职业习惯。

任务要求

1. 掌握电动机正反转的原理。
2. 掌握接触器换相的方法。
3. 理解接触器互锁的意义。
4. 掌握接触器互锁电动机正反转控制电路的工作原理。
5. 依据电路图熟练组装电路并进行故障分析。
6. 了解其他正反转的控制方法。
7. 整理任务实施报告。

注意事项

1. 熟记用电安全操作规程。
2. 接线符合工艺要求，元件安装牢固、无松动，接地可靠。
3. 试车要在教师的允许及监督下进行，要安全文明操作。
4. KM1 和 KM2 线圈不能同时通电，否则易引起主回路电源短路。

实施流程

实施流程见表 5-11。

表 5-11　实施流程

序号	工作内容	教师活动	学生活动	学时
1	布置任务	下达任务书，组织小组讨论学习，指导小组分工	接受任务，明确工作内容 知道任务目标，明确组内分工	0.5
2	知识准备	讲解互锁的含义。讲解接触器互锁的正反转控制工作原理；讲解接触器互锁正反转控制的接线、布线及工艺要求；列举电路常见故障的分析与排除方法	思考互锁的意义和作用 理解工作原理 思考接线过程 寻找故障点，检测排除故障	2
3	实践操作	讲解接触器互锁的正反转控制工作原理，结合原理分析互锁的意义，引导学生分析；讲解接触器互锁的正反转控制工作原理，演示根据电气原理图安装接线的方法；启发学生了解其他正反转控制方法；组织学生进行实物接线并巡视指导；组织学生对完成的实物接线进行检测，模拟故障点，分析并排除故障	分析接触器互锁的正反转控制工作原理 按照原理图连接实物，对接完的电路进行检测，排除常见故障，先小组内自查，再小组间互查，最后教师检查点评	3
4	考核评价	根据考核标准严格测评	了解自己的优势与不足并改正缺点	0.5

知识准备

1. 实现正反转的方式

三相异步电动机的定子绕组通入三相交流电会产生旋转磁场。磁场的旋转方向取决于三相交流电的相序，改变相序就能改变磁场旋转的方向，从而改变电动机的转向。为此，将接至交流电动机的三相交流电源进线中的任意两相对调，电动机就可以反转。

2. 互锁

（1）定义　互锁是指在正反转控制电路中，为防止同时起动造成电路短路，而将用电器的常闭触点串联在另一条控制电路中，当控制电路电器的常开触点接通时，由于联动关系（常开与常闭），常闭触点自动切断另一条控制电路，从而避免短路事故的发生。即在一只接触器得电动作时，通过其常闭辅助触点使另一只接触器不能得电动作的作用称为连锁（或互锁）。

（2）接触器互锁　将接触器的一对常闭辅助触点串联在另一只接触器线圈电路中，使两只接触器不能同时得电动作，接触器间这种相互制约的作用称为接触器互锁（或连锁），实现互锁作用的常闭辅助触点称为互锁触点（或连锁触点）。接触器互锁也称电气互锁。

实践操作

1. 原理图的识读与元器件的选择

（1）识读接触器互锁的正反转控制原理图　接触器互锁的正反转控制电路原理图如图 5-23 所示，电路中采用了两只接触器，即正转用的接触器 KM1 和反转用的接触器 KM2，它们分别由正转按钮 SB2 和反转按钮 SB3 控制。从主电路图中可以看出，这两只接触器的主触点（进线端）与电源相连的相序不同，KM1 按 L1—L2—L3 相序接线，KM2 则按 L3—L2—L1 相序接线。其控制电路有两条：一条是由按钮 SB2 和 KM1 线圈等组成的正转控制电路，另一条是由按钮 SB3 和 KM2 线圈等组成的反转控制电路。另外，主电路中的 FR 做过载保护，熔断器 FU1、FU2 做短路保护，SB1 为停车按钮。

（2）工作原理　接触器互锁电动机正反转控制电路，电动机从正转变为反转时，必须先按下停止按钮，才能按反转起动按钮。否则，由于接触器的互锁作用，不能实现反转控制。由此可见：接触器互锁的电路优点是安全可靠，缺点是操作不方便。

1）正转时，合上电源开关 QS，按下 SB2，KM1 线圈得电，KM1 主触点闭合，电动机起动运转，同时 KM1 自锁触点闭合，实现 KM1 自锁，KM1 常闭触点断开，实现对 KM2 线圈的互锁。

2）按下停止按钮 SB1，控制电路失电，KM1 和 KM2 线圈失电，同时主触点断开，电动机失电停转。

3）反转时，按下 SB3，KM2 线圈得电，KM2 主触点闭合，电动机反转起动运转，同时 KM2 自锁触点闭合，实现自锁，KM2 的常闭触点断开，实现互锁。

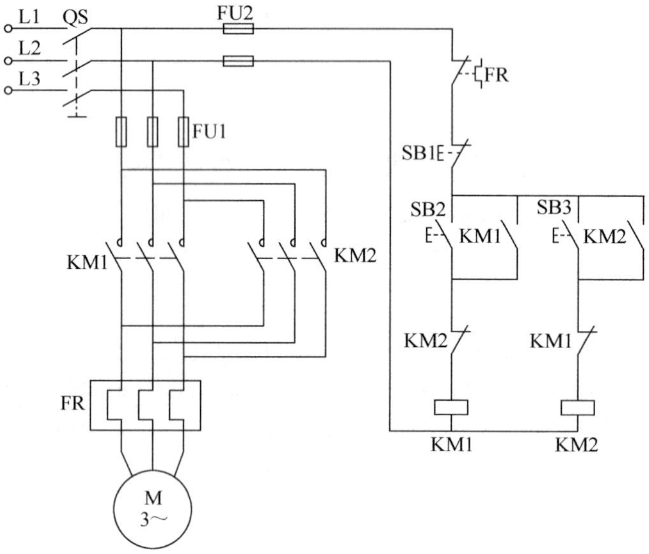

图 5-23 接触器互锁的正反转控制电路原理图

（3）选择元器件及耗材 根据接触器互锁的正反转控制要求，列出所需的元器件及耗材清单，见表 5-12。

表 5-12 元器件及耗材清单

名 称	型号及要求	数 量
仪器照明单/三相交流电动机控制考核实训柜（含三相电源）	XK_SX1A	1 个
低压断路器	DZ47LE-32	1 只
交流接触器	CJ20-16/380V	2 只
热继电器	JR16-20/3	1 只
熔断器	RT18-32	3 只
三相异步电动机	Y80M1-2，0.75W	1 台
按钮	LAY7，380V/10A，AC15V	3 个
万用表	MF47 型	1 块
一字螺钉旋具	SX-210	1 把
十字螺钉旋具	SX-210	1 把
剥线钳	手动剥线钳 160mm	1 把
斜口钳	160mm	1 把
尖嘴钳	160mm	1 把
导线（四种颜色）、插针	线径 1～1.5mm	适量

2. 电路的安装与检查

1）对照接触器互锁的正反转控制原理图连接实物电路的安装过程见表 5-13。

表 5-13　接触器互锁正反转控制电路的安装过程

步骤	安装过程
1	教师指导，学生分小组讨论，分析、理解工作原理图
2	按照工艺要求制作导线。插针接触良好，防止漏电、压绝缘皮，长度适宜
3	按元件明细表将所需器材配齐，并用万用表检验元件质量。将元器件固定在实训柜里适当的位置，安装要牢固，不得松动
4	切断电源，根据电气原理图，先连接主电路，再连接控制电路
5	布局合理，将导线下到相应的导线槽中
6	线路接好后，认真检查线路连接是否正确。先检测控制电路，看时间继电器、接触器的动作是否正确，再检测主回路。此过程可以先自查，再小组内互查
7	通电试车，如未能正常运行，再断电调试，直至正常起动运行。尽可能减少试车次数，提高准确率，安全生产
8	整理工具、电动机，整顿现场

小贴士

在安装接触器互锁的正反转控制电路时，注意安全使用电工工具和万用表，接线时要断电操作。必须经教师检查无误后方可通电运行，试车时要按规程操作，KM1 和 KM2 线圈不能同时通电，否则易引起主电路电源短路。

安装好的接触器互锁正反转控制电路的实物接线图如图 5-24 所示。

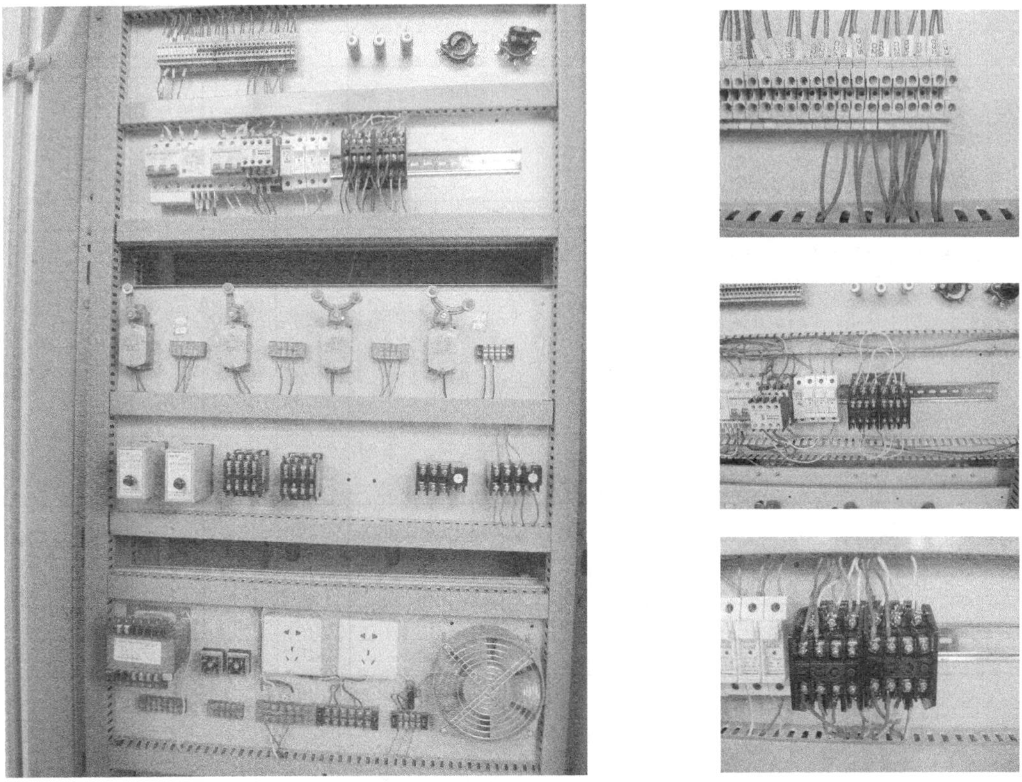

图 5-24　接触器互锁正反转控制电路的实物接线图

2）电路的检查与故障排除。接触器互锁正反转控制电路的检查与故障排除过程见表5-14。

表5-14 接触器互锁正反转控制电路的检查与故障排除过程

步骤	故障	排除
1	交流接触器已经接通电源，但是不吸合	用万用表检测接触器线圈是否存在断路现象，或检查电源电压是否达到额定电压的70%以上
2	电动机正转正常，无反转，线圈吸合均正常	KM2的主电路回路中V相线路或触点损坏，可能到FR有断路
3	电动机正反转都正常，接触器线圈均吸合但电动机无法停止	用万用表检查控制回路中的SB1触点上下接线，可能有短路现象

小贴士

在电路检测过程中，应先调试控制回路，后调试主回路。

考核评价

实训任务完成后进行考核与评价，具体评分细则见表5-15。

表5-15 接触器互锁正反转控制电路的考核评价表

序号	评价内容	配分	自评	互评	教师评价
1	出勤情况：按时上课、下课，不迟到、不早退	10分			
2	电工工具使用 1）利用万用表检测各元器件的好坏 2）会测试常开、常闭触点 3）不损坏、丢失元器件和工具	10分			
3	接线工艺 1）会利用万用表正确选择热继电器、交流接触器的触点 2）能够按照电气原理图连接实物 3）正确制作导线，不露铜、不压绝缘皮 4）正确接线，不错接、漏接或多接线 5）布线美观、整齐、合理 6）连接接地线	30分			
4	通电试车：第一次通电试车若不成功，能自行分析原因，排除故障，反复调试，直至故障完全排除，尽可能减少试车次数	20分			
5	安全文明生产 1）注意安全、文明生产、爱护公物 2）团队合作，和谐共进	10分			
6	工时：按照规定时间，鼓励节省工时	10分			
7	报告总结：实训报告完整、工整	10分			

知识拓展

倒顺开关又称为转换开关，其作用是连通、断开电源或负载，可以使电动机正转或反转。

倒顺开关主要用于三相小功率电动机做正反转用，它是一种电气元件，但不能作为自动化元件，图 5-25 所示为其实物图和工作原理图。

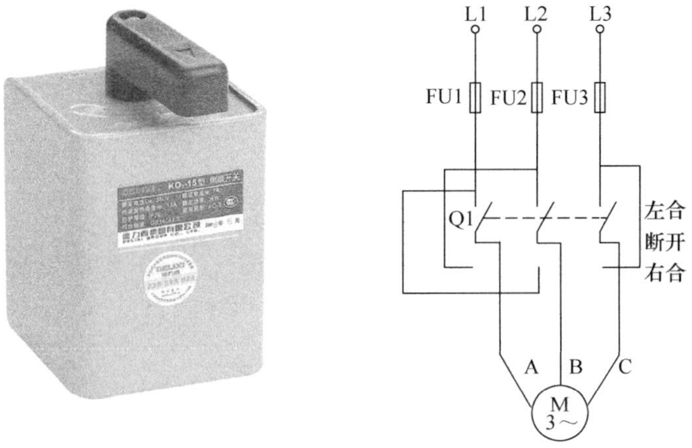

a)　　b)

图 5-25　倒顺开关

a）实物　b）工作原理

由电动机正反转原理可知：三相电源提供一个旋转磁场，使三相电动机转动。由于三相电源的接法不同，磁场的旋转方向也就有顺时针方向和逆时针方向。所以，只要将电动机电源的任意两相相序进行改变，即可达到改变电动机转向的目的。例如，将原来的相序 A、B、C 改变为 A、C、B 或 C、B、A，即可改变电动机的转向。

图 5-26 所示为倒顺开关的实物接线图，一般倒顺开关有两排六个端子，调相是通过中间触点换向接触实现的。如将倒顺开关的手柄往左扳，出线是 A-B-C，此时电动机的转动方向设为正转，则将手柄扳到中间， 开关的两组动触片都不与静触片接触，电路不通，A-B-C 全部断开，处于关的状态；将手柄往右扳，出线是 A-C-B，电动机的转动方向就与往左扳时相反，即电动机反转。

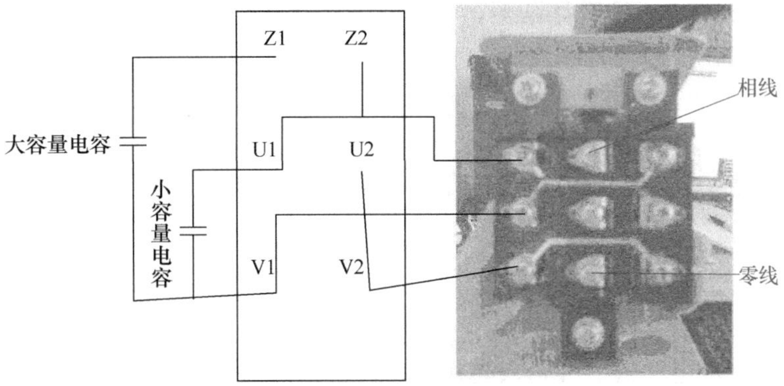

图 5-26　倒顺开关实物接线图

倒顺开关正反转控制电路虽然使用电器较少，电路比较简单，但它是一种手动控制电路。在频繁换向时，操作人员劳动强度大，操作安全性差，所以这种电路一般用于控制额定电流10A、功率 3kW 及以下的小容量电动机。

巩固与提高

1. 填空题

1）热继电器的常闭触点串联在电动机的（　　）电路中。

2）在控制电路电气原理图中，各电器的触点都按（　　）时的正常状态画出。

2. 选择题

1）当交流接触器的线圈失电时，各触点的动作是（　　）。

A. 常开触点先断开　　B. 常开触点动作，常闭触点不动作

C. 常闭触点动作，常开触点不动作　　D. 常开触点先闭合

2）两只接触器控制的互锁保护一般采用（　　）。

A. 串联对方控制电路的常开触点　　B. 串联对方控制电路的常闭触点

C. 串联自己的常开触点　　D. 串联自己的常闭触点

3）电气互锁的作用是（　　）。

A. 增加控制电路动作的速度　　B. 维持电动机长动

C.防止两只接触器同时得电动作　　D. 防止电动机出现点动

4）操作接触器互锁正反转控制电路时，要使电动机从正转变为反转，正确的方法是（　　）。

A. 可以直接按下反转起动按钮

B. 可以直接按下正转起动按钮

C. 必须先按下停止按钮，再按下反转起动按钮

D. 上述三种方法都可以

3. 简答题

1）正反转控制电路为什么要互锁？

2）电动机主电路中已装有熔断器，为什么还要装热继电器？它们的作用是否相同？

3）欲使电动机反转，为什么要把倒顺开关手柄扳到“停止”位置使电动机停转后，才能将手柄扳到“反转”位置？若直接扳到“反转”位置，会造成什么后果？

任务4　按钮互锁的正反转控制电路的连接

任务目标

1. 理解三相异步电动机三种正反转控制电路的渐进过程。
2. 掌握按钮互锁电动机正反转控制电路的工作原理；会按图装接正反转控制电路。
3. 培养学生的识图能力以及比较分析和归纳总结的能力。

4. 培养学生运行调试电路的能力。

任务要求

1. 理解按钮互锁的意义。
2. 掌握按钮互锁电动机正反转控制电路的工作原理。
3. 熟练分析和归纳总结电路的优、缺点，以达到逐步完善、创新的目的。
4. 熟练组装按钮互锁正反转控制电路，并能进行故障分析。
5. 归纳三种电路的特点。
6. 养成严谨认真的职业态度及安全文明生产的习惯。

注意事项

1. 熟记用电安全操作规程。
2. 接线符合工艺要求，元件安装牢固、无松动，接地可靠。
3. 试车时要在教师的允许及监督下进行，要安全文明操作。

实施流程

实施流程见表 5-16。

表 5-16　实施流程

序号	工作内容	教师活动	学生活动	学时
1	布置任务	下达任务书，组织小组讨论学习，指导小组分工	接受任务，明确工作内容	0.5
			知道任务目标，明确组内分工	
2	知识准备	讲解按钮互锁的含义，讲解按钮互锁的正反转控制的工作原理。根据原理图分析判断控制电路简单故障并排除	认识时间继电器	2
			理解工作原理	
			思考接线过程，查找故障点，检测排除故障	
3	实践操作	讲解按钮互锁的意义。讲解按钮互锁的正反转控制的工作原理，演示电气原理图安装接线过程；启发学生思考其他实现正反转控制的方法；组织学生进行实物接线并巡视指导；对完成的实物接线进行检测，模拟故障点，分析并排除	思考复合按钮在电路中的作用	3
			按照原理图连接实物，对接完的电路进行检测，排除常见故障	
			先小组内自查，再小组间互查，最后教师检查点评	
4	考核评价	根据考核标准严格测评	了解自己的优势与不足并改正缺点	0.5

知识准备

1. 按钮互锁的定义

在电路中将按钮动断触点接入对方的线圈回路中，这样只要按下按钮就自然切断了对方的线圈回路，从而实现互锁，这种互锁为按钮互锁或机械互锁。

2. 互锁的种类

1）接触器互锁：将接触器的一对常闭辅助触点串联在另一只接触器线圈的电路中，使两只接触器不能同时得电动作，接触器间这种相互制约的作用称为接触器互锁（或连锁），又称电气互锁。实现互锁作用的常闭辅助触点称为互锁触点（或连锁触点）。

2）按钮互锁：将按钮的一对常闭辅助触点串联在另一只接触器线圈的电路中，使两只接触器不能同时得电动作，按钮间这种相互制约的作用称为按钮互锁，又称机械互锁。

3）双重互锁：将按钮和接触器的一对常闭辅助触点都串联在另一只接触器线圈的电路中，使两只接触器不能同时得电动作，这种既有接触器互锁，又有按钮间相互制约的作用称为双重互锁。

实践操作

1. 原理图的识读与元器件的选择

（1）识读按钮互锁正反转控制电路的原理图　电路工作原理如下：按下启动按钮 SB2，接触器 KM1 线圈通电并自锁，KM1 主触点闭合，电动机通电正转起动运行。此时，若按下按钮 SB3，接触器 KM1 断电，KM2 通电自锁，KM2 主触点闭合，电动机电源相序改变，电动机反向旋转。按下停止按钮 SB1，此时无论电动机是正转还是反转，KM1、KM2 都断电，电动机停止旋转，如图 5-27 所示。

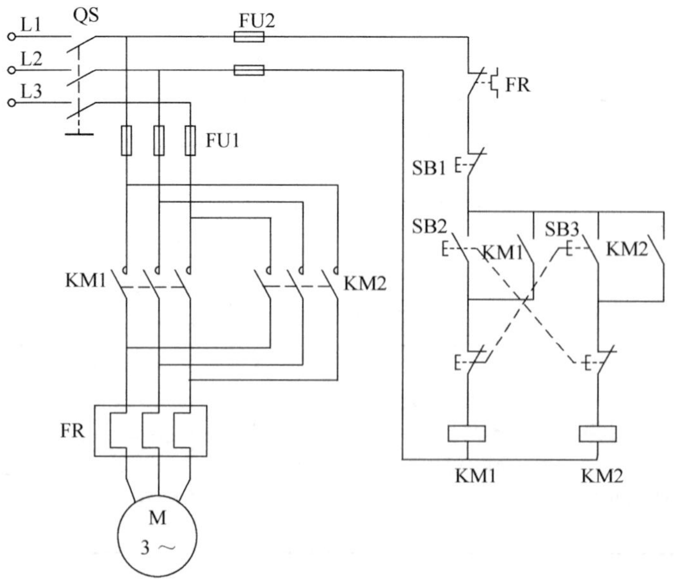

图 5-27　按钮互锁正反转控制电路的原理图

按钮互锁正反转控制电路将正转起动按钮和反转按钮的动断触点串联在对方电路中，构成互相制约的关系，这种方式称为机械互锁。当要求电动机直接由正转变为反转或由反转变为正转时，可采用此电路，但是这种直接正反转电路仅适用于小容量电动机且正反转换不频繁、拖动的机械装置惯量较小的场合。因为这种直接正反转容易使电源短路（不安全），当KM1 主触点熔焊或有杂物卡住时，即使 KM1 线圈失电，主触点也分断不开，这时若按下停止按钮，KM2 线圈得电，主触点闭合，必然造成电源短路故障。

（2）选择元器件及耗材　根据按钮互锁正反转控制电路要求，列出所需的元器件及耗材清单，见表 5-17。

表 5-17　元器件及耗材清单

名　　称	型号及要求	数　　量
仪器照明单/三相交流电动机控制考核实训柜（含三相电源）	XK_SX1A	1 个
低压断路器	DZ47LE_32	1 只
交流接触器	CJ20-16/380V	2 只
热继电器	JR16-20/3	1 只
熔断器	RT18_32	3 只
三相异步电动机	Y80M1—2，0.75W	1 台
按钮	LAY7，380V/10A，AC15V	3 个
万用表	MF47 型	1 块
十字螺钉旋具	SX-210	1 把
一字螺钉旋具	SX-210	各 1 把
尖嘴钳	160mm	1 把
剥线钳	手动剥线钳 160mm	1 把
斜口钳	160mm	1 把
导线（四种颜色）、插针	线径 1～1.5mm	适量

2. 电路的安装与检查

1）对照按钮互锁的正反转控制电路原理图连接实物，安装过程见表 5-18。

表 5-18　按钮互锁的正反转控制电路安装过程

步骤	安装过程
1	教师指导，学生分小组讨论，分析、理解工作原理图
2	按照工艺要求制作导线。插针接触良好，防止漏电、压绝缘皮，长度适宜
3	按元器件明细表将所需器材配齐，并用万用表检验元器件质量。将元器件固定在实训柜适当的位置，安装要牢固，不得松动
4	切断电源，根据电气原理图，先连接主电路，再连接控制电路
5	布局合理，将导线下到相应的导线槽中
6	线路接好后，认真检查线路连接是否正确。先检测控制电路，看时间继电器、接触器的动作是否正确，再检测主回路。此过程可以先自查，再小组内互查
7	通电试车，如未能正常运行，再断电调试，直至正常起动运行。尽可能减少试车次数，提高准确率，安全生产
8	整理工具、电动机，整顿现场

小贴士

在安装按钮互锁的正反转控制电路时，注意安全使用电工工具及万用表。可靠连接电动机和电气元器件金属外壳的保护接地线，必须经教师检查无误后方可通电运行。

安装好的按钮互锁正反转控制电路实物接线如图 5-28 所示。

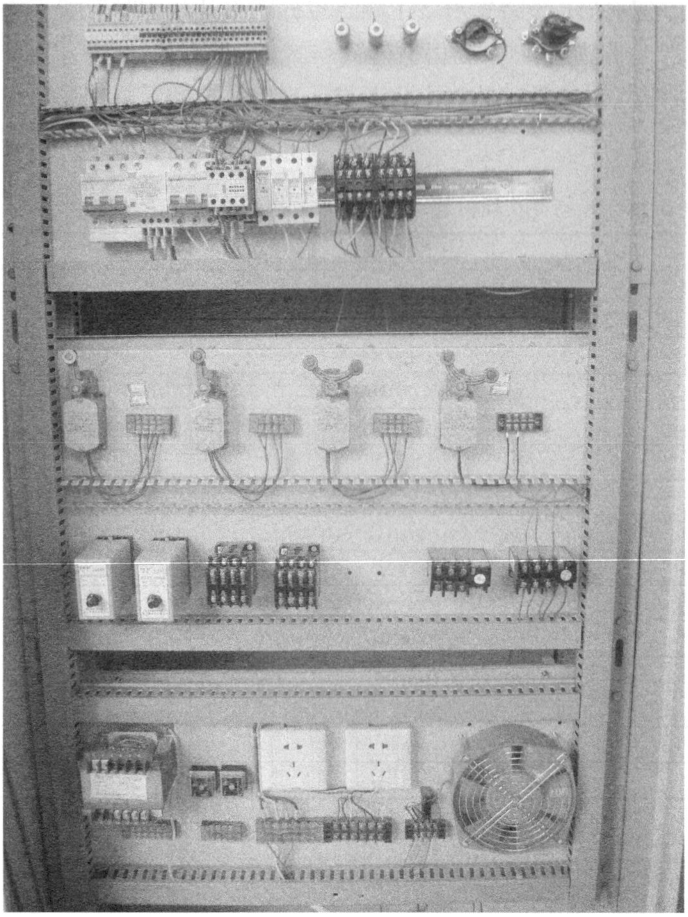

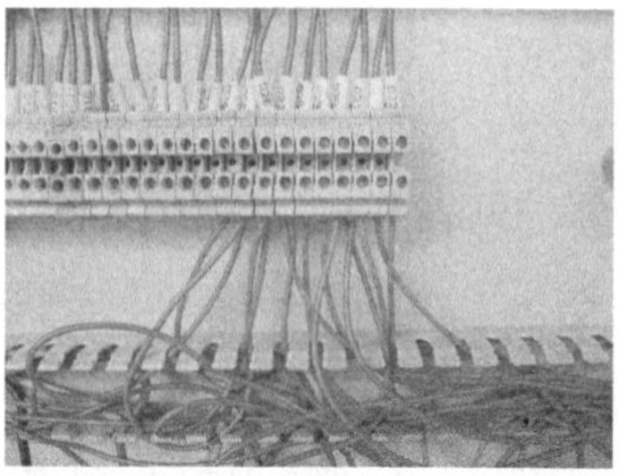

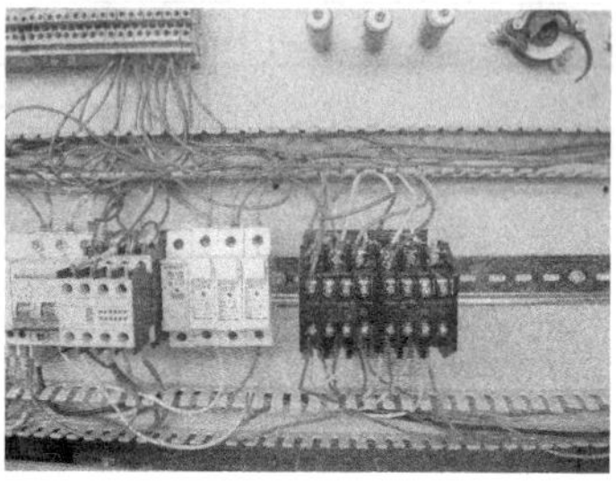

图 5-28　按钮互锁正反转控制电路的实物接线

2）电路的检查与故障排除。按钮互锁的正反转控制电路检查过程与故障排除见表 5-19。

表 5-19　按钮互锁的正反转控制电路检查与故障排除

步骤	故　障	排　除
1	按下正反转起动按钮，电动机均未能起动	控制回路熔断器熔断或接线松动，按钮常闭触点接触不良或松动，更换或拧紧螺钉
2	正反转有一个方向可控，另一个方向不可控	起动按钮常开触点接触不良，或一只接触器的互锁常闭触点接触不良、一只接触器线圈断线
3	进行正转或反转操作时，按下按钮能起动，松手即停转	接触器自锁触点断线或接触不良

小贴士

在电路检测过程中，应先调试控制回路，后调试主回路。

考核评价

实训任务完成后进行考核与评价，具体评分细则见表 5-20。

表 5-20　按钮互锁的正反转控制电路考核评价表

序号	评价内容	配分	自评	互评	教师评价
1	出勤情况：按时上课、下课，不迟到、不早退	10 分			
2	电工工具使用 1）利用万用表检测各元器件的好坏 2）测试常开、常闭触点 3）不损坏、丢失元器件和工具	10 分			
3	接线工艺 1）会正确选择按钮、接触器的辅助触点 2）按照电气原理图连接实物 3）正确制作导线，不露铜、不压绝缘皮 4）正确接线，不错接、漏接、多接线 5）布线美观、整齐、合理 6）连接接地线	30 分			
4	通电试车：第一次通电试车若不成功，能自行分析原因，排除故障，反复调试，直至故障完全排除，尽可能减少试车次数	20 分			
5	安全文明生产 1）注意安全、文明生产、爱护公物 2）团队合作，和谐共进	10 分			
6	工时：按照规定时间，鼓励节省工时	10 分			
7	报告总结：实训报告完整、工整	10 分			

知识拓展

生产生活中许多机械设备往往要求运动部件能向正、反两个方向运动，如机床工作台的前进与后退、万能铣床主轴的正反转、起重机的上升与下降、手动门的开与关等，这些生产机械要求电动机能实现正反转控制。

在分析接触器互锁、按钮互锁电动机正反转电路工作原理的过程中，已经明确了两种电路各自的优缺点，即接触器互锁正反转电路安全可靠但操作不方便，而按钮互锁正反转电路操作方便但容易造成电源短路故障，不安全。由以上分析可知，如果将两种电路的优点组合在一起，设计一个相对完善的电路来实现正反转，则既保证了安全，操作又方便，即按钮、接触器结合在一起的双重互锁电路，如图 5-29 所示。

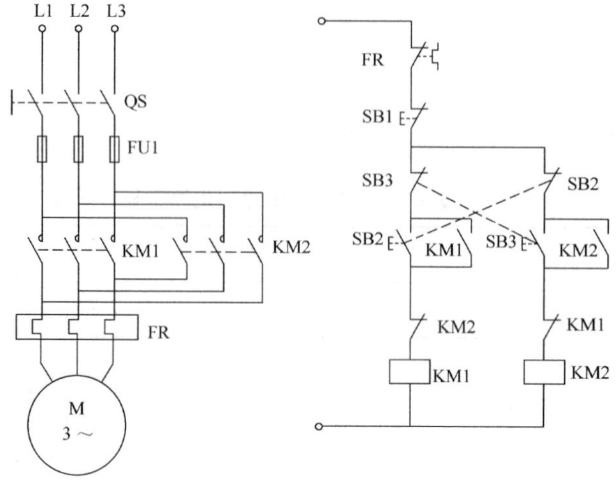

图 5-29　双重互锁电路

巩固与提高

1. 选择题

1）按下复合按钮时（　　）。

A. 常开按钮先闭合　　B. 常开、常闭按钮同时动作

C. 常闭按钮后分断　　D. 常闭按钮先分断，常开按钮后闭合

2）在电动机正反转控制电路中，为了防止主触点熔焊而发生短路事故，应采用（　　）。

A. 接触器自锁　B. 接触器互锁　C. 按钮自锁　D. 按钮互锁

2. 简答题

1）电气互锁与机械互锁的优缺点各是什么？如何改进？

2）根据图 5-30a 元件位置，按图 5-30b 所示的电气原理图完成电路连接。

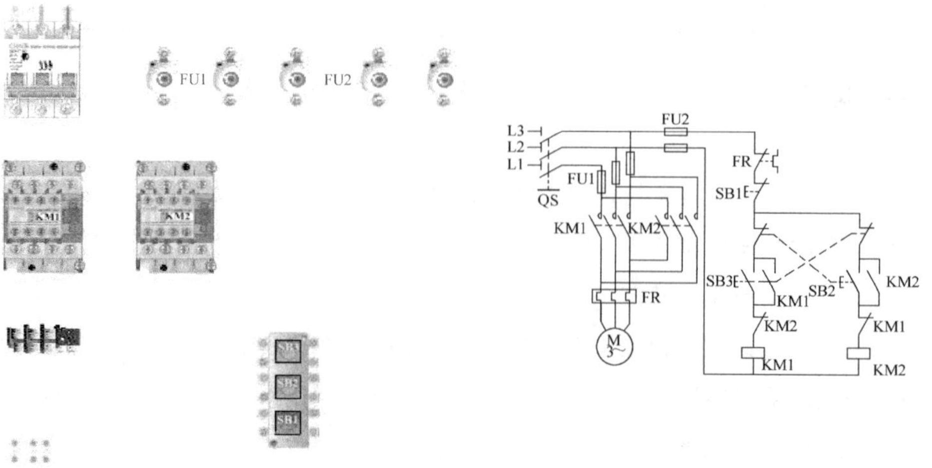

a)　　b)

图 5-30　电路图连接

任务 5　Y—△减压起动控制电路的连接

任务目标

1. 认识时间继电器的结构、符号、选型，掌握时间继电器的用途。

2. 理解减压起动，掌握Y—△减压起动控制的工作原理，会按照电气原理图连接实物图并合理布线。

3. 会检测电路，能分析和处理出现的异常现象。

任务要求

1. 讨论并制订工作计划。
2. 认识时间继电器。
3. 熟练使用电工工具。
4. 理解Y—△减压起动控制的工作原理，并按照电气原理图连接实物。
5. 了解其他常见减压起动控制方法。
6. 检测电路，如果出现异常现象，能分析并处理。
7. 整理任务实施报告。

注意事项

1. 熟记用电安全操作规程。
2. 熟记各电工工具的安全使用方法。
3. 各元件安装牢固，导线连接结实，无松动感。
4. 先检测电路，排除故障并确认无误后方可通电运行。
5. 要安全文明操作。

实施流程

实施流程见表 5-21。

表 5-21　实施流程

序号	工作内容	教师活动	学生活动	学时
1	布置任务	下达任务书，组织小组讨论学习，指导小组分工	接受任务，明确工作内容	0.5
			知道任务目标，明确组内分工	
2	知识准备	讲解时间继电器，讲解Y—△减压起动控制的工作原理；讲解Y—△减压起动控制电路的连线与布线；列举Y—△减压起动控制电路简单故障的分析与排除方法	了解时间继电器	1
			理解工作原理	
			思考接线过程	
			思考故障点，检测并排除故障	

（续）

序号	工作内容	教师活动	学生活动	学时
3	实践操作	讲解时间继电器的使用，引导学生分析；讲解Y—△减压起动控制的工作原理，演示根据电气原理图安装接线；启发学生了解其他常见减压起动控制方法；组织学生进行实物连线，教师巡视指导；组织学生对完成的实物接线进行检测，模拟故障点，分析并处理	分析减压起动的工作原理 按照原理图连接实物，对接完的电路进行检测，排除常见故障 先小组内自查，再小组间互查，最后教师检查点评	2
4	考核评价	根据考核标准严格测评	了解自己的优势与不足，并改正缺点	0.5

知识准备

1. 三相异步电动机

三相异步电动机由三相交流电源供电，转速随负载变化而稍有变化。其特点是结构简单、价格低廉、工作可靠、维护方便，因而得到广泛应用，如图 5-31 所示。

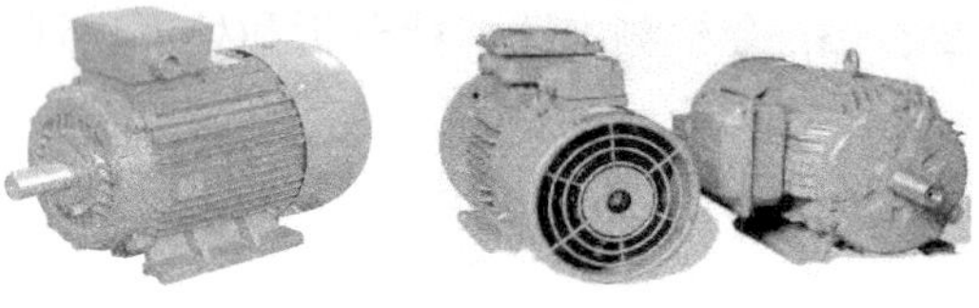

图 5-31　三相异步电动机

（1）结构、符号　三相异步电动机由定子和转子两个基本部分组成。定子为固定不动部分，转子为转动部分。三相异步电动机的文字符号为 M，结构如图 5-32 所示。

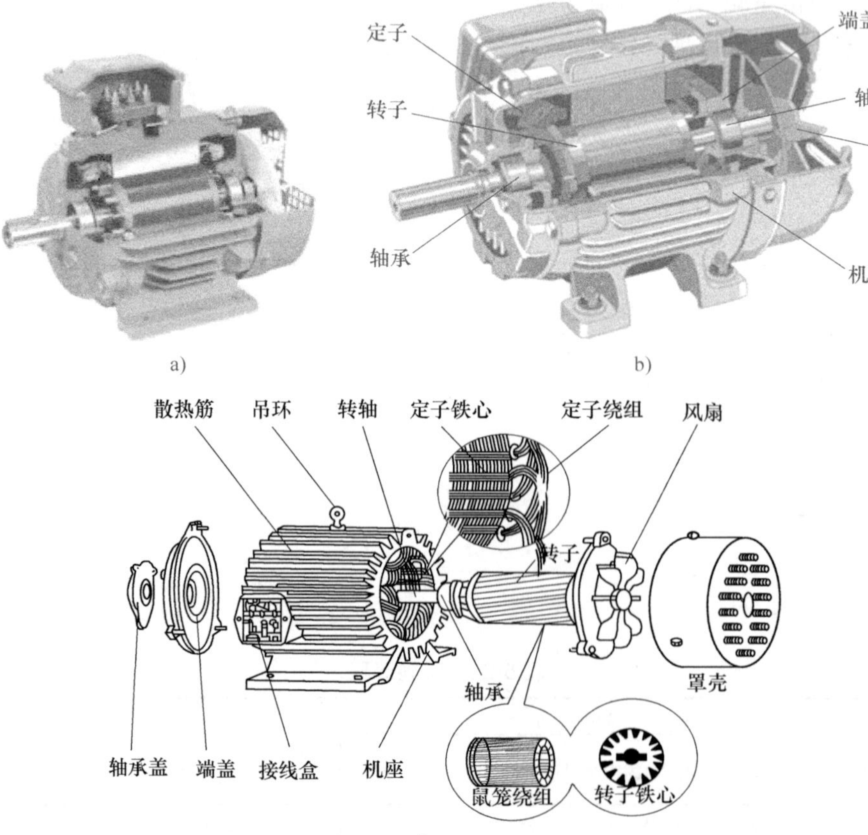

图 5-32　三相异步电动机的结构

a）、b）三相异步电动机立体剖视图　c）三相异步电动机结构分解图

（2）三相异步电动机的工作原理　静止的转子与旋转磁场之间有相对运动，在转子导体中产生感应电动势，并在形成闭合回路的转子导体中产生感应电流，其方向用右手定则判定。转子电流在旋转磁场中受到磁场力 F 的作用，F 的方向用左手定则判定。电磁力在转轴上形成电磁转矩。电磁转矩的方向与旋转磁场的方向一致。这样转子就会顺着磁场的旋转方向而旋转起来。改变磁场的旋转方向，转子的转向也跟着改变。转子的转速 n 永远比同步转速小。

2. 时间继电器

（1）时间继电器的种类　时间继电器是根据电磁原理或机械动作原理来实现触点系统延时接通或断开的自动切换电器。时间继电器按动作原理分为电磁式、空气阻尼式、电动式与电子式，按延时方式分为通电延时型与断电延时型两种，如图 5-33 所示。

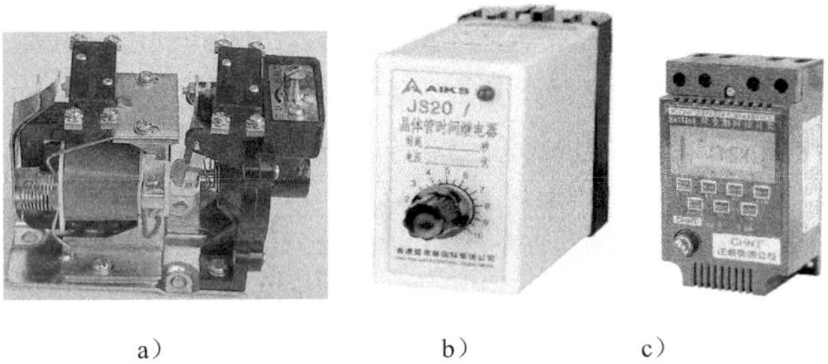

图 5-33　时间继电器

a）空气式时间继电器　b）晶体管时间继电器　c）数显时间继电器

（2）时间继电器的工作方式　通电延时型时间继电器在其感测部分接收输入信号后开始延时，一旦延时完毕，就立即通过执行部分输出信号。当输入信号消失时，继电器立即恢复到动作前的状态（复位）。断电延时型时间继电器刚好相反，在时间继电器的感测部分接收输入信号后，执行部分立即动作，当输入信号消失后，继电器必须经过一定延时，才能恢复到动作前的状态（复位）。

（3）时间继电器的符号　其文字符号为KT，图形符号如图 5-34 所示。

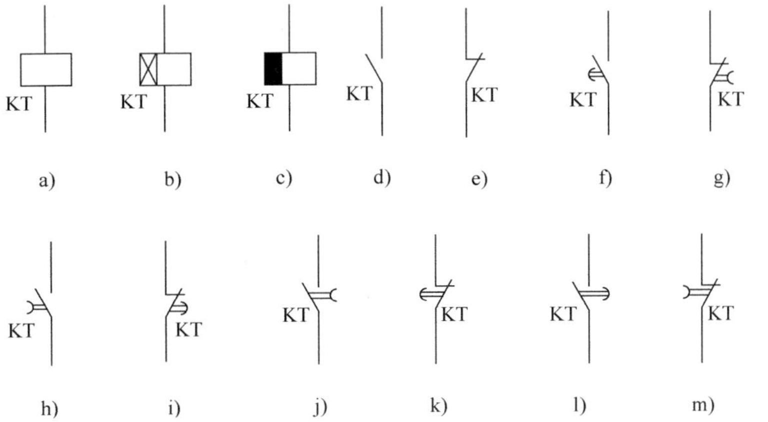

图 5-34　时间继电器的图形符号

a）一般线圈　b）通电延时　c）断电延时　d）常开触点　e）常闭触点　f）、j）延闭常开触点　g）、k）延断常闭触点

h）、l）延断常开触点　i）、m）延闭常闭触点

（4）时间继电器的选择原则

1）根据控制电路对延时触点的要求选择延时方式，即通电延时型和断电延时型。

2）根据延时范围和精度要求选择继电器类型。

3）根据使用场合、工作环境选择时间继电器的类型。如电源电压波动大的场合可选用空气阻尼式或电动式时间继电器，电源频率不稳定场合不宜选用电动式时间继电器，环境温度变化大的场合不宜选用空气阻尼式和电子式时间继电器。

3. 减压起动控制概述

（1）减压起动原理及分类　减压起动是指电动机起动时降低加在定子绕组上的电压，起动结束后，再恢复到电动机的额定电压运行。交流异步电动机的功率在 10kW 以上时，应采用减压起动的方法。减压起动可减小起动电流，但同时也大大减小了起动转矩，因此减压起动仅适用于电动机空载或轻载情况下的起动。常用的减压起动方法有四种：定子绕组中串电阻减压起动、Y—△减压起动、自耦变压器减压起动、延边三角形减压起动。

（2）Y—△减压起动　正常运行时，电动机定子接成三角形；起动时，定子绕组先为星形联结；待转速升到接近额定转速时，再将定子绕组恢复成三角形联结，使电动机进入全压运行状态。定子绕组起动时的电压降至额定电压的$1/\sqrt{3}$，起动电流降至全压起动的 1/3，从而限制了起动电流，起动转矩也随之降至全压起动的 1/3，故仅适用于空载或轻载起动，如图 5-35 所示。

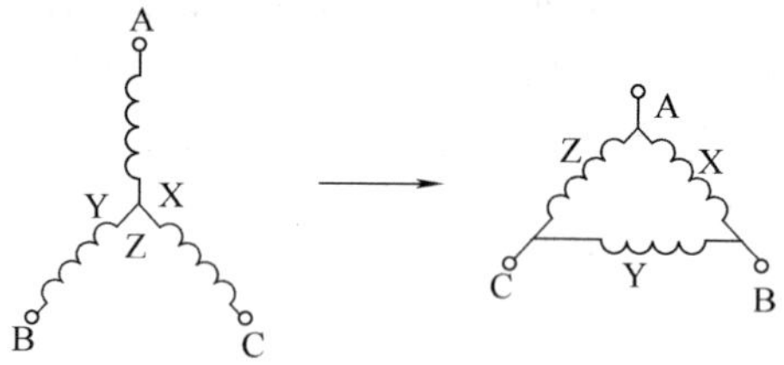

图 5-35　Y—△减压起动转换绕组联结

实践操作

1. 原理图的识读与元器件的选择

（1）识读Y—△减压起动控制原理图　对于正常运行为三角形联结的电动机，在起动时，定子绕组先接成星形，当转速上升到接近额定转速时，将定子绕组联结方式改成三角形，使电动机进入全压正常运行状态。一般功率在 4kW 以上的三相笼型异步电动机的起动都采用Y/△转换的方法来限制起动电流，如图 5-36 所示。

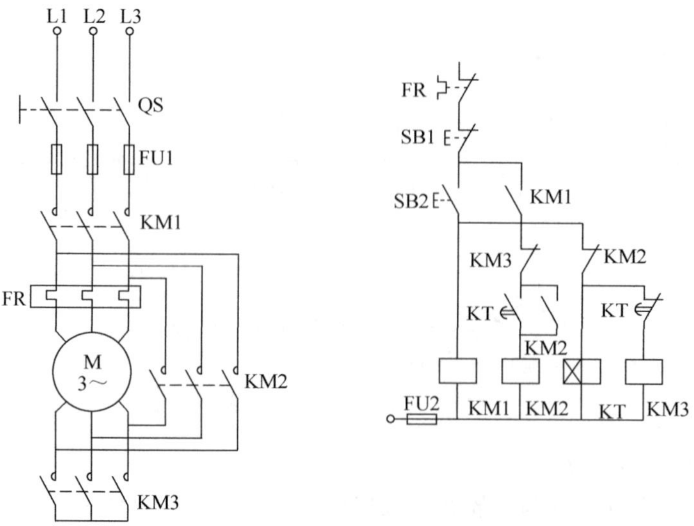

图 5-36　Y—△减压起动控制电路

（2）工作原理

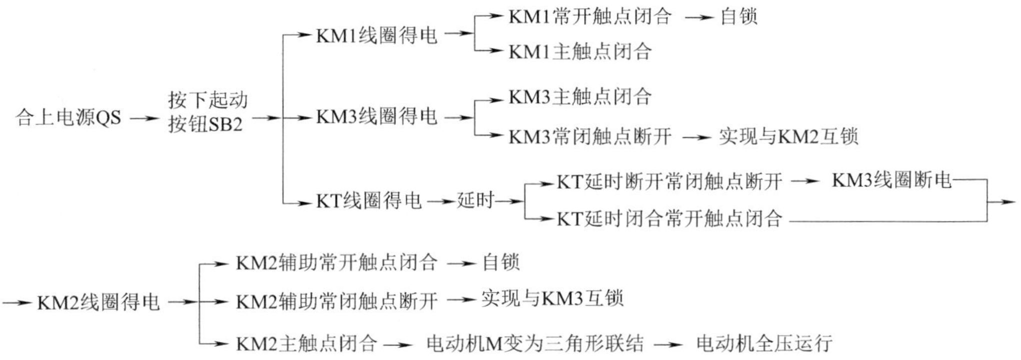

（3）选择元器件及耗材　根据Y—△减压起动控制要求，列出所需的元器件及耗材清单，见表 5-22。

表 5-22　元器件及耗材清单

名　称	型号及要求	数　量
三相断路器	DZ47-63，25A	1 只
熔断器	RT18-32X3，380V/15A，配 1A 熔体	2 只
交流接触器	CJ20-10，380V/50Hz/10A	3 只
热继电器	JR36-20，380V/0.47A，脱扣 10A	1 只
按钮	LAY7，380V/10A，AC15V	2 只
时间继电器	JS14A-30，AC380V，30s	1 只
三相异步交流电动机	JW6314，180W/380V/0.4A	1 台
万用表	MF47 型	1 块
电工工具	—	1 套
导线、插针	线径 1～1.5mm	适量

2. 电路的安装与检查

1）对照Y—△减压起动控制原理图安装元器件。Y—△减压起动控制电路的安装过程见表 5-23。安装好的Y—△减压起动控制电路实物效果如图 5-37 所示。

表 5-23　Y—△减压起动控制电路的安装过程

步骤	安装过程
1	教师指导，学生分小组讨论，分析、理解工作原理图
2	按照工艺要求制作导线。插针应接触良好，防止漏电、压绝缘皮，长度适宜
3	切断电源，根据电气原理图，先连接主电路，再连接控制电路
4	布局合理，将导线下到相应的导线槽中。用导线连接各端钮时注意导线之间不要搭接，以防短路
5	时间继电器预置时间 5s
6	电路接好后，认真检查线路连接是否正确。先检测控制电路，看时间继电器、接触器的动作是否正确，再检测主回路。此过程可以先自查，再小组内互查
7	通电试车，如未能正常运行，再断电调试，直至正常起动运行。尽可能减少试车次数，提高准确率，安全生产
8	整理工具、电动机，整顿现场

小贴士

在安装Y—△减压起动控制电路时，注意安全使用电工工具；接线时要断电操作，应根据实训所使用的时间继电器、接触器来确定控制回路的电源类型；电动机必须安放平稳，其金属外壳与按钮盒的金属部分须可靠接地；接触器 KM1 的进线必须从三相定子绕组的末端引入，若误将其首端引入，则在 KM1 吸合时，会产生三相电源短路事故。

2）电路的检查与故障排除。Y—△减压起动控制电路检查与故障排除过程见表 5-24。

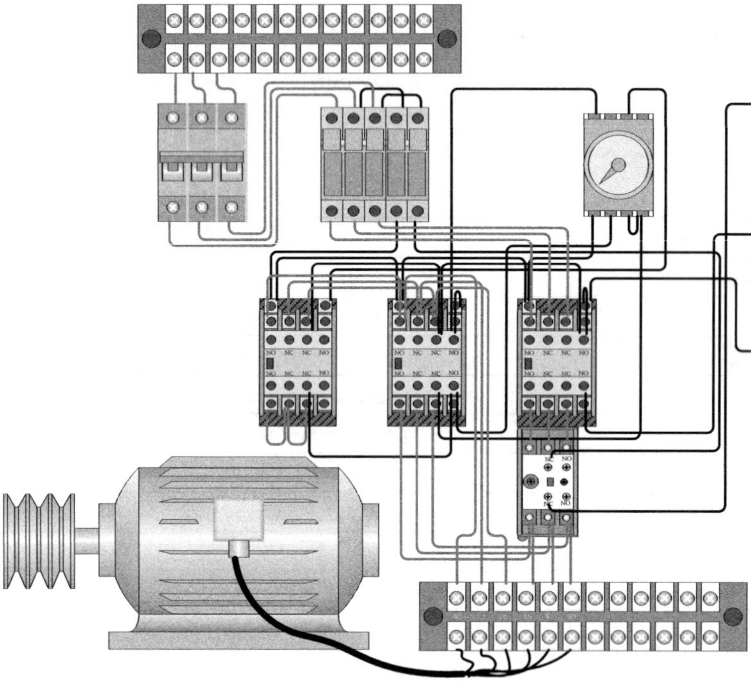

图 5-37 Y—△减压起动控制电路实物效果

表 5-24 Y—△减压起动控制电路检查与故障排除过程

步骤	故　障	排　除
1	电动机Y形起动正常，但不能切换到三角形起动	三角形运行主电路回路中有线路或触点损坏，检查 KM2 的 U2 主触点下至 KM3 的 U2 主触点上的线路有开路现象
2	电动机无法起动，控制回路无吸合	控制回路的共用回路中有线路、触点或熔丝损坏，控制回路中的 FR 触点坏
3	电动机无法起动，KM 线圈不吸合	KM 控制回路的线圈、触点或线圈损坏，检查控制回路中 KM2 至 KM3 回路有开路现象

考核评价

实训任务完成后，进行考核与评价，具体评分细则见表 5-25。

表 5-25　Y—△减压起动控制电路考核评价表

序号	评价内容	配分	自评	互评	教师评价
1	出勤情况：按时上课、下课，不迟到、不早退	10 分			
2	电工工具使用 1）利用万用表检测各元器件好坏 2）会测试常开、常闭触点 3）不损坏、丢失元器件和工具	10 分			
3	接线工艺 1）会正确选择时间继电器的触点，正确连接电动机 2）能够按照电气原理图连接实物 3）正确制作导线，不露铜、不压绝缘皮 4）正确接线，不错接、漏接、多接线 5）布线美观、整齐、合理 6）连接接地线	30 分			
4	通电试车：第一次通电试车若不成功，能自行分析原因，排除故障，反复调试，直至故障完全排除，尽可能减少试车次数	20 分			
5	安全文明生产 1）注意安全、文明生产、爱护公物 2）团队合作，和谐共进	10 分			
6	工时：按照规定时间，鼓励节省工时	10 分			
7	报告总结：实训报告完整、工整	10 分			

知识拓展

1）在图 5-36 中，合上电源开关 QS，按下按钮 SB2，KM1 和 KM2 得电动作，电动机起动，但时间继电器延时时间已过，电路仍无切换动作，故障的原因是什么？如何排除？

2）另一种Y—△减压起动控制电路是用两个接触器来控制Y—△减压起动的，由于电动机容量不太大，且三相平衡，星形联结电流很小，所以可以利用接触器 KM2 的常闭辅助触点来连接电动机。该电路仍采用时间原则实现由Y联结向△联结的自动切换，如图 5-38 所示。

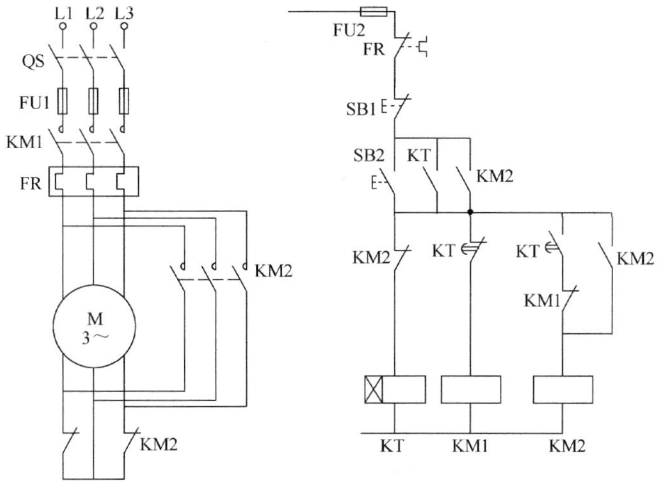

图 5-38　Y—△减压起动控制电路

巩固与提高

1. 填空题

1)（　　）是指利用设备将电压适当降低后加到电动机的定子绕组上进行起动，待电动机起动运转后，再使其电压恢复到额定值正常运行。

2）三相异步电动机Y—△降压起动时，其起动转矩是全压起动转矩的（　　）倍。

3）时间继电器按延时方式可分为（　　）和（　　）两种。

4）三相异步电动机减压起动的方式有（　　）、（　　）、（　　）和（　　）。

2. 选择题

1）大型异步电动机不允许直接起动，其原因是（　　）。

A. 机械强度不够　　B. 电动机温升过高　　C. 起动过程太快　D. 对电网冲击太大

2）采用Y—△降压起动的电动机，正常工作时定子绕组接成（　　）。

A. 三角形　　B. 星形

C. 星形或三角形　　D. 定子绕组中间带抽头

3）三相异步电动机采用Y—△起动时，下列描绘中（　　）是错误的。

A. 正常运行时做△联结　　B. 起动时做Y联结

C. 可以减小起动电流　　D. 适合要求重载起动的场合

4）适用于电动机容量较大且不允许频繁起动的降压起动的方法是（　　）。

A. Y—△　　B. 自耦变压器　　C. 定子串电阻　　D. 延边三角形

3. 简答题

什么是三相异步电动机的减压起动?有哪几种常见的减压起动方法？它们各有哪些特点？各适用于什么场合？

任务 6　单向运行能耗制动控制电路的连接

任务目标

1. 认识速度继电器的结构、符号，会选型，掌握速度继电器的用途。

2. 了解变压器的符号、实物，学会使用变压器。

3. 理解制动控制原理，掌握单向运行能耗制动控制的工作原理，会按照电气原理连接实物并合理布线。

4. 掌握电路检测技能，能分析和处理出现的异常现象。

任务要求

1. 讨论并制订工作计划。

2. 认识时间继电器、变压器、速度继电器和整流装置。

3. 熟练使用电工工具。

4. 理解能耗制动控制的工作原理，并按照电气原理图连接实物。
5. 了解其他常见制动控制方法。
6. 检测电路，能分析和处理出现的异常现象。
7. 整理任务实施报告。

注意事项

1. 熟记用电安全操作规程。
2. 各导线连接牢固，无松动感。
3. 连接实物时要断电操作。
4. 先检测电路，排除故障并确认无误后方可通电试车。
5. 要安全文明操作。

实施流程

实施流程见表 5-26。

表 5-26　实施流程

序号	工作内容	教师活动	学生活动	学时
1	布置任务	下达任务书，组织小组讨论学习，指导小组分工	接受任务，明确工作内容	0.5
			任务目标，明确组内分工	
2	知识准备	制动控制原理，能耗制动控制原理，单向运行能耗制动控制原理，速度继电器，变压器	理解制动的含义	1
			理解能耗制动的特点	
			认识速度继电器和变压器	
3	实践操作	讲解速度继电器和变压器的使用，能耗制动控制的工作原理，示范根据电气原理图安装接线，组织学生进行实物接线，教师巡视指导；启发学生了解其他常见减压起动控制方法	认识器件器材	2
			分析减压起动的工作原理	
			连接实物，检测完成的电路，排除故障。先小组内自查，再组间互查，最后教师点评	
			跟随教师思路思考	
4	考核评价	根据考核标准严格测评	了解自己的优势与不足，并改正缺点	0.5

知识准备

1. 制动概述

（1）制动控制概念及分类　由于惯性作用，交流异步电动机定子绕组脱离电源后，转子须经一段时间才能停止转动，这往往不能满足某些生产机械的工艺要求，也影响生产效率的提高，造成运动部件停位不准，工作不安全。因此，对拖动电动机应采取有效的制动措施。制动是指使电动机脱离正常工作电源后迅速停转的措施。交流异步电动机的制动方法有机械制动和电气制动两种。

1）机械制动：利用机械装置使电动机迅速停转。常用的机械制动装置是电磁抱闸。

2）电气制动：在三相异步电动机上产生一个与原转子转动方向相反的制动转矩，迫使电动机迅速停转。

（2）能耗制动控制　在三相异步电动机脱离三相交流电源后，迅速给定子绕组通入直流电流，产生恒定磁场，阻止旋转，当转子转速接近零时迅速切断直流电源，利用转子感应电流与恒定磁场的相互作用达到制动的目的。它将电动机旋转的动能转变为电能，消耗在制动电阻上，所以称为能耗制动。

能耗制动的优点是制动准确、平稳，且能量消耗较少；缺点是须附加直流电源装置，设备费用较高，制动力较弱。

能耗制动的控制：既可以按时间原则，由时间继电器来控制；也可以按速度原则，由速度继电器进行控制。

2. 速度继电器

（1）作用　速度继电器根据电磁感应原理制成，用于转速的检测，也可用在三相交流电动机反接制动转速接近零时自动切断反相序电源。

（2）工作原理　速度继电器主要由转子、圆环（笼型空心绕组）和触点三部分组成。当转子（磁铁）旋转时，笼型绕组切割转子磁场产生感应电动势，形成环内电流，此电流与磁铁磁场相互作用，产生电磁转矩，圆环在此力矩的作用下带动摆杆克服弹簧力而顺转子转动的方向摆动，并拨动触点，改变其通断状态（在摆杆左、右各设一组切换触点，分别在速度继电器正转和反转时产生作用）。调节弹簧弹力，可使速度继电器在不同转速时切换触点，改变通断状态，如图 5-39 所示。

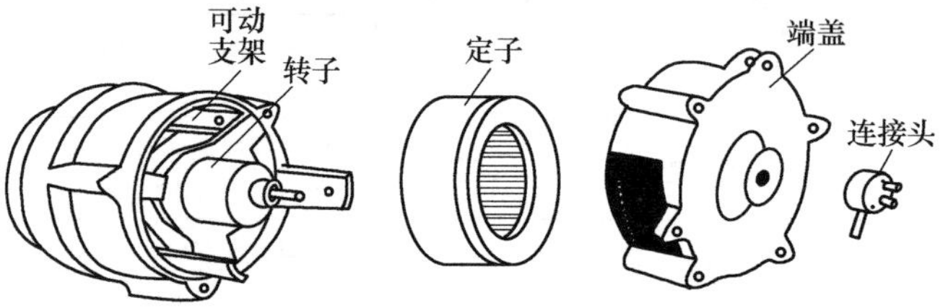

a)

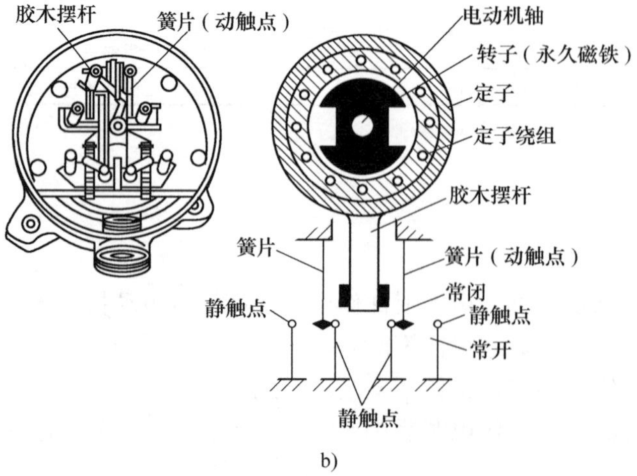

b)

图 5-39　速度继电器

a）外形　b）结构

（3）符号　速度继电器的文字符号为 KS，其图形符号如图 5-40 所示。

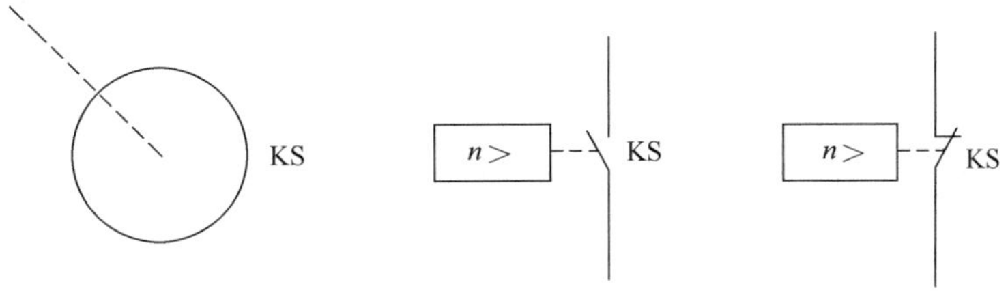

图 5-40　速度继电器的图形符号和文字符号

（4）速度继电器的选择　主要根据被控电动机的额定转速、控制要求等进行合理选择。

实践操作

1. 原理图的识读与元器件的选择

（1）识读单向运行能耗制动控制原理图　图 5-41 所示为按时间原则控制的单向运行能耗制动控制电路，图中 KM1 为单向运行接触器，KM2 为能耗制动接触器，KT 为时间继电器，TC 为整流变压器，VC 为桥式整流电路，R 为能耗制动电阻。

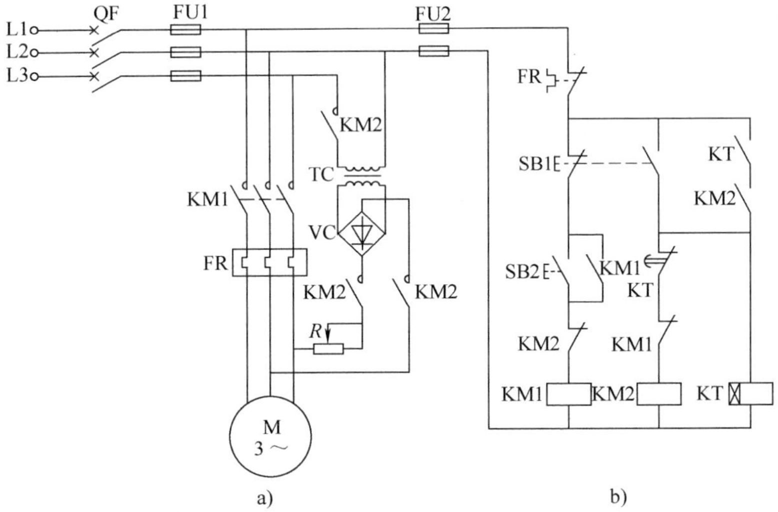

图 5-41　按时间原则控制的单向运行能耗制动控制电路

a）主电路　b）控制电路

（2）工作原理　当在变压器一次侧施加交流电压 U_1 时，流过一次绕组的电流为 I_1，则该电流在铁心中会产生交变磁通，使一次绕组和二次绕组发生电磁联系。根据电磁感应原理，交变磁通穿过这两个绕组就会感应出电动势，其大小与绕组匝数以及主磁通的最大值成正比，绕组匝数多的一侧电压高，绕组匝数少的一侧电压低。当变压器二次侧开路，即变压器空载时，一次、二次电压与一次、二次绕组匝数成正比，即 $U_1/U_2=N_1/N_2$，但一次侧与二次侧的频率保持一致，从而实现电压的变化。

（3）选择元器件及耗材　根据单向运行能耗制动控制要求，列出所需的元器件及耗材清单，见表5-27。

表5-27　元器件及耗材清单

名　　称	型号及要求	数　　量
仪器照明单相/三相交流电动机控制考核实训柜	XK-SX1A	1台
三相断路器	DZ47-63，25A	1只
熔断器	RT18-32X，380V/15A，配1A熔体	2只
交流接触器	CJ20-10，380V/50Hz/10A	3只
热继电器	JR36-20，380V/0.47A，脱扣10A	1只
按钮	LAY7，380V/10A，AC15V	2只
时间继电器	JS14A-30，AC380V，30s	1只
速度继电器	JY1 AC3V，380V、9～475A，脱扣500A	1只
三相异步交流电动机	JW6314，180W/380V/0.4A	1台
变压器	BK2-150V·A	1台
电阻	—	1只
万用表	MF47型	1块
电工工具	—	1套
导线、插针	BV-1.5mm铜线	适量

2. 电路的安装与检查

1）对照时间原则控制的单向运行能耗制动原理图连接元器件，其安装过程见表5-28。

表5-28　时间原则控制的单向运行能耗制动电路安装过程

步骤	安装过程
1	教师指导，学生分小组讨论，分析、理解工作原理
2	按照工艺要求制作导线，长度适宜。插针应接触良好，防止漏电，防止导线芯太短接触不良
3	切断电源，根据电气原理图，先连接主电路，再连接控制电路
4	布局合理，将导线下到相应的导线槽中。连接各端钮时注意导线之间不要搭接，以防短路
5	时间继电器预置时间3s
6	根据变压器说明书，选择合适的接线端
7	电路接好后，认真检查电路连接是否正确。先检测控制电路，再检测主回路。此过程可以先自查，再小组内互查，后教师检查
8	通电试车，如未能正常运行，再断电调试，直至正常起动运行。尽可能减少试车次数，提高准确率，安全生产
9	整理工具、电动机，整顿现场

小贴士

在安装时间原则控制的单向运行能耗制动控制电路时，要注意安全使用电工工具；使用万用表电阻档时，每次更换量程都要先调零；接线时要断电操作；控制回路的电源类型应根据实训所使用的时间继电器、接触器来确定；电动机必须安放平稳，其金属外壳与按钮盒的金属部分须可靠接地；接触器 KM1 的进线必须从三相定子绕组的末端引入，若误将其从首端引入，则在 KM1 吸合时，会发生三相电源短路事故。在进行家庭电路的连接过程中，首先确定好各元器件的位置，注意物件不要倒置；接线时注意电工工具的正确使用；根据不同情况选择不同型号的电线。

安装好的时间原则控制的单向运行能耗制动控制电路实物效果，如图 5-42 所示。

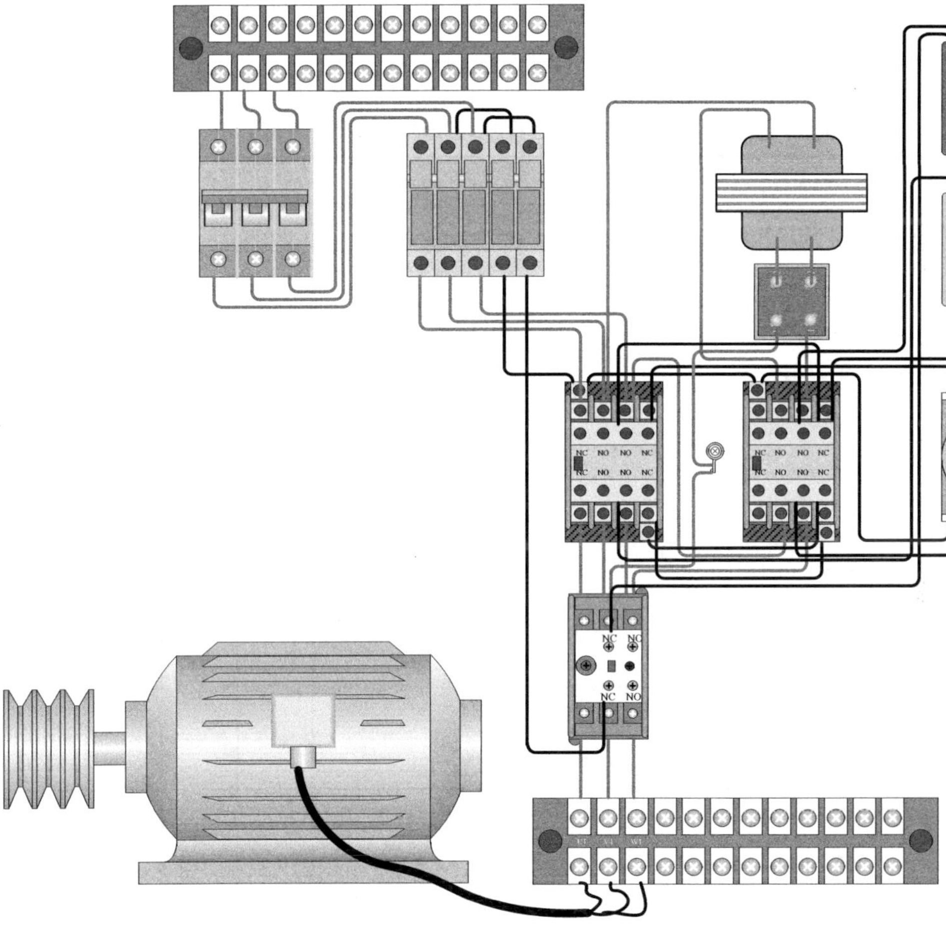

图 5-42　时间原则控制的单向运行能耗制动控制电路实物效果

2）电路的检查与故障排除。时间原则控制的单向运行能耗制动控制电路检查与故障排除过程见表 5-29。

表 5-29　时间原则控制的单向运行能耗制动控制电路检查与故障排除过程

步　骤	故　　障	排除过程
1	按下停止按钮，接触器 KM2 不吸合，电动机不能制动	按下停止按钮，看制动延时和输出接触器是否动作，或检查是否有直流电压输出
2	制动过程中电阻发热	在正常范围内的发热是没问题的，如果过热，就要考虑制动电阻选型的合适性或制动电阻本身是否有问题

> **小贴士**
>
> 控制回路的电源类型应根据实验所使用的时间继电器、接触器来确定。时间继电器的整定时间不要调得太长，以免制动时间太长引起定子绕组过热。制动时停止按钮要按到底。严格检查电路，防止定子绕组同时接通交流和直流电源。

考核评价

实训任务完成后进行考核与评价，具体评分细则见表 5-30。

表 5-30　时间原则控制的单向运行能耗制动控制电路考核评价表

序号	评价内容	配分	自评	互评	教师评价
1	出勤情况：按时上课、下课，不迟到、不早退	10 分			
2	电工工具使用 1）利用万用表检测各元器件好坏 2）会测试常开、常闭触点 3）不损坏、丢失元器件和工具	10 分			
3	接线工艺 1）会正确使用变压器 2）能够按照电气原理图连接实物 3）正确制作导线，不露铜、不压绝缘皮 4）正确接线，不错接、漏接、多接线 5）布线美观、整齐、合理 6）连接接地线	30 分			
4	通电试车：第一次通电试车若不成功，能自行分析原因，排除故障，反复调试，直至故障完全排除，尽可能减少试车次数	20 分			
5	安全文明生产 1）注意安全、文明生产、爱护公物 2）团队合作，和谐共进	10 分			
6	工时：按照规定时间，鼓励节省工时	10 分			
7	报告总结：实训报告完整、工整	10 分			

知识拓展

1）虽然能耗制动有两种原则实现控制，但按时间原则控制的能耗制动，一般适用于负载转速比较稳定的生产设备；而对于负载转速经常因生产加工需要变化的生产机械，采用速度原则控制能耗制动更加适合，如图 5-43 所示。

按速度原则控制的单向运行能耗制动控制电路由速度继电器 KS 来控制能耗制动过程，只是在停机制动时，按一下 SB1 即可。

2）反接制动。电气制动常用的方法除能耗制动，还有反接制动。反接制动是改变异步电动机定子绕组中的三相电源相序，产生与转子转动方向相反的转矩，迫使电动机迅速停转，如图 5-44 所示。

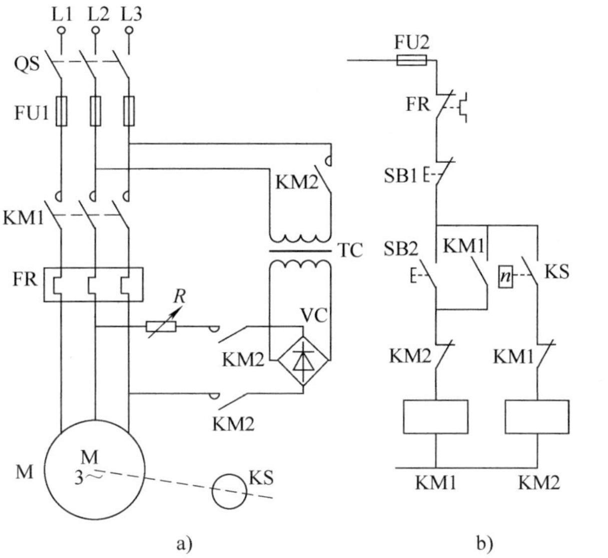

图 5-43　速度原则控制的单向运行能耗制动控制

a）主电路　b）控制电路

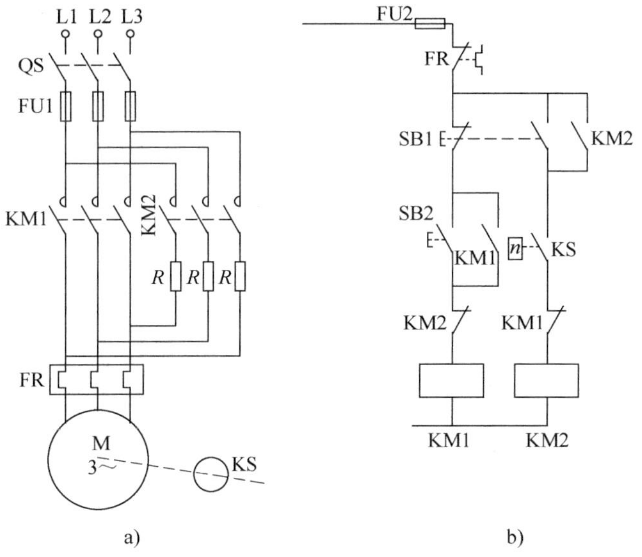

图 5-44　单向反接制动控制电路

a）主电路　b）控制电路

由于转子与旋转磁场的相对速度接近两倍的同步转速，定子绕组中流过的反接制动电流相当于全压起动时电流的两倍，为减小冲击电流，需在电动机主电路中串联一定的电阻以限制反接制动电流，此电阻称为反接制动电阻。另外，反接制动使电动机转速下降至接近零时，要及时切断反相序电源，以防电动机反向起动。

3）电气制动常见的方法有反接制动、能耗制动、电容制动、双流制动、发电制动等。

4）与交流电动机相比，直流电动机是将直流电能转换为机械能的电动机，具有起动转矩大、调速范围广、调速精度高、调速平滑性好和易实现无级调速等一系列优点，广泛应用于生产设备中，尤其是直流电力拖动中。

由于各种设备和系统要求不同，直流电动机的控制可分为起动、制动、调速和保护等环节，按励磁方式分为永磁、他励和自励 3 类，如图 5-45 所示。

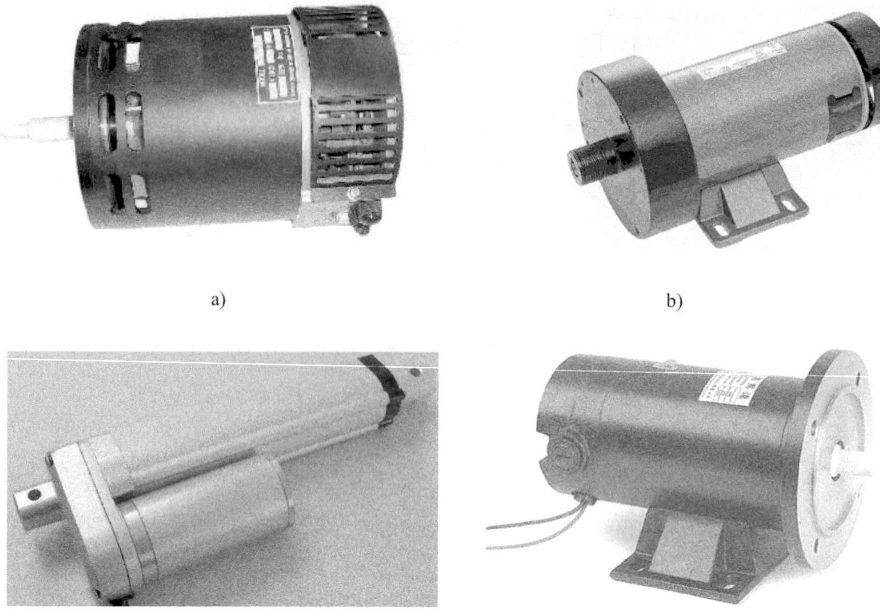

a)　　b)

c)　　d)

图 5-45　直流电动机

a）他励直流电动机　b）永励直流电动机　c）自励直流电动机　d）电动轮椅专用直流电动机

与交流电动机类似，直流电动机具有起动控制、正反转控制、制动控制，其保护环节包括短路保护、过电压和失电压保护、过载保护、励磁保护、限速保护等，保证电动机正常运转、防止电动机或机械设备损坏，保护人身安全，故直流电动机保护环节是电气控制系统中不可缺少的。

巩固与提高

1. 填空题

1）速度继电器又称为（　　）继电器，是以（　　）为指令信号，与接触器配合实现对电动机的反接制动控制的。

2）（　　）制动是利用机械摩擦转矩迫使闸轮迅速停止的方法。（　　）制动是电动机产生与实际转速方向相反的电磁转矩迫使电动机迅速停转的方法。

2. 简答题

1）三相异步电动机正常运行时，如果转子突然被卡住而不能转动，试问这时电动机的电流有何改变？对电动机有何影响？

2）什么是反接制动？什么是能耗制动？它们各有什么特点及适应什么场合？

3. 按下列要求设计某机床的主电路和控制电路

1）主轴由一台三相异步电动机拖动，润滑油泵由另一台三相异步电动机拖动，均采用直接起动。

2）主轴必须在油泵起动后才能起动。

3）主轴正常为正向运转，但为了调试方便，要求能反向点动。

4）主轴停止后，才允许油泵停止。

5）有短路、过载及失电压保护。

任务 7　CA6140 型普通车床电气控制电路认识

任务目标

1. 了解 CA6140 型普通车床的主要结构。
2. 掌握 CA6140 型普通车床电气控制部分的运动特点。
3. 掌握 CA6140 型普通车床的控制要求。

任务要求

1. 能识读 CA6140 型普通车床电气控制电路的电气原理图。
2. 掌握 CA6140 型普通车床电气控制电路图中各元器件的作用。
3. 掌握 CA6140 型普通车床电气控制电路中各元器件的识别方法。
4. 掌握电气接线的基本要求及导线的各种处理工艺。
5. 整理任务实施报告。

注意事项

1. 各组任务目标必须明确一致。
2. 熟记各电工工具的使用方法。
3. 熟练识别 CA6140 型普通车床电气控制电路的器件。
4. 接线触点连接牢固，无松动感。
5. 通电试车时必须经指导教师同意，并在指导教师监督下进行。
6. 要安全文明操作。
7. 检修完毕，要对现场进行彻底清理，收齐工具。

实施流程

实施流程见表 5-31。

表 5-31　实施流程

序号	工作内容	教师活动	学生活动	学时
1	布置任务	下达任务书，组织小组讨论学习	接受任务，明确工作内容	0.1
2	知识准备	讲解 CA6140 型普通车床电气控制电路的识读方法	掌握识读电气控制电路的方法	0.7
		讲解 CA6140 型普通车床的主要结构	熟悉车床的主要结构	
		讲解 CA6140 型普通车床的运动特点	熟悉车床的运动特点	
		讲解安全操作的重要意义	熟记安全操作规程	
3	实践操作	现场讲解 CA6140 型普通车床主要结构及运动特点，演示电气控制电路画法，组织学生分组识别元器件，并巡视指导	识别主要元器件	1.2
		识别电气控制电路，写出 CA6140 型普通车床中各电动机控制顺序	书写电动机控制顺序	
4	考核评价	按具体评分细则对学生进行评价	按具体评分细则进行自评、互评	

知识准备

1. 普通车床简介

普通车床的车削加工在机器制造工业中应用非常普遍，其地位也显得十分重要。普通车床车削加工的范围很广，就其基本内容来说，有车外圆、车端面、切断和车槽、车螺纹、钻中心孔等。CA6140 型车床是普通车床的一种，其加工范围较广，但自动化程度低，适于小批量生产及修配车间使用。

电气故障是指机床电气控制系统在规定的条件和规定的时间内失去了规定的功能。机床是个很复杂的系统，它涉及机、电、液、气等技术，机械磨损、机械锈蚀、机械失效、插件接触不良、电子元器件老化等都可导致机床出故障。熟悉电气控制电路图，掌握电气电路图的工作原理、连接方法，会进行电路的故障判断、检测和维修是机电专业学生的基本功之一。

2. 普通车床的主要结构及运动特点

普通车床主要由床身、主轴箱、进给箱、溜板箱、刀架、尾座、丝杠和光杠等部件组成。图 5-46 所示为 CA6140 型普通车床的外观结构。

主轴箱的功能是支撑主轴、传递旋转运动，由主轴及其轴承、传动机构、起停及换向装置、制动装置、操纵机构和润滑装置组成。CA6140 型普通车床的主传动运动可使主轴获得 24 级正转转速（10～1400r/min）和 12 级反转转速（14～1580r/min）。

进给箱的作用是变换被加工螺纹的种类和导程，以及获得所需的各种进给量。它通常由变换螺纹导程和进给量的变速机构、变换螺纹种类的移换机构、丝杠和光杠转换机构以及操纵机构等组成。

溜板箱的作用是将丝杠或光杠传来的旋转运动转变为直线运动并带动刀架进给，控制刀架运动的接通、断开和换向等。刀架则用来安装车刀并带动其做纵向、横向和斜向进给运动。

车床有两个主要运动，一个是卡盘或顶尖带动工件的旋转运动，另一个是溜板箱带动刀架的直线移动，前者称为主运动，后者称为进给运动。中、小型普通车床的主运动和进给运动一般是采用一台异步电动机驱动的。此外，车床还有辅助运动，如溜板和刀架的快速移动、尾座的移动以及工件的夹紧与放松等。

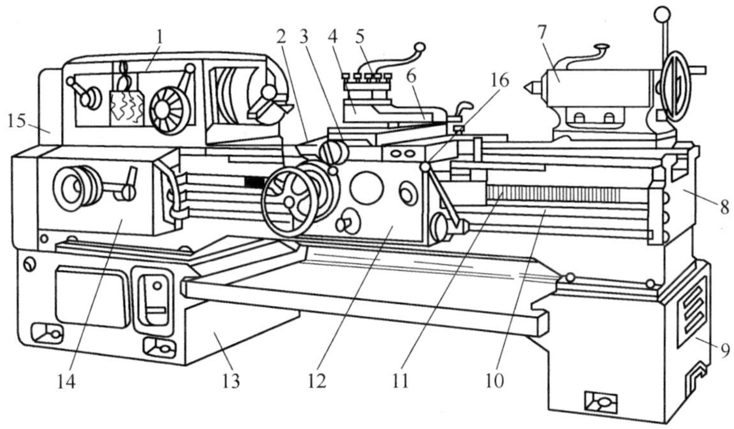

图 5-46　CA6140型普通车床的外观结构

1—主轴箱　2—纵溜板　3—横溜板　4—转盘　5—方刀架　6—小溜板　7—尾座　8—床身　9—右床座　10—光杠　11—丝杠　12—溜板箱　13—左床座　14—进给箱　15—交换齿轮架　16—操纵手柄

3. 电气控制要求

根据车床的运动情况和工艺要求，车床对电气控制提出如下要求。

1）主拖动电动机一般选用三相笼型异步电动机，并采用机械变速。

2）车削螺纹时，主轴要求能正、反转，小型车床由电动机正、反转来实现，CA6140 型普通车床则靠摩擦离合器来实现，电动机只做单向旋转。

3）一般中、小型车床的主轴电动机均采用直接起动，停车时为实现快速停车，一般采用机械制动或电气制动。

4）车削加工时，须用切削液对刀具和工件进行冷却。为此，设有一台冷却泵电动机，拖动冷却泵输出切削液。

5）冷却泵电动机与主轴电动机有着联锁关系，即冷却泵电动机应在主轴电动机起动后才可选择起动与否；而当主轴电动机停止时，冷却泵电动机立即停止。

6）为实现溜板箱的快速移动，由单独的快速移动电动机拖动，且采用点动控制。

7）电路应有必要的保护环节、安全可靠的照明电路和信号电路。

4. CA6140 型普通车床电气控制电路分析

图 5-47 所示为 CA6140 型普通车床电气控制电路图，M1 为主轴及进给电动机，拖动主轴和工件旋转，并通过进给机构实现车床的进给运动；M2 为冷却泵电动机，拖动切削泵输出切削液；M3 为溜板箱快速移动电动机，拖动溜板实现快速移动。

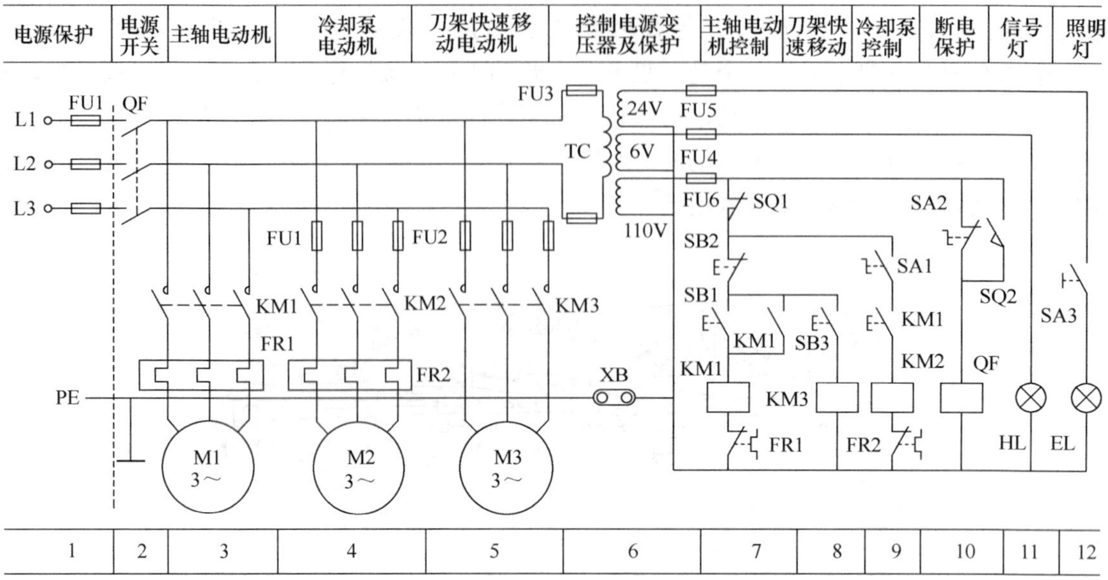

图 5-47　CA6140型普通车床电气控制电路图

（1）主电路分析　主电路中共有三台电动机，图 5-47 中 M1 为主轴电动机，用以实现主轴旋转和进给运动；M2 为冷却泵电动机；M3 为溜板箱快速移动电动机。M1、M2、M3 均为三相异步电动机，容量均小于 10kW，均采用全压直接起动，皆由交流接触器控制单向旋转。

M1 电动机由起动按钮 SB1、停止按钮 SB2 和接触器 KM1 构成电动机单向连续运转控制电路。主轴的正反转由摩擦离合器改变传动来实现。

M2 电动机在主轴电动机起动之后，通过冷却泵控制开关 SA1 来控制接触器 KM2 的通断，实现冷却泵电动机的起动与停止。由于 SA1 开关具有定位功能，故不需自锁。

M3 电动机由装在溜板箱上的快慢速进给手柄内的快速移动按钮 SB3 来控制 KM3 接触器，从而实现 M3 电动机的点动控制。操作时，先将快速进给手柄扳到所需移动方向，再按下 SB3 按钮，即实现该方向的快速移动。

三相电源通过低压断路器 QF 引入，FU1 和 FU2 做短路保护。主轴电动机 M1 由接触器 KM1 控制起动，热继电器 FR1 为主轴电动机 M1 的过载保护。冷却泵电动机 M2 由接触器 KM2 控制起动，热继电器 FR2 为它的过载保护。刀架快速移动电动机 M3 由接触器 KM3 控制起动。

（2）控制电路分析　控制回路的电源由变压器 TC 二次侧输出 110V 电压提供，采用 FU3 做短路保护。

1）主轴电动机的控制：按下起动按钮 SB1，接触器 KM1 的线圈获电动作，其主触点闭合，主轴电动机 M1 起动运行。同时 KM1 的主触点和另一副常开触点闭合。按下停止按钮 SB2，主轴电动机 M1 停车。

2）冷却泵电动机控制：如果车削加工过程中，工艺上要求使用切削液，合上开关 SA1，在主轴电动机 M1 运转的情况下，接触器 KM1 线圈获电吸合，其主触点闭合，冷却泵电动机获电运行。由电气原理图可知，只有当主轴电动机 M1 起动后，冷却泵电动机 M2 才有可能起动，当 M1 停止运行时，M2 也就自动停止。

3）刀架快速移动的控制：刀架快速移动电动机 M3 的起动是由安装在进给操纵手柄顶端的按钮 SB3 来控制的，它与中间继电器 KM3 组成点动控制环节。将操纵手柄扳到所需要的方向，压下按钮 SB3，继电器 KM3 获电吸合，M3 起动，刀架就向指定方向快速移动。

（3）照明、信号灯电路分析　控制变压器 TC 的二次侧分别输出 24V 和 6V 电压，作为机床低压照明灯和信号灯的电源。EL 为机床的低压照明灯，由开关 SA3 控制；HL 为电源的信号灯，采用 FU4 做短路保护。

5. 电路的保护环节

1）电路电源开关是带有开关锁 SA2 的断路器 QF。机床接通电源时需用钥匙开关操作，再合上 QF，增加了安全性。需要送电时，先用开关钥匙插入 SA2 开关锁中并右旋，使 QF 线圈断电，再扳动断路器 QF 将其合上，此时，机床电源送入主电路 380V 交流电压，并经控制变压器输出 110V 控制电路、24V 安全照明电路、6V 信号灯电压。断电时，若将开关锁 SA2 左旋，则触点 SA2（3—13）闭合，QF 线圈通电，低压断路器 QF 断开，机床断电。若出现误操作，QF 将在 0.1s 内再次自动跳闸。

2）打开机床控制配电盘壁箱门，自动切除机床电源的保护。在配电盘壁箱门上装有安全行程开关 SQ2，当打开配电盘壁箱门时，安全开关的触点 SQ2（3—13）闭合，将使 QF 线圈通电，低压断路器 QF 自动跳闸，断开机床电源，以确保人身安全。

3）机床床头传动带罩处设有安全开关 SQ1，当打开传动带罩时，安全开关触点 SQ1（3—1）断开，将接触器 KM1、KM2、KM3 线圈电路切断，电动机将全部停止旋转，以确保人身安全。

4）为满足打开机床控制配电盘壁箱门进行带电检修的需要，可将 SQ2 安全开关传动杆拉出，使触点 SQ2（3—13）断开，此时 QF 线圈断电，QF 开关仍可合上。当检修完毕，关上壁箱门后，将 SQ2 开关传动杆复位，SQ2 保护作用照常工作。

5）电动机 M1、M2 由 FU 热继电器 FR1、FR2 实现电动机长期过载保护；低压断路器 QF 实现全电路的过电流、欠电压保护及热保护；熔断器 FU、FU1～FU6 实现各部分电路的短路保护。

此外，还设有 EL 机床照明灯和 HL 信号灯进行照明。

6. 电气控制电路中各元器件的识别与技术数据

（1）电动机　M1 主轴电动机：Y 系列电动机具有体积小、重量轻、运行可靠、结构坚固、外形美观等特点，起动性能好，效率高，达到了节能效果，而且噪声低、寿命长、经久耐用。Y 系列电动机适用于空气中不含易燃、易爆或腐蚀性气体的场所。Y132-4-B3 型电动机功率为 7.5kW，频率为 50Hz，转速为 1450r/min，功率因数 cos ϕ 为 0.85，效率为 87%，堵转转矩为 2.2N・m，最大转矩为 2.3 N・m，所以此类型电动机能符合电路配置，并能有效完成工作。

M2 冷却泵电动机：AOB-25 机床冷却泵是一种浸渍式的三相电动泵，由封闭式三相异步电动机与单极离心泵组合而成，具有安装简单、方便，运行安全可靠，过载能力强，效率高，噪声低等优点，适合作为各种机床输送切削液、润滑液的动力泵。此电动机输出功率为 90W，扬程为 4m，流量为 25L/min，出口管径为 0.5in（英寸，1in=25.4mm），能有效配合 M1 电动机使用。

M3 快速移动电动机：AOS5634 快速电动机适合在 CA6140 型普通车床溜板箱上使用，功率为 250W，电压为 380V，持续时间为 5min，转速为 1360r/min，频率为 50Hz，E 级，电动机轴有 11 和 14 两种，其中 14 轴径有长短两种，轴头长度为 25mm 和 42mm。

（2）控制变压器　首先查看电源电压、实际用电载荷和地方条件，然后参照变压器铭牌标示的技术数据逐一选择，一般应从变压器容量、电压、电流及环境条件综合考虑，其中容量选择应根据用户用电设备的容量、性质和使用时间来确定所需的负载量，以此来选择变压器容量。

JBK2-100VA 机床控制变压器适用交流 50～60Hz，输出额定电压不超过 220V，输入额定电压不超过 500V，可作为各行业机械设备、一般电器的控制电源，工作照明、信号灯的电源之用。此类控制变压器一次电压为 380V，二次电压分别为 110V、24V、6V。

（3）熔断器　熔断器类型根据使用环境、负载性质和各类熔断器的适用范围来进行选择。例如：用于照明电路或小的热负载，可选用 RCIA 系列瓷插式熔断器；在机床控制电路中，较多选用 RL1 系列螺旋式熔断器。

（4）导线　在安装电器配电设备中，如果导线的截面积选小了，负载大时易造成电器火灾；如果导线的截面积选大了，会造成成本高，材料浪费。导线的载流量与导线截面积有关，也与导线的材料、型号、铺设方法以及环境温度等有关。根据表 5-32 中的数据，主电路选择 BVR-2.5mm^2 铜芯导线，控制电路选择 BVR-1mm^2 铜芯导线。

表 5-32　CA6140 型普通车床各元器件的技术数据

代号	名　称	型号及规格	数量	用　途
M1	主轴电动机	Y132M-4-B3，7.5kW，1450r/min	1 台	主传动用
M2	冷却泵电动机	AOB-25，90W，3000r/min	1 台	输送切削液用
M3	快速移动电动机	AOS5634，250W，1360r/min	1 台	溜板快速移动用
FR1	热继电器	JR16-20/2D，15.4A	1 只	M1 的过载保护
FR2	热继电器	JR16-20/2D，0.32A	1 只	M2 的过载保护
FU	熔断器	RL1-10，55×78，35A	3 只	总电路短路保护
FU1，FU2	熔断器	RL1-10，55×78，25A	6 只	M2、M3 及主电路短路保护
FU3	熔断器	RL1-10，55×78，25A	2 只	变压器短路保护
FU4	熔断器	RL1-15，5A	1 只	照明电路保护
FU5	熔断器	RL1-15，5A	1 只	指示灯电路保护
FU6	熔断器	RL1-15，5A	1 只	控制电路保护
KM	交流接触器	CJ20-20，线圈电压 110V	3 只	控制 M1
KA1	中间继电器	JZ7-44，线圈电压 110V	1 只	控制 M2
KA2	中间继电器	JZ7-44，线圈电压 110V	1 只	控制 M3
SB1	按钮	LAY3-01ZS/1	1 个	停止 M1
SB2	按钮	LAY3-10/3.11	1 个	起动 M1
SB3	按钮	LA9	1 个	起动 M3
SB4	按钮	LAY3-10X/2	1 个	控制 M2

（续）

代号	名　称	型号及规格	数量	用　途
SQ1，SQ2	安全开关	JWM6-11	2 个	断电保护
HL	信号灯	ZSD-0.6V	1 只	照明电路保护
QF	低压断路器	AM2-40，20A	1 只	电源引入
TC	控制变压器	JBK2-100，380V/110V/24V/6V	1 台	变压

CA6140 型普通车床技术参数见表 5-33。

表 5-33　CA6140 型普通车床技术参数

项　目	单　位	规　格
床身上最大回转直径	mm	400
刀架上回转直径	mm	210
二顶尖间距离	mm	1000
主轴通孔直径	mm	52；76；80
主轴头形式	—	A6；C8；D8
床身导轨宽度	mm	400
床身导轨硬度	RC	52
主轴转速范围（24）	r/min	10～1400
进给量范围（标准）	mm/r	0.08～1.59
进给量范围（细进给）	mm/r	0.028～0.54
进给量范围（加大进给）	mm/r	1.71～6.33
加工米制螺纹范围（44 种）	mm	1～192
加工寸制螺纹范围（21 种）	牙/in	2～24
加工模数螺纹范围（39 种）	mm	0.25～48
加工径节螺纹范围（37 种）	DP	1～96
主电动机功率	kW	7.5
机床净重（约）	kg	2000～2580
机床轮廓尺寸（长×宽×高）	mm	2668×1000×1267
机床包装尺寸（长×宽×高）	mm	2800×1260×1760

实践操作

1. 原理图的识读

图 5-48 所示为 CA6140 型普通车床的电气控制电路图，写出 CA6140 型普通车床中各电动机的控制顺序。

写出主轴及进给电动机 M1 的控制顺序。

写出冷却泵电动机 M2 的控制顺序。

写出快速移动电动机 M3 的控制顺序。

写出各保护环节的控制。

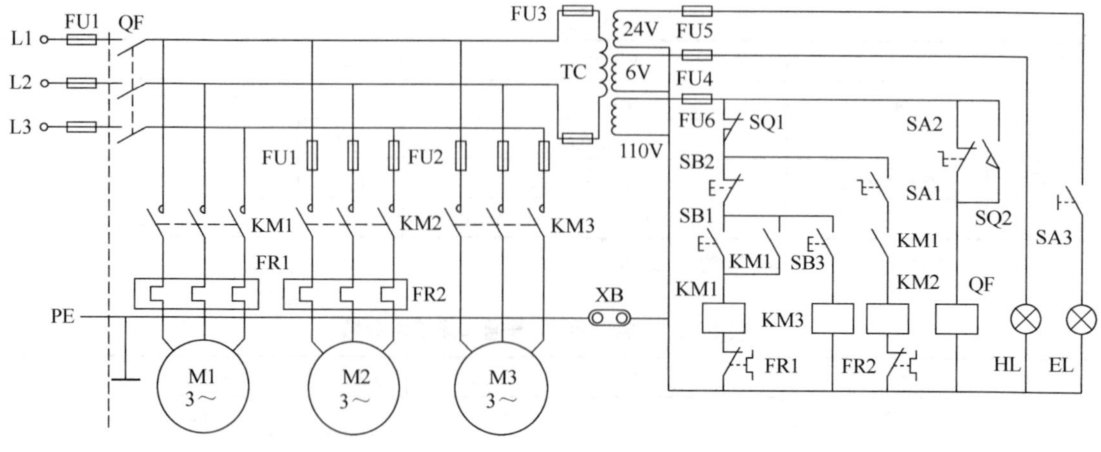

图 5-48 CA6140型普通车床的电气控制电路图

2. CA6140 型普通车床电气图元器件的识别

1）对照 CA6140 型普通车床的电气控制原理图，分析电路，识别元器件。

2）识别元器件，主要包含电动机的识别、控制变压器的识别、熔断器的识别、导线的选择四个模块。将元器件填入表 5-34 中。

表 5-34 识别元器件

名称	元器件型号	规格	用途	备注

考核评价

实训任务完成后进行考核与评价，具体评分细则见表 5-35。

表 5-35　CA6140 型普通车床电气控制电路考核评价表

序号	评价内容	配分	自评	互评	教师评价
1	出勤情况：遵守课堂时间，按时上、下课，不迟到，不早退	10 分			
2	识图与作图 1）会识读 CA6140 型普通车床电气原理图，正确说明每部分电路的工作原理 2）正确说出主电路与控制电路的鉴别方法	15 分			
3	车床实物元器件识别 1）CA6140 型普通车床电气控制元器件的选择 2）写出 CA6140 型普通车床电气控制电路中各保护元器件在电路中起到的作用	35 分			
4	车床实物控制电路识别 1）主轴电动机控制电路识别 2）冷却泵电动机控制电路识别 3）刀架快速移动电动机控制电路识别 4）照明电路的识别	30 分			
5	安全文明操作 1）注意安全、文明操作、爱护公物 2）团队合作	10 分			

巩固与提高

1. 填空题

1）普通车床主要由（　　）、（　　）、（　　）、（　　）、（　　）、（　　）、（　　）和（　　）等部件组成。

2）冷却泵电动机与主轴电动机有着（　　）关系，即冷却泵电动机应在主轴电动机（　　）后才可选择起动与否；而当主轴电动机停止时，冷却泵电动机立即（　　）。

2. 选择题

1）CA6140 型车床主轴电动机是（　　）。

A. 三相笼型异步电动机　　B. 三相绕线转子异步电动机　　C. 直流电动机

2）CA6140 型车床主电路中一般有（　　）台电动机。

A. 两　　B. 三　　C. 四

3. 简答题

在 CA6140 型车床电气控制电路中，为什么未对 M3 进行过载保护？

任务 8　CA6140 型普通车床电气控制电路的安装与检修

任务目标

1. 了解 CA6140 型普通车床的主要结构。
2. 掌握 CA6140 型普通车床的电气控制电路的检修方法。

任务要求

1. 各小组接受任务后制订任务实施计划。
2. 掌握 CA6140 型普通车床故障检修方法。

注意事项

1. 接线触点连接牢固，无松动感。
2. 安全文明操作。

实施流程

实施流程见表 5-36。

表 5-36 实施流程

序号	工作内容	教师活动	学生活动	学时
1	布置任务	下达任务书，组织小组讨论学习	接受任务，明确工作内容	1
2	知识准备	讲解 CA6140 型普通车床电气电路的检修方法	掌握电气电路的检修方法	
		讲解安全操作的重要意义	熟记安全操作规程	
3	实践操作	现场讲解 CA6140 型普通车床电气电路故障点，演示针对故障点的故障排除方法，组织学生分组进行电气控制电路的检修，并巡视指导	掌握电气控制电路的检修方法	1
		检修完毕进行通电试验，并做好维修记录	书写维修记录	
4	考核评价	按具体评分细则对学生进行评价	按具体评分细则进行自评、组评	

知识准备

1. CA6140 型普通车床电气控制电路的检修

普通车床电气控制电路图如图 5-48 所示。

（1）常见电气故障检修　当需要打开配电柜门进行带电检修时，将 SQ2 开关的传动杆拉出。关上门后，SQ2 复原，恢复保护作用。

1）主轴电动机 M1 不能起动的检修。检查接触器 KM1 是否吸合，如果接触器 KM1 能吸合，说明 U、V 相正常（若 U、V 相不正常，控制变压器输出就不正常，则 KM1 无法正常吸合），测量 U、W 之间和 V、W 之间有无 380V 电压，若没有，则可能是 FU1 的 W 相熔断或开路。如果接触器 KM1 不吸合，首先观察电源指示灯是否亮，若电源指示灯亮，检查 KM3 是否能吸合。若 KM3 能吸合，则说明 KM1 和 KM3 的公共电路部分正常，则要检查 SB1 是否损坏；若 KM3 也不能吸合，则要检查线圈 KM1、KM3 的公共部分，检查 FU6 有没有熔断，SQ1 是否损坏，热继电器 FR1 是否动作，控制变压器的输出电压是否正常，供电线路之间有没有开路。

2）主轴电动机 M1 起动后不能自锁的检修 。当按下起动按钮 SB1 后，主轴电动机能够起动，但松开 SB1 后，主轴电动机也随之停止，则 KM1 的自锁触点接触不良或连线松动脱落。

3）主轴电动机 M1 不能停车的检修。当线圈 KM1、KM3 正常工作的时候，按下停止按钮 SB2 或 SQ1，检查线圈 KM3 是否失电。如果线圈 KM3 失电，则起动按钮 SB1 出现故障；如果线圈 KM3 还正常带电工作，则停止按钮 SB2 或 SQ1 出现故障。

4）主轴电动机在运行中突然停车的检修。由于三相电源不平衡、电源电压过低或负载过重，使热继电器动作，导致主轴电动机在运行中突然停车。

5）刀架快速移动电动机不能起动的检修。首先检查主轴电动机能否起动。如果主轴电动机能够起动，则有可能是 SB3 接触不良或导线松动脱落造成该控制电路不通。

（2）注意事项

1）控制柜内外所有设备和电器元器件编号必须与电气接线图上的编号完全一致。

2）安装接线时，主电路、控制电路要分别接线，安装好一部分就检查一部分。

3）所有螺钉和螺母要拧紧，以减少试车故障。

4）试车出现故障时应立即切断电源，排除故障后方可再次试车。

2. 控制电路故障分析

控制电路故障分析见表 5-37。

表 5-37　CA6140 型普通车床控制电路故障分析

故障现象	原因	故障点	检查方法
按下 SQ2 后，不起动	停电或断路故障	电源是否有电 FU1、FU2、FU、SQ1、FR1、SB1、SB2、KM	查看电源电压表是否熔断 用电笔或万用表检测断路点
按下 SB2 后 QF 跳闸	短路故障	M1 绕组击穿或部分击穿 KM 线圈击穿或部分击穿 TC 绕组击穿或部分击穿	用万用表查三相绕组 用万用表查 KM 线圈 查看是否烧焦
HL 或 EL 不亮	断路或灯泡损坏	SA 不能闭合，HL 或 EL 或 FU3 或 FU4 熔断	用电笔或万用表测量灯座接触是否良好，是否有漏电处，熔丝是否熔断
合上 SB4，M2 不起动	断路故障	FR2、SB4、KM 常开触点、KA1 线圈	用电笔或万用表检测短路点
合上 QF 就跳闸	短路	TC、KM、KA1、KA2、M1、M2、M3、QF 或绕组	FU 熔断，检查 M1、M2、M3、TC；FU1 熔断，查看有关线圈和绕组是否有烧焦的痕迹

实践操作

CA6140 型普通车床故障检修。

1. 工具准备

工具清单见表 5-38。

表 5-38　工具清单

名称	型号及要求	数量
测电笔	—	1 支
电工刀	—	1 把
剥线钳	手动剥线钳 160mm	1 把
尖嘴钳	160mm	1 把
兆欧表	ZC25B-3 型	1 块
万用表	MF47 型	1 块
螺钉旋具		1 把
各种规格软线		若干
金属软管		1 根
编码套管		1 根

2. CA6140 型普通车床电路故障的检修

1）对照 CA6140 型普通车床的电气控制原理图 5-48，分析电路。

2）对主电路及控制电路进行检修，填表 5-39。

①用通电试验法观察故障现象。

②根据故障现象确定故障范围，查找故障点。

③排除故障。

④检修完毕进行通电试验，并做好维修记录。

表 5-39　故障排除记录

故障现象	故障点	检查方法

小贴士

1. 要先关闭电源，再进行电路检测。
2. 排除故障进行元器件安装时注意连接电路的规范。
3. 必须经教师检查合格后才能通电试通车。

考核评价

实训任务完成后进行考核与评价，具体评分细则，见表 5-40。

表 5-40　CA6140 型普通车床电路故障考核评价表

序号	评价内容	配分	自评	互评	教师评价
1	出勤情况：遵守课堂时间，按时上、下课，不迟到，不早退	10 分			
2	故障分析 1）分析故障范围 2）标出最小故障范围 3）分析故障原因	35 分			
3	故障排除 1）排除故障时选用工具正确 2）故障排除正确 3）元件替换正确，线路工艺符合标准	45 分			
4	安全文明操作 1）注意安全、文明操作、爱护公物 2）团队合作	10 分			

巩固与提高

简答题

1）CA6140 型普通车床在车削过程中，若有一个控制主轴电动机的接触器主触点接触不良，会出现什么现象？如何解决？

2）CA6140 型普通车床的主轴电动机 M1 因过载而停转，热继电器 FR1 的常闭触点是否复位？对冷却泵电动机 M2 和刀架快速移动电动机 M3 的运转是否有影响？

项目6 电子电路的安装与检测

项目描述

本项目主要讲述二极管、晶体管的结构、符号、类型及参数等基本知识，二极管、晶体管的基本特性及检测方法，以及二极管桥式整流电路、晶体管放大电路、集成稳压电路的应用、安装及故障检测方法，由浅入深地引入了连续可调稳压电源教学产品的安装与制作知识，从而增强了本项目内容的趣味性及实用性，为进一步提高学生的实践能力打下良好的基础。

知识目标

1. 熟识二极管、晶体管的外形及符号，了解其主要特性及参数。
2. 理解整流及放大电路的基本组成，掌握其工作原理，能进行简单的工程计算。
3. 理解常用功能电路的工作过程及原理。
4. 掌握常用集成稳压电路的引脚排列及应用电路。

技能目标

1. 会使用万用表判断二极管的极性和好坏，会测量晶体管的管型及检测其质量好坏。
2. 能识读常用功能电路的原理图。
3. 学会使用万用表测量放大电路的静态工作点，并由此判断电路的工作状态。
4. 能独立安装调试常用功能电路。
5. 初步具有检查、排除常用功能电路故障的能力。

任务1 桥式整流滤波电路的安装及故障检测

任务目标

1. 认识半导体二极管，能识读二极管的产品型号及含义。
2. 了解二极管的结构，掌握二极管的图形符号。
3. 理解二极管的特性曲线，掌握二极管的单向导电性。
4. 理解二极管整流电路的结构及工作原理，能进行简单的工程计算。
5. 会使用万用表检测二极管的好坏及极性。
6. 理解稳压管的基本特性及用途。

7. 理解整流的概念，掌握单相半波及桥式整流电路的结构及原理。

8. 理解滤波的概念，正确安装桥式整流滤波电路，能检测出电路的简单故障并排除。

任务要求

1. 各小组接受任务后，讨论并制订工作计划。
2. 会正确使用电工工具。
3. 操作时应按步骤要求规范操作。
4. 整理任务实施报告。

注意事项

1. 爱护实验设备，按规程进行操作，不能人为损坏实验用电器材。
2. 插装元件时，要注意元器件的布局和连线，元器件应排列整齐。
3. 焊接前，要对照电路图进行检查，确保元件插装正确，尤其注意二极管的极性。
4. 焊接电路时，应先焊电阻器和电容器，后焊二极管和集成片，焊接后检查各焊点是否可靠，不能出现连焊、虚焊和漏焊等现象。
5. 电路调试要在教师的指导下进行，先自检、互检、师检后再通电，确保安全。
6. 注意用电安全，按要求文明操作。

实施流程

实施流程见表 6-1。

表 6-1　实施流程

<table>
<tr><th>序号</th><th>工作内容</th><th>教师活动</th><th>学生活动</th><th>学时</th></tr>
<tr><td>1</td><td>布置任务</td><td>下达任务书，组织小组讨论学习</td><td>接受任务，明确工作内容</td><td rowspan="4">2</td></tr>
<tr><td rowspan="3">2</td><td rowspan="3">知识准备</td><td rowspan="3">1）讲解半导体二极管
2）讲解特殊二极管
3）讲解单相桥式整流电路</td><td>知道特殊用途二极管</td></tr>
<tr><td>熟悉半导体二极管的特性、符号及单向导电性</td></tr>
<tr><td>掌握单相桥式整流电路的工作原理，能进行简单的工程计算</td></tr>
<tr><td>3</td><td>实践操作</td><td>讲解安全操作规程，演示桥式整流滤波电路的安装过程，组织学生进行安装并巡视指导</td><td>识别并测试器件
安装二极管、电容器、负载电阻等元器件
进行桥式整流滤波电路的安装、检查及故障排除操作</td><td>2</td></tr>
<tr><td>4</td><td>考核评价</td><td>按具体评分细则对学生进行评价</td><td>按具体评分细则进行自评、互评</td><td></td></tr>
</table>

知识准备

电子技术是根据电子学的原理，运用电子器件设计和制造某种特定功能的电路以解决实际问题的科学，是对电子信号的发生、放大、滤波、转换进行处理的技术。它包括信息电子技术和电力电子技术两大分支。信息电子技术包括模拟电子技术和数字电子技术。模拟电子技术主要研究模拟电路，处理模拟信号。模拟信号是指在时间上和幅值上都连续变化的信号，如声音信号、交流电压和交流电流信号等。本次任务主要讲解模拟电路中常用的半导体二极管及其整流滤波电路。

1. 半导体二极管

半导体二极管又称晶体二极管，简称二极管。图 6-1 所示为常用二极管的实物外形。

a)　　b)　　c)

图 6-1　常用二极管的实物外形

a）整流二极管　b）金属封装中、大功率二极管　c）检波二极管

（1）二极管的结构与符号　二极管的基本结构及图形符号如图 6-2 所示。它是由一个 PN 结加上相应的引出线和管壳做成的。

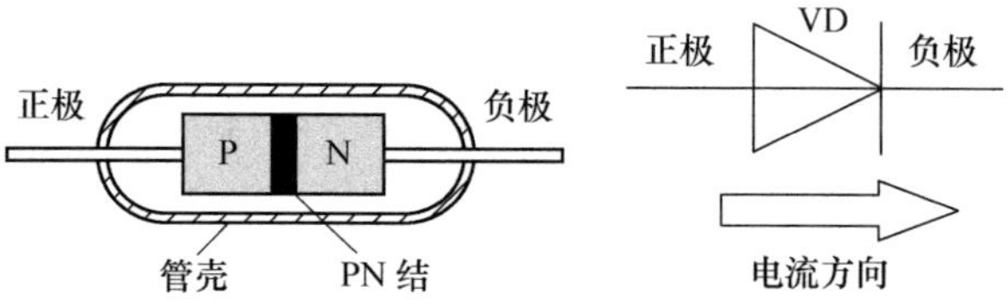

a)　　b)

图 6-2　二极管的基本结构及图形符号

a）基本结构　b）符号

采用掺杂工艺，使硅或锗晶体的一边形成 P 型半导体区域，另一边形成 N 型半导体区域，在 P 型与 N 型半导体的交界面会形成一个具有特殊电性能的薄层，称为 PN 结。从 P 区引出的电极作为正极，从 N 区引出的电极作为负极。二极管的文字符号用 VD 表示。

小贴士

1）导体：导电能力介于导体和绝缘体之间的物体。

2）本征半导体：即纯净半导体。

3）当半导体受热、光照或掺入其他元素时，其导电能力将大大增强。

4）P 型半导体：在本征半导体中掺入微量的三价元素而形成的半导体。其特点是空穴多、电子少。

5）N 型半导体：在本征半导体中掺入微量的五价元素而形成的半导体。其特点是电子多、空穴少。

（2）二极管的特性

1）二极管的单向导电性。为了观察二极管的单向导电性，将二极管串连到由电池和指示灯组成的电路中，如图 6-3 所示。

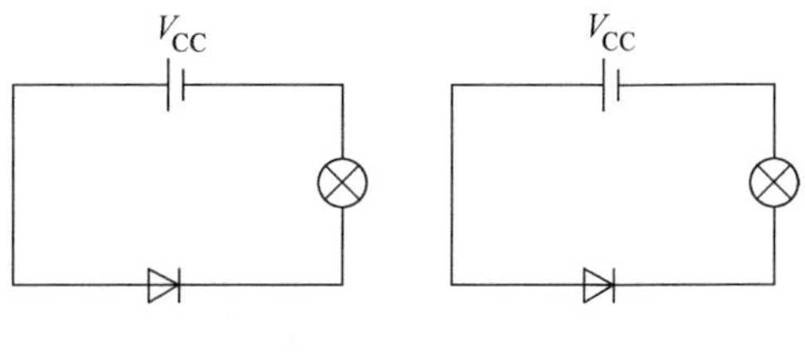

图 6-3 二极管单向导电性实验

二极管加正压导通：当二极管的正极与电源正极相连接时，称为给二极管加正压，也叫正偏。此时灯亮，表明此时在二极管内部呈现较小的电阻，有较大电流通过，二极管的这种状态为正向导通状态，如图 6-3a 所示。

二极管加反压截止：当二极管的正极与电源的负极相连接时，称为给二极管加反压，也叫反偏。此时灯灭，表明此时在二极管内部呈现较大的电阻，几乎不导电，与绝缘体相似，二极管的这种状态为反向截止状态，如图 6-3b 所示。

2）二极管的伏安特性。二极管的单向导电性可以用二极管的伏安特性进一步说明。

加在二极管两端的电压 V_D 与流过二极管的电流 I_D 之间的关系曲线称为二极管的伏安特性，如图 6-4 所示。

①正向特性：图 6-4 中 0*B* 段。当正向电压较小时（曲线的 0*A* 段），正向电流极小，二极管呈现很大的电阻，处于截止状态，这一部分称为死区，相应的电压称为死区电压。硅管的死区电压约为 0.5V，锗管的死区电压约为 0.2V。

当正向电压大于死区电压后（曲线的 *AB* 段），电流随电压的上升而急剧增大，二者呈线性关系，二极管电阻很小，进入导通状态。此时二极管两端的电压接近定值，称为导通电压。硅管的导通电压约为 0.7V，锗管的导通电压约为 0.3V。

②反向特性：图 6-4 中 0*C* 段。二极管的反向电压在一定数值内（曲线的 0*C* 段），二极管的反向电流较小，而且在很大范围内不随反向电压的变化而变化，称为反向饱和电流。

当二极管反向电压增加到一定数值后（曲线的 *CD* 段），反向电流急剧增加，称为反向击穿。击穿后电流过大将会使二极管损坏，因此除稳压管外，加在二极管上的反向电压不允许超过击穿电压。

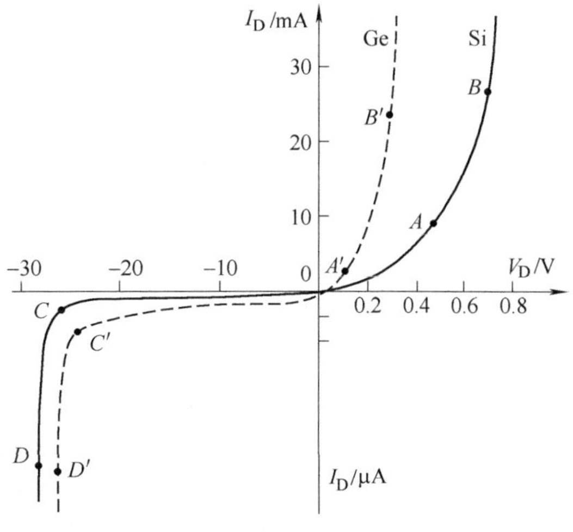

图 6-4 二极管的伏安特性曲线

（3）二极管的主要参数

1）最大整流电流 I_F。I_F 是指二极管长期工作时允许通过的最大正向平均电流，它与 PN 结的材料、截面积和散热条件有关。

2）最大反向工作电压 U_{RM}。U_{RM} 是指二极管在使用时允许加的最大反向电压。通常取二极管的反向击穿电压的一半为 U_{RM}。

3）反向电流 I_R。I_R 是指二极管未被击穿时的反向电流值。

4）最高工作频率 f_M。f_M 是指二极管正常工作时，允许通过交流信号的最高频率。实际使用时，二极管的工作频率不要超过此值，否则二极管的单向导电性将显著变差。

（4）二极管的型号及含义　按国标规定，二极管的型号由五部分组成，其表示方法如图 6-5 所示。

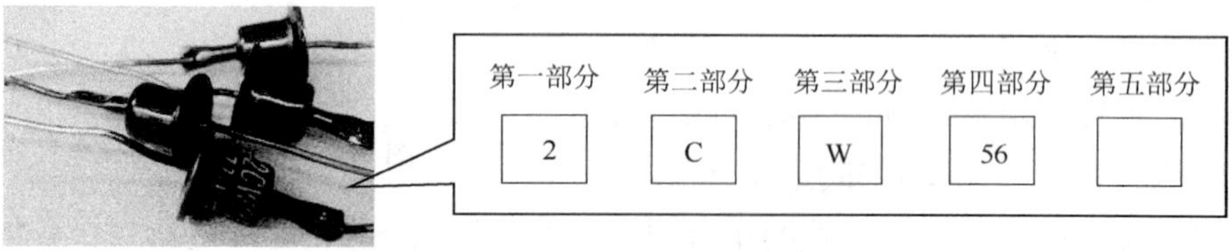

图 6-5　二极管的型号表示方法

二极管型号的含义如下

1）第一部分：主称，用数字表示。“2”表示主称为二极管，“3”表示主称为晶体管。

2）第二部分：材料与极性，用字母表示。“A”表示 N 型锗材料，“B”表示 P 型锗材料，“C”表示 N 型硅材料，“D”表示 P 型硅材料，“E”表示化合物材料。

3）第三部分：类别，用字母表示。“P”表示小信号管（普通管），“W”表示电压调整管和电压基准管（稳压管），“L”表示整流堆，“N”表示阻尼管，“Z”表示整流管，“U”表示光电管，“K”表示开关管，“D”或“C”表示变容管，“V”表示混频检波管，“JD”表示激光管，“S”表示隧道管，“CM”表示磁敏管，“H”表示恒流管，“Y”表示体效应管，“EF”表示发光二极管。

4）第四部分：序号，用数字表示同一类别产品序号。

5）第五部分：规格号，用字母表示产品规格、档次。

例如：型号为 2AP9 的是 N 型锗材料普通二极管，序号为 9。

型号为 2CW54 的是 N 型硅材料稳压管，序号为 54。

（5）二极管的检测　二极管具有单向导电性，利用这一特性可用万用表欧姆档来检测二极管的好坏和极性。

检测时将万用表拨到欧姆档，一般用 $R\times100\Omega$ 或 $R\times1k\Omega$ 两个档，此时万用表的红表笔接的是表内电池的负极，黑表笔接的是表内电池的正极，与面板上表示测量直流电压或电流的“+”“-”符号正好相反。

具体的测量方法：将红、黑表笔分别接在二极管两端，如图 6-6a 所示，若测得电阻很小（几千欧以下），将二极管两极对调位置再测一次，如图 6-6b 所示，若此次测得电阻较大（几百千欧），则说明二极管正常，所测电阻小的那一次，黑表笔接的是二极管的正极。

如果测得二极管的正、反向电阻都很小，表明二极管内部短路；若测得二极管的正、反向电阻都很大，表明二极管内部断路或接触不良。出现短路和断路时，表明二极管已经损坏。

2. 特殊二极管

（1）发光二极管

1）发光二极管的结构与符号。发光二极管（简称 LED）是一种光发射器件，由砷化镓、磷化镓等材料制成。当发光二极管中有电流通过时，发光二极管将会发光，光的颜色取决于制造二极管时所用的材料。发光二极管的实物图及图形符号如图 6-7 所示。

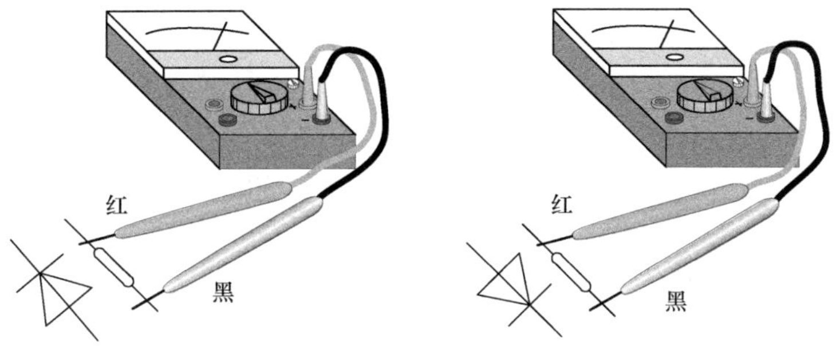

a)　　b)

图 6-6　二极管的检测

a)　　b)　　c)

图 6-7　发光二极管的实物图及图形符号

a）发光二极管　b）发光二极管灯带　c）发光二极管符号

2）发光二极管的检测。检测发光二极管时，将万用表置于 $R\times10\text{k}\Omega$ 欧姆档，两表笔分别接到二极管的两端，正向接入时，表针应偏转过半，同时 LED 中有一发光点。反接时表针应不动，LED 中无发光点。若无论正接、反接指针都偏转或不动，说明二极管已损坏。

（2）稳压二极管

1）稳压二极管的结构与符号。稳压二极管是一种用特殊工艺制造而成的，专门用于在反向击穿状态下工作的硅二极管，简称稳压管。其实物图及图形符号如图 6-8 所示。它的正向特性与普通二极管相同，反向击穿特性不同，尽管击穿时通过稳压管的电流变化很大，但稳压管两端的电压却几乎不变，基本上稳定在反向击穿电压值附近，稳压管就是利用这一特性来实现稳压的，如图 6-9 所示。在使用时，稳压管必须反向连接在电路中。另外，稳压管可以串联使用，一般不能并联使用。

2）稳压管的检测。检测稳压管时，将万用表置于 $R\times1\text{k}\Omega$ 欧姆档，两表笔分别接到二极管的两端，阻值较小时黑表笔所接为正极，稳压管反向电阻比普通二极管稍小一些。若测得稳压管正、反向电阻均无穷大，说明其内部已断路；若其正、反向电阻均很小或为零，说明其内部击穿短路；若其正、反向电阻相差不大，说明此稳压管质量差，不宜使用。

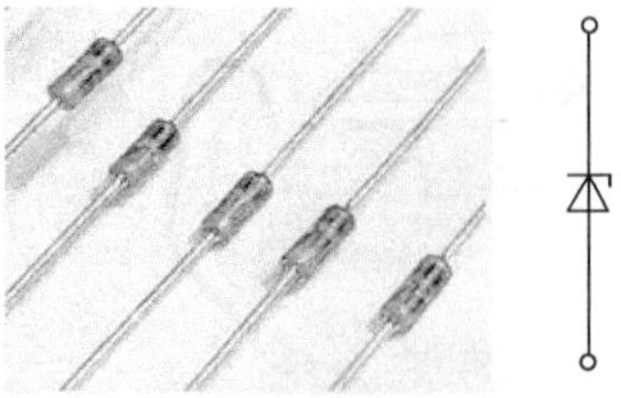

图 6-8 稳压管的实物图及图形符号

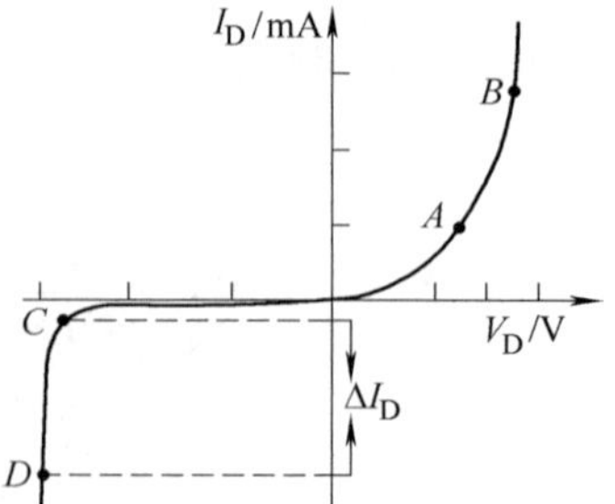

图 6-9 稳压管的伏安特性曲线

3. 二极管整流电路

将交流电转换成脉动直流电的过程称为整流。利用二极管的单向导电性可实现单相整流和三相整流。下面仅介绍最简单的单相半波整流和最常用的单相桥式整流。

（1）单向半波整流电路

1）电路组成。单相半波整流电路由整流二极管 VD、电源变压器 T 和负载 R_L 构成，如图 6-10a 所示。

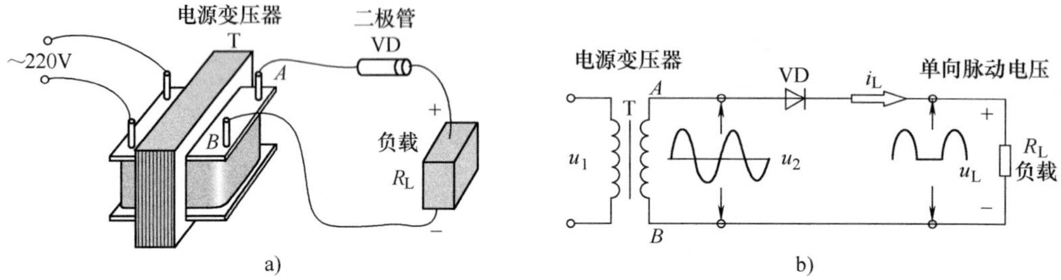

图 6-10 单相半波整流电路

2）工作原理。设整流变压器二次绕组的电压为 $u_2=U_m\sin\omega t$，其波形如图 6-10b 所示。

在交流电压 u_2 的正半周，A 点电位为正，B 点电位为负，二极管 VD 加正向电压，产生的电流由 $A\to VD\to R_L\to B$ 形成通路，负载上产生自上而下的电流，在负载 R_L 上得到上正下负的电压 u_L。若忽略二极管的正向压降，此时负载上的电压 $u_L=u_2=U_m\sin\omega t$。

在交流电压 u_2 的负半周，A 点电位为负，B 点电位为正，二极管 VD 加反向电压而截止，此时，$i_L=0$，$u_L=0$。

可见，在输入电压 u_2 变化的一个周期内，二极管就像一个自动开关，u_2 正半周开关接通，u_2 负半周开关关断。因此，负载 R_L 上得到的是方向不变、大小变化的脉动的直流电压。

这种电路中，在输入电压为单相正弦波时，负载 R_L 上得到的只有正弦波的半个波，故称为单向半波整流电路。经推算，单相半波整流电路负载 R_L 上的直流平均电压 $U_L=0.45U_2$（U_2 为变压器二次电压有效值）。

（2）单相桥式整流电路

1）电路组成。单相半波整流电路的缺点是只利用了电源的半个周期，整流电压脉动大，输出电压的平均值小。为了克服这些缺点，通常采用全波整流电路，其中最常用的是单相桥式整流电路。它是由四只二极管接成电桥形式构成的，图 6-11 所示为单相桥式整流电路的三种不同画法。图 6-12 所示为该电路的元器件连接图。

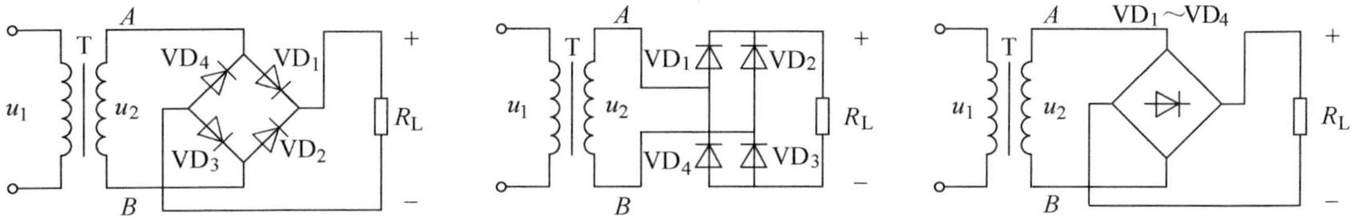

图 6-11　单相桥式整流电路

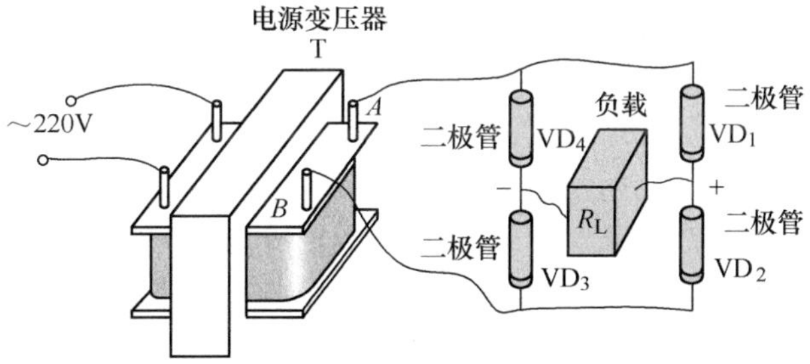

图 6-12　单相桥式整流电路元器件连接图

2）工作原理。设整流变压器二次绕组的电压为 $u_2=U_m\sin\omega t$，其波形如图 6-13a 所示。

在交流电压 u_2 的正半周，A 点电位为正，B 点电位为负，二极管 VD_1、VD_3 加正压而导通，VD_2、VD_4 加反压而截止，产生的电流由 $A\rightarrow VD_1\rightarrow R_L\rightarrow VD_3\rightarrow B$ 形成通路。这时负载电阻 R_L 上得到一个半波电压，如图 6-13b 所示。

在交流电压 u_2 的负半周，A 点电位为负，B 点电位为正，VD_2、VD_4 加正压而导通，VD_1、VD_3 加反压而截止，产生的电流由 $B\rightarrow VD_2\rightarrow R_L\rightarrow VD_4\rightarrow A$ 形成通路。同样，负载 R_L 上得到一个半波电压，如图 6-13c 所示。重复上述过程，负载 R_L 上的电压波形如图 6-13d 所示。经推算，负载上所获得的直流电压平均值 $U_L=0.9U_2$。

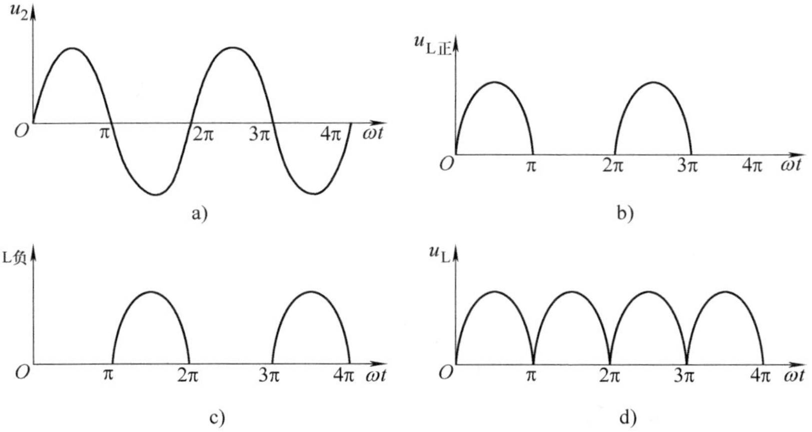

图 6-13　单相桥式整流电路工作波形图

与单相半波整流电路相比较，单相桥式整流电路的主要优点是电源利用率高，可以得到高一倍的直流输出电压；电压脉动程度小，提高了变压器的利用率；降低了二极管的平均电流值。

（3）桥式整流滤波电路　整流电路输出的是脉动直流电，含有很大的交流成分，因而不能直接作为电子设备的直流电源来使用。为此需要将脉动直流电中的交流成分滤掉，这一过程称为滤波。滤波电路通常由电容器、电感器等元件组成。常用的滤波电路有电容滤波电路、电感滤波电路和复式滤波电路。图 6-14 所示为常用的电容滤波电路，经桥式整流电容滤波后 $U_L=1.2U_2$。

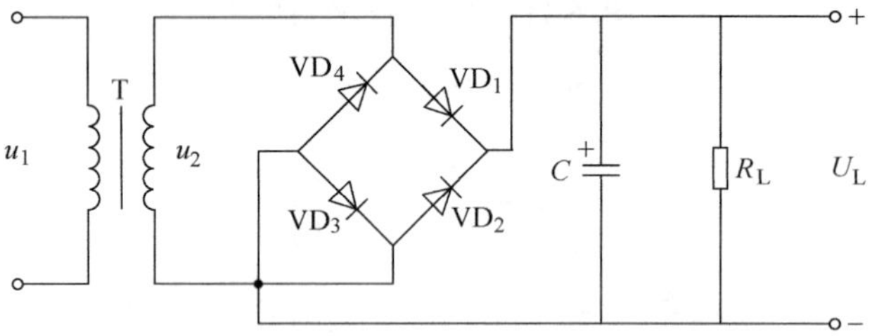

图 6-14　桥式整流电容滤波电路

实践操作

1. 原理图的识读与元器件的选择

（1）识读原理图　本次实践操作内容是桥式整流电容滤波电路的安装及故障检测，其原理图如图 6-14 所示。

（2）实操器材的选择　本次实践操作所用仪表及元器件清单见表 6-2。

表 6-2　元器件及耗材清单

名　　称	型号、规格	数　　量
示波器	SR8	1 台
万用表	MF-47	1 块
二极管	IN4001 （50V/1A）	4 只
电容	100μF /25V	1 只
电阻器	10kΩ/0.25W	2 只
变压器	220V/9V	1 只
电烙铁	30W	2 把
电工工具	—	1 套
万能电路板	—	1 块

2. 桥式整流电容滤波电路的安装与检查

（1）识别并测试器件　对照表 6-2 所列仪表及元器件清单的数量、型号、规格进行清点核对，并用万用表检查元器件的性能及好坏，剔除并更换不合格的元器件。

（2）对照桥式整流电容滤波电路原理图安装元器件

1）清除元器件的氧化层，并搪锡。

2）剥去电源连线及负载连接线端的绝缘层，清除氯化层并加以搪锡处理。

3）对照电路原理图 6-14 在万能电路板上合理布局电路元件。

4）安装二极管、电解电容并注意极性。

5）元器件安装完毕，经检查无误后，按照焊接工艺进行焊接固定。

（3）电路调试

1）安装电源。将变压器二次侧引入万能电路板上并进行焊接，变压器的一次电压 220V 引线通过密封型熔丝座与电源插头相连接。

2）焊接质量检查。检查各元器件有无虚焊、错焊、漏焊及各引线是否正确、有无断路和短路。

3）通电调试。接通电源，用示波器观察输出电压波形，图 6-15a 所示为整流电路的输出波形，图 6-15b 所示为滤波电路的输出波形。观察是否有异常，用万用表测量输出、输入电压并进行记录。

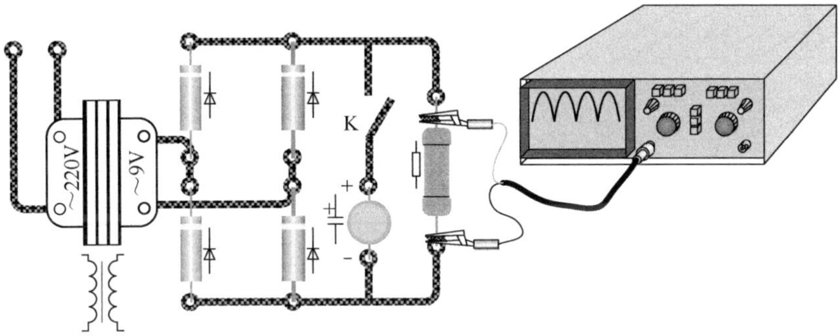

a)

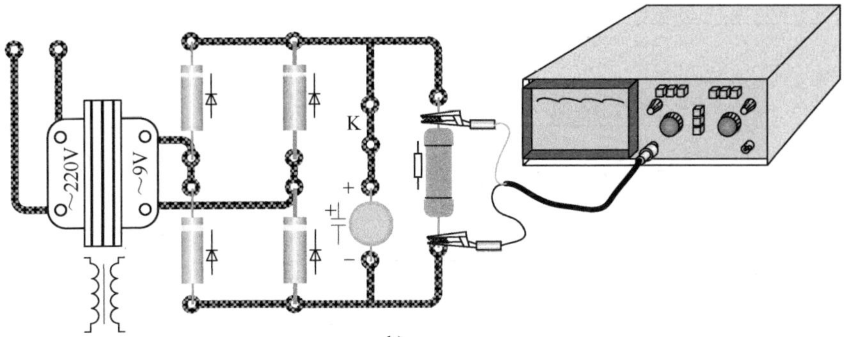

b)

图 6-15　桥式整流滤波电路的安装接线图

a）开关K断开时的整流电路输出波形　b）开关K闭合时的滤波电路输出波形

4）　电路的检查与故障排除。输出电压不正常时的故障现象、可能原因及处理方法见表 6-3。

表 6-3 输出电压不正常时的故障现象、可能原因及处理方法

常见故障	可能原因	处理方法
输出电压为 12.6V 左右	负载虚焊、脱焊	查找虚焊、脱焊点，重新焊接
输出电压为 8.1V 左右	滤波电容虚焊、开路或损坏	查找虚焊、脱焊点，重新焊接
输出电压为 4.5V 左右	除滤波电容脱焊或损坏外，整流二极管某个臂也脱焊或开路	查找虚焊、脱焊以及开路点，重新焊接
输出电压为 0V	1）变压器一、二次绕组开路 2）熔断器熔断 3）电源与整流桥未接好 4）整流二极管开路或短路	1）先用万用表检查变压器一、二次绕组是否开路，若已开路，找到断点并进行维修 2）更换熔断器 3）找到电源与整流桥的断点并连接好 4）若整流二极管短路则更换整流二极管，若开路则找到断点再连接好
接通电源后，熔丝立即熔断	1）电源变压器一、二次绕组已短路 2）一、二次侧装反 3）整流桥中二极管一个极性装反 4）滤波电路短路 5）负载电阻短路	此时应立即切断电源，查明原因。若仅 FU1 熔断，故障在变压器；若 FU1、FU2 同时熔断，故障在二次侧部分，重点检查二极管及输出有无短路情况

考核评价

实训任务完成后进行考核与评价，具体评分细则见表 6-4。

表 6-4 桥式整流滤波电路实践操作考核评价表

序号	评价内容	配分	自评	互评	教师评价
1	小组合作 1）小组计划详细、周密 2）小组成员团结协作、分工得当、积极参与 3）能够发现问题、查找原因并及时解决 4）学习态度端正、操作熟练	10 分			
2	元器件识别 1）能正确识读各种元器件 2）会用万用表检测各元器件的好坏	20 分			
3	插件 1）电阻、电容、二极管卧式插装，贴紧万能电路板，排列整齐，横平竖直 2）电容、二极管极性安装正确	20 分			
4	焊接 1）焊点光亮、清洁，焊料适量 2）无漏焊、虚焊、连焊、溅锡等现象 3）焊接后，元件引脚剪脚留头长度小于 1mm	20 分			
5	调试：通电后，断开开关 K，输出电压应为全波波形，闭合开关 K，输出电压应为脉动的直流波形	20 分			
6	安全、文明操作 1）安全操作，不人为损坏所用工具、设备和元器件 2）保持环境整洁，秩序井然，操作习惯良好	10 分			

巩固与提高

1. 填空题

1）二极管的主要特性是具有（　　）。

2）锗二极管的死区电压是（　　）V，硅二极管的死区电压是（　　）V，锗二极管导通时的电压降是（　　）V，硅二极管导通时的电压降是（　　）V。

3）在二极管的四个主要参数中，反向截止时应注意的参数是（　　）和（　　）。

4）半波整流电路与桥式整流电路相比，输出电压脉动成分较小的是（　　）电路。

5）若半波整流电路负载两端的平均电压为4.5V，则二极管的最高反向电压应大于（　　）V。

2. 选择题

1）交流电通过整流电路后，所得到的输出电压是（　　）。

A. 交流电压　　B. 稳定的直流电压　　C. 脉动的直流电压

2）在桥式整流滤波电路中若某只二极管接反，产生的后果是（　　）。

A. 变压器有半周被短路

B. 会引起元器件的损坏，变为半波整流

C. 输出电压下降一半

3）在单相桥式整流电路中接入电容滤波器后，输出直流电压将（　　）。

A. 升高　　B. 降低

C. 保持不变

4）如图 6-16 所示，四只首尾串联的二极管要组成桥式整流电路，*A*、*B*、*C*、*D* 点应分别接（　　）。

A. *A*、*C* 接交流电源

B. *B*、*C* 接交流电源

C. *A*、*C* 接直流电源

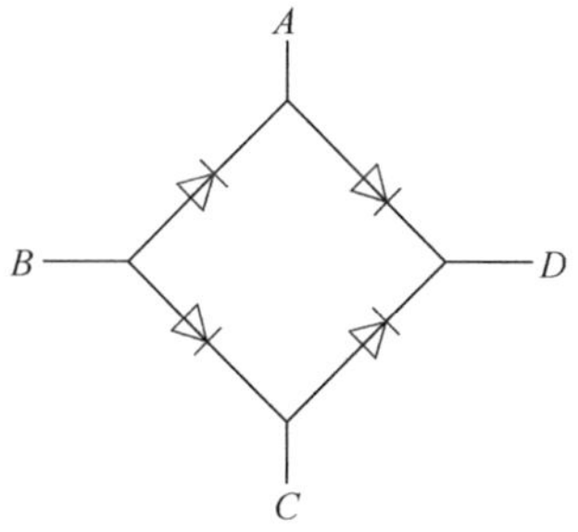

图 6-16　桥式整流电路

5）单相桥式整流电路中，如果负载电流为 20A，则流过每只二极管的电流为（　　）。

A. 20A　　B. 10A　　C. 5A

6）在图 6-17 所示电路中，（　　）图的小灯泡不会亮。

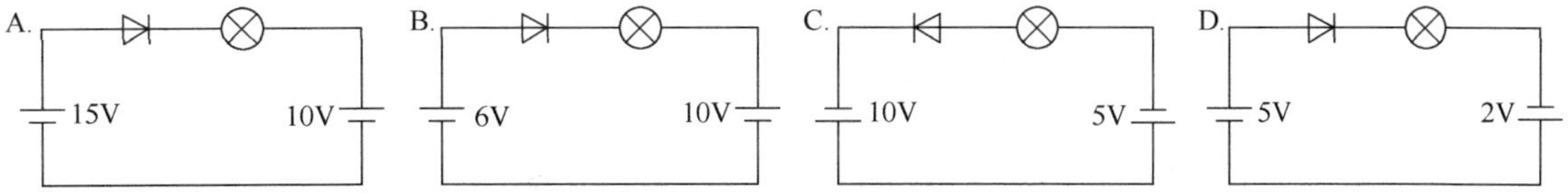

图 6-17　电路图

7）某二极管的击穿电压为 300V，当直接对 220V 正弦交流电进行半波整流时，该二极管（　　）。

A. 会击穿　　B. 不会击穿　　C. 不一定击穿　　D. 完全截止

8）在桥式整流电路中，若有一只二极管断开，则负载两端的直流电压将（　　）。

A. 变为零　　B. 下降　　C. 升高　　D. 保持不变

3. 简答题

1）在图 6-18 所示的单相桥式整流电路中，如果任一只二极管开路或脱焊，试分析产生故障时的后果。

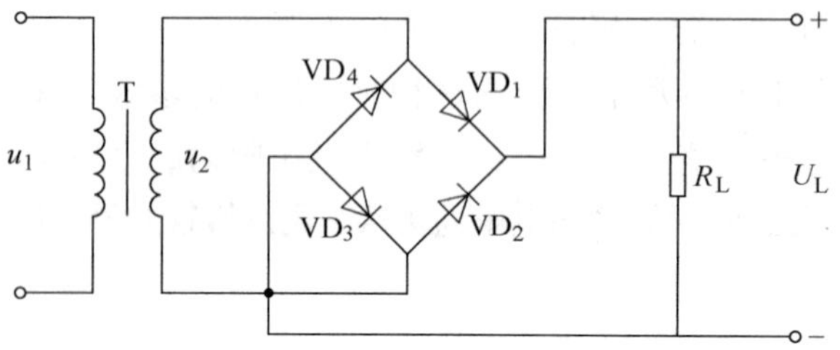

图 6-18　单相桥式整流电路

2）指出图 6-19 所示电路中的错误，若接上电源，将会产生什么后果？

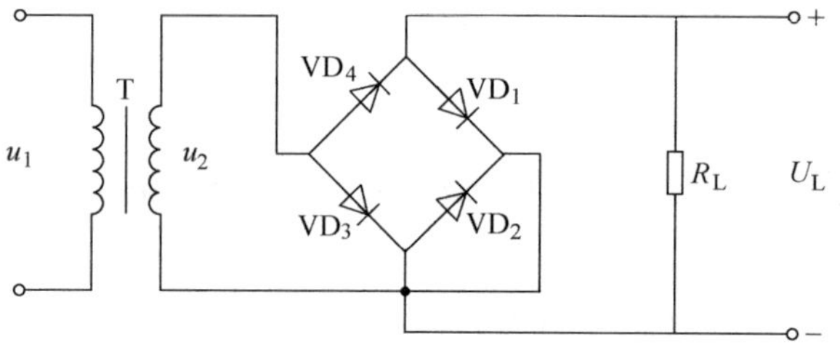

图 6-19　电路图

4. 判断题

1）硅二极管的正向导通电压是 0.5V。（　　）

2）用万用表测某二极管的正向电阻时，红表笔连接二极管的阳极，黑表笔连接二极管的阴极。（　　）

3）普通二极管反向击穿后，只要撤去反向电压，PN 结就可以恢复原有的性能。（　　）

4）流过桥式整流电路中每只整流二极管的电流和负载电流相等。（　　）

5）桥式整流电路负载电压为 0.45 U_2。（　　）

6）整流电路能把交流电变成稳恒直流电。（　　）

7）在整流电路中，整流二极管只有在截止时才可能发生击穿现象。（　　）

8）稳压二极管正常工作时，其工作点在伏安特性曲线的反向击穿区内。（　　）

任务 2　基本放大电路的安装与故障检测

任务目标

1. 认识晶体管，了解晶体管的结构，掌握晶体管的图形符号。

2. 能识读晶体管的产品型号及含义，会使用万用表检测晶体管的好坏及极性。
3. 理解晶体管的特性曲线，能画出基本放大电路的原理图。
4. 理解晶体管放大电路的结构及工作原理，能进行简单的工程计算。
5. 会用万用表测量晶体管的静态工作点，并由此判断工作状态。
6. 能熟练根据原理图合理选择元器件并安装，能检测出电路的简单故障并排除。

任务要求

1. 各小组接受任务后讨论并制订工作计划。
2. 会正确使用电工工具。
3. 操作时应按步骤要求规范操作。
4. 整理任务实施报告。

注意事项

1. 熟记各种电工工具的使用方法，用万用表测量电压时，要选好交流和直流档位。
2. 爱护实验设备，按规程进行操作，不能人为损坏实验器材。
3. 安装电路前要检测元器件的好坏，并正确测量元器件的参数。
4. 插装元器件时，要注意元器件的布局和连线，应排列整齐，并确保元器件插装正确。
5. 焊接前，注意元器件的极性，要对照电路图进行检查，不可接反。
6. 焊接电路时，应先焊电阻器和电容器，后焊晶体管和集成片；焊接后，检查各焊点是否可靠，不能出现连焊、虚焊和漏焊等现象。
7. 注意用电安全，按要求文明操作。

实施流程

实施流程见表 6-5。

表 6-5　实施流程

序号	工作内容	教师活动	学生活动	学时
1	布置任务	下达任务书，组织小组讨论学习	接受任务，明确工作内容	2
2	知识准备	1）讲解晶体管的相关知识 2）讲解晶体管基本放大电路的工作原理	认识晶体管	
			熟悉晶体管的特性、符号及放大作用	
			掌握基本放大电路的工作原理，能进行简单的工程计算	
3	实践操作	讲解安全操作规程，演示基本放大电路的安装过程，组织学生进行安装并巡视指导	1）识别并测试器件 2）安装晶体管、电容器、电阻等元器件，进行基本放大电路的安装、检查及故障排除操作	2
4	考核评价	按具体评分细则对学生进行评价	按具体评分细则进行自评、互评	

知识准备

在本次任务中，将讨论半导体晶体管的结构、工作原理、参数及检测等基础知识，为学习放大电路的组成、工作原理以及稳压电路等相关内容打下基础。

1. 认识晶体管

晶体管是按一定的工艺，将两个 PN 结结合在一起的半导体器件。晶体管的种类很多，按两个 PN 结的组合方式，可分为 NPN 型管和 PNP 型管；按材料可分为硅管和锗管；按功率可分为大功率管和小功率管；按工作频率可分为高频管和低频管；按用途可分为放大管和开关管。图 6-20 所示为常用晶体管的实物外形。

a)　　b)　　c)

图 6-20　常用晶体管的实物外形

a）大功率晶体管　b）小功率晶体管　c）光敏晶体管

（1）晶体管的结构与符号　晶体管的结构及符号如图 6-21 所示。不论是 PNP 型还是 NPN 型晶体管，都有三个电极：发射极 e、基极 b、集电极 c；三个区域：发射区、基区、集电区；两个 PN 结：发射结和集电结，图 6-21 中箭头方向表示发射结加正向电压时的电流方向。

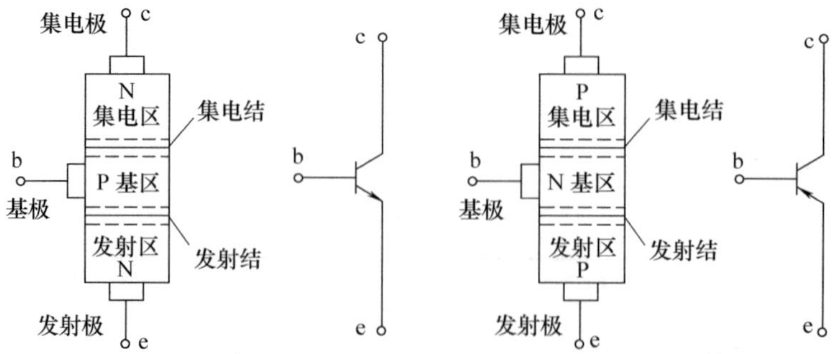

a)　　b)

图 6-21　晶体管的结构及符号

a） NPN管　b）PNP管

（2）晶体管的放大作用

1）晶体管的工作电压。为使晶体管工作在放大状态，必须给它的发射结加正向电压（即 P 区接电源正极，N 区接电源负极），给集电极加反压（即 P 区接电源的负极，N 区接电源的正极）。

图 6-22 所示为 NPN 型晶体管工作在放大状态时所加工作电压的接线图，图 6-23 所示为 PNP 型晶体管工作在放大状态时所加工作电压的接线图，两类晶体管外电路所接电源的极性正好相反。加在基极和发射极之间的正向电压（又称偏压）：一般情况下硅管为 0.6～0.7V，锗管为 0.1～0.3V；加在集电极和发射极之间的反向电压为几伏至十几伏。

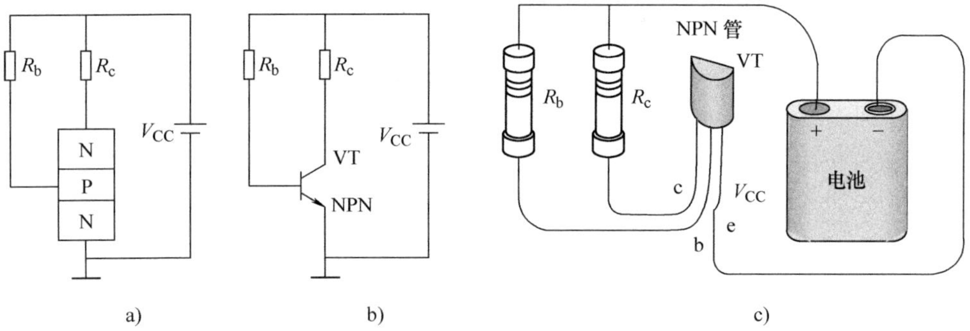

图 6-22　NPN型晶体管工作时电源的接法

a）结构图　b）电路图　c）实物图

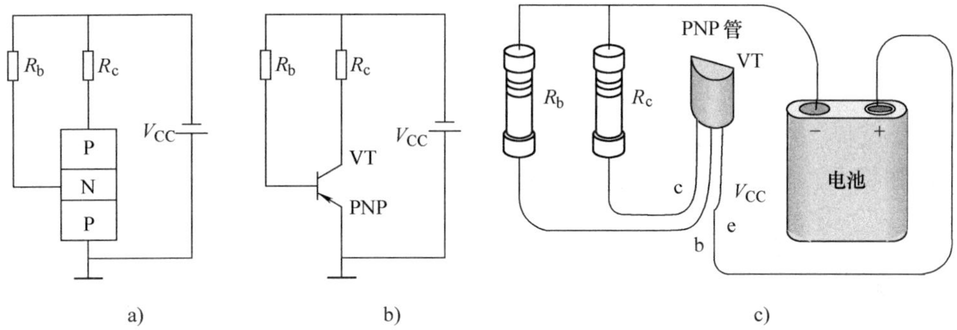

图 6-23　PNP型晶体管工作时电源的接法

a）结构图　b）电路图　c）实物图

2）晶体管的放大作用。图 6-24 所示为 NPN 型晶体管的实验电路，通过实验来说明晶体管的电流放大作用。调节图中电位器，可以改变基极电流 I_B 的大小，每调整一次 I_B，就可测得相应变化的集电极电流 I_C 和发射极电流 I_E 的值，将所得数据填入表 6-6 中。

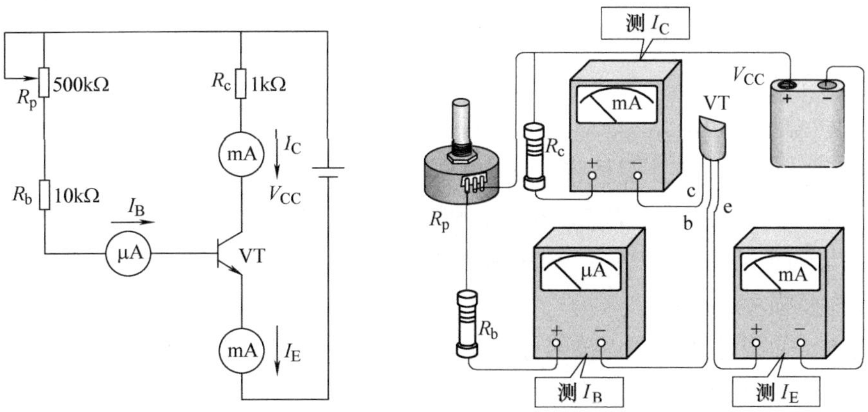

图 6-24　晶体管电流放大作用演示实验电路

表 6-6 实验数据

I_B/ mA	I_{B1}=0	I_{B2}=0.2	I_{B3}=0.4	I_{B3}=0.6
I_C/ mA	I_{C1}=	I_{C2}=	I_{C3}=	I_{C3}=
I_E/ mA	I_{E1}=	I_{E2}=	I_{E3}=	I_{E3}=

由表 6-6 中的实验数据可以得到以下结论：

①直流电流的分配关系：$I_E=I_B+I_C$，即发射极电流等于集电极电流与基极电流之和，由于基极电流 I_B 很小，因而 $I_E \approx I_C$。

②电流放大作用。由实验数据可以看出，集电极电流 I_C 与基极电流 I_B 之比是一个常数，用字母 β 表示，即 $\Delta I_C/\Delta I_B=\beta$。可见，基极电流的微小变化会引起集电极电流较大的变化，这就是晶体管的电流放大作用。不同的晶体管有不同的 β 值，即电流放大能力不同，一般晶体管的 β 值为 20～200。

（3）晶体管的三种工作状态　晶体管的工作状态有三种，除放大状态外，还有截止状态和饱和状态。

1）截止状态。晶体管工作在截止区的特点是发射结反偏，集电结反偏。此时，晶体管的基极电流 I_B=0，集电极电流 $I_C \approx 0$，表明集电极与发射极之间呈现很大的电阻，相当于断路。

2）放大状态。晶体管工作在放大状态的特点是发射结正偏，集电结反偏。$I_B \neq 0$，集电极电流 I_C 受 I_B 控制，且 $I_C=\beta I_B$ 或 $\Delta I_C=\beta \Delta I_B$。

3）饱和状态。晶体管工作在饱和区的特点是发射结正偏，集电结也正偏。如果让晶体管的基极电流 I_B 不断增大，当达到一定数值后，就会发现，集电极电流 I_C 将不再随 I_B 的增大而增大，称这种现象为集电极电流饱和，即晶体管已进入饱和状态。

当晶体管饱和时，其集电结压降很小，锗管为 0.1V，硅管为 0.2～0.3V，表明集电极与发射极间的电阻很小，相当于短路。

（4）晶体管的主要参数

1）电流放大系数。电流放大系数有共发射极交流和直流放大系数，$\beta \approx \overline{\beta}$，二者不再严格区分。通常晶体管的 β 值为 20～200，β 值太小，放大能力差；β 值太大，工作性能不稳定，常用值为 60～100。

2）集电极最大允许电流 I_{CM}。集电极最大允许电流是指晶体管正常工作时集电极所允许的最大电流。当 I_C 超过一定值时，电流放大系数 β 会下降，如果超过了 I_{CM}，则 β 值就下降到不能允许的程度了。

3）反向击穿电压 U_{CEO}。指晶体管的基极开路时，加在集电极和发射极之间的最大允许电压。如果 $U_{CE}>U_{CEO}$，会使晶体管击穿而损坏。

4）集电极最大耗散功率 P_{CM}。指晶体管正常工作时，集电极所允许的最大耗散功率，$P_{CM} \leqslant 1W$ 的称为小功率管，$P_{CM}>1W$ 的称为大功率管。超过最大耗散功率工作会使晶体管因工作温度过高而损坏。

（5）晶体管的型号及含义　按国标规定，晶体管的型号由五部分组成，其表示方法如图 6-25 所示。型号含义如下：

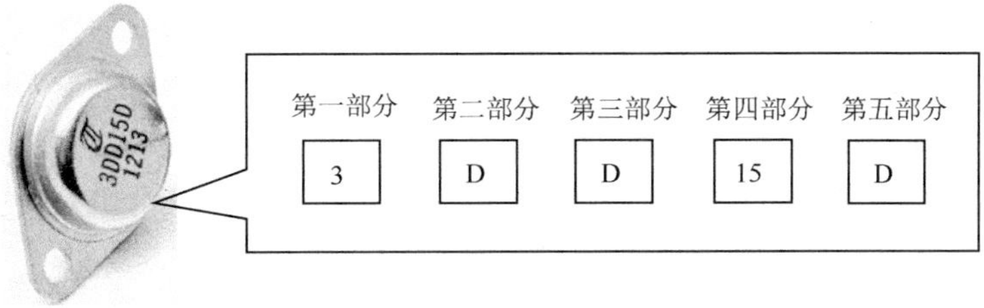

图 6-25　晶体管型号表示方法

1）第一部分：主称，用数字表示。“2”表示主称为二极管，“3”表示主称为晶体管。

2）第二部分：材料与极性，用字母表示。“A”表示 PNP 型锗材料，“B”表示 NPN 型锗材料，“C”表示 PNP 型硅材料，“D”表示 NPN 型硅材料，“E”表示化合物材料。

3）第三部分：类别，用字母表示。“G”表示高频小功率管，“X”表示低频小功率管，“A”表示高频大功率管，“D”表示低频大功率管，“T”表示闸流管，“K”表示开关管，“V”表示微波管，“B”表示雪崩管，“J”表示阶跃恢复管，“U”表示光电管，“J”表示结型场效应晶体管。

4）第四部分：序号，用数字表示同一类别产品序号。

5）第五部分：规格号，用字母表示产品规格、档次。

例如：型号为 3DD15D 的是 NPN 型硅材料低频大功率管，序号为 15，规格为 D。

型号为 3DG120A 的是 NPN 型硅材料高频小功率管，序号为 120，规格为 A。

（6）晶体管的管型和管脚的判断　晶体管可以用万用表进行管脚识别和检测。检测时，将万用表置于 $R\times1\text{k}\Omega$ 档。

1）晶体管基极的判别。由于晶体管由两个 PN 结组成，根据 PN 结正向电阻小、反向电阻大的特点，可用万用表的欧姆档来判断基极和管型。

如图 6-26 所示，用万用表的黑表笔接晶体管的任意一只管脚，红表笔接其余两只管脚，如果两次测量的电阻值都很小，则黑表笔接的管脚是基极，且这只晶体管是 NPN 型。若两次测量的电阻值都很大，则此晶体管是 PNP 型。

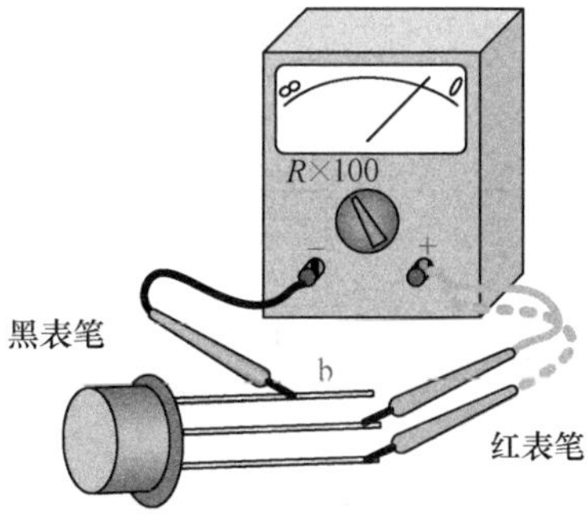

图 6-26　判断晶体管的基极和管型

若测试结果不符合两次电阻均很小或均很大的条件，则黑表笔接的不是基极，须另换一只管脚再进行测试，直到确定基极为止。

2）集电极和发射极的判别。如图 6-27 所示。对于 NPN 型管，测定基极以后，假设其余两只管脚中的一只管脚为集电极 c，在 b、c 之间接入一只电阻 R_b=10～100kΩ，或用手指（代替 R_b）捏住基极 b 和假定的集电极 c（两电极不能接触），用黑表笔接触 c 极，红表笔接触 e 极，读出一个阻值，然后将上述假定的 c、e 极对调一下，用同样的方法再测一次阻值，比较两次读数的大小，读数较小的一次为正确的假设，即黑表笔接的是集电极 c，红表笔接的是发射极 e。

对于 PNP 型管，则将图 6-27 中的红、黑表笔位置对调，仍用上述方法测两次 c、e 间的阻值，读数较小的一次，红表笔接的是集电极 c。

2. 晶体管基本放大电路

放大器的功能是把微弱的电信号放大成为较强的电信号，扩音机就是放大器的典型应用，如图 6-28 所示。

人的声音通过送话器转换成电信号，经扩音器后输出的是放大了的电信号，再经扬声器将电信号转换成声音，人的耳朵就听到了已放大的声音信号。

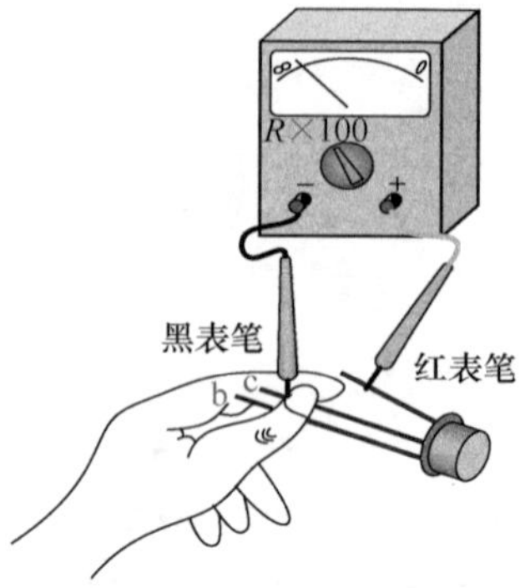

图 6-27 判断晶体管的发射极和集电极

该放大电路必须接直流电源才能工作，因为放大器输出信号功率比输入信号功率大很多，输出功率是从直流电源转化而来的，所以放大电路实质上是一种能量转换器，它将直流电能转换成交流电能输出给负载。

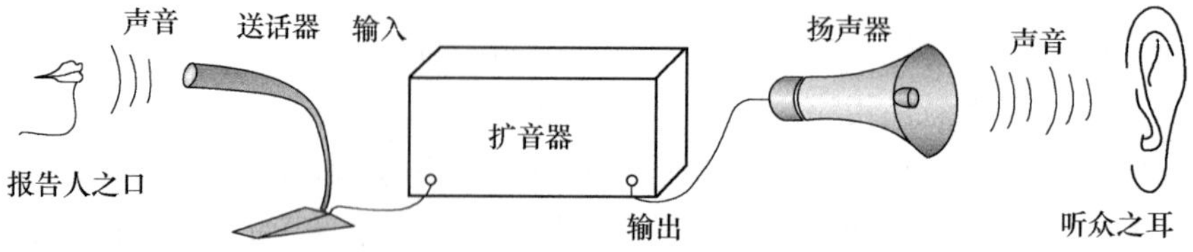

图 6-28 晶体管放大电路的应用实例

（1）基本放大电路的组成 图 6-29 所示为基本共发射极放大电路的原理图及实物连接图，图中元件作用如下：

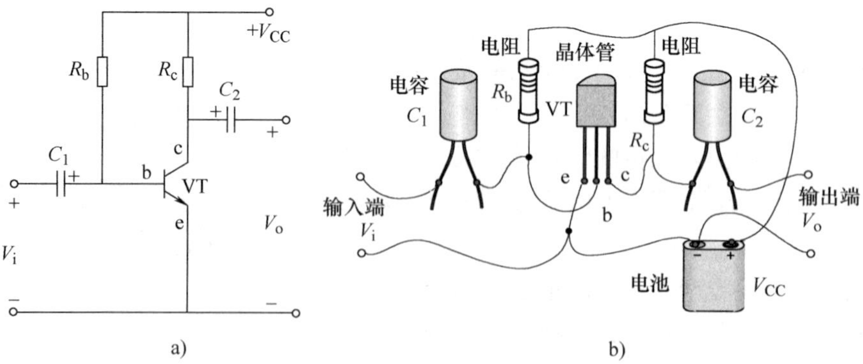

图 6-29 基本共发射极放大电路的原理图及实物连接图

a）原理图 b）实物连接图

1）晶体管 VT：起电流放大作用。

2）电源 V_{CC}：直流供电电源，为电路提供工作电压和电流。

3）基极偏置电阻 R_b：电源电压通过 R_b 向基极提供合适的偏置电流 I_B。

4）集电极负载电阻 R_c：电源 V_{CC} 通过 R_c 为集电极供电，并将放大的电流 i_C 转换成放大的电压输出。

5）耦合电容 C_1、C_2：耦合输入或输出交流信号，并起隔离直流电流的作用。

除了常用的共发射极放大电路外，还有共集电极放大电路和共基极放大电路，可查阅相关资料，这里不再赘述。

（2）放大电路的静态工作点　前面已经讲述，晶体管若要工作在放大状态，发射结必须加正向电压，集电结必须加反向电压，使晶体管各电极都有合适的直流电压和直流电流。这样，当有外加的输入信号时，晶体管就有了两种工作状态，即静态和动态。

静态是指在没有交流信号输入时，放大电路中的电压和电流都不变的状态。动态是指放大电路有交流信号输入，电路中的电压、电流随输入信号做相应变化的状态。

静态工作点是指放大电路在静态时，晶体管各点的电压和电流的值，用 Q 标识。主要有 I_{BQ}、I_{CQ}、V_{CEQ} 三个值。只有合理设置静态工作点，输入信号才能不失真地被放大。

（3）工作原理　如图 6-30 所示，首先合理设置放大电路的静态工作点，电源 V_{CC} 通过偏置电阻 R_b 提供 V_{BEQ}，然后在放大电路的基极与发射极间输入交流信号 v_i，从而产生基极电流 i_B，经晶体管放大后，产生了放大的集电极电流 i_C，同时在电阻 R_c 上产生变化的电压 Δv_{Rc}，使得集电极对地电压也获得了相应的变化，即 v_o=-Δv_{Rc}，v_o 与 v_i 之比即为该放大电路的电压放大倍数。

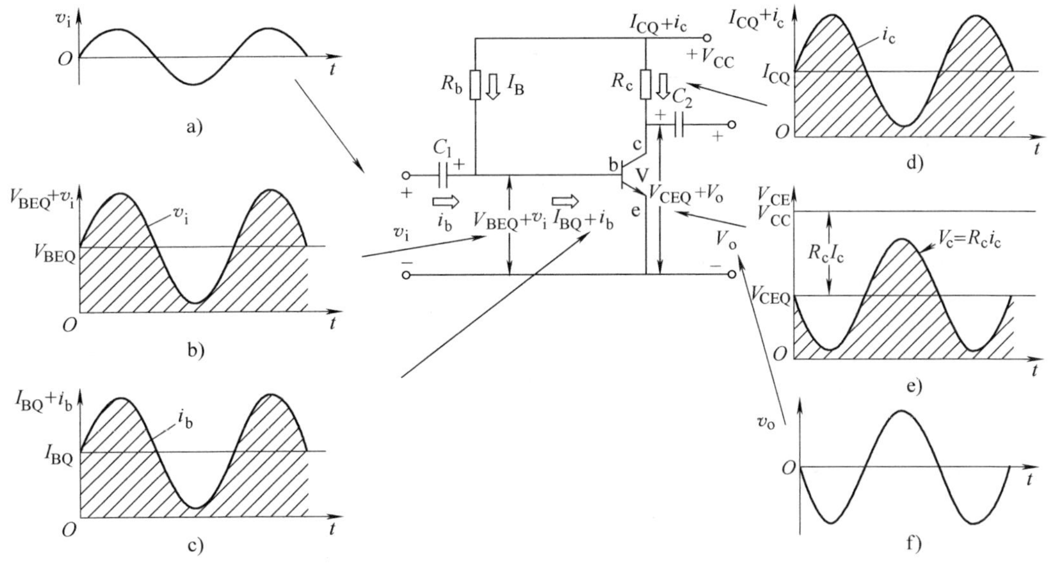

图 6-30　基本共发射极放大电路工作原理示意图

a）输入电压　b）基极-发射极间电压　c）基极电流　d）集电极电流　e）集电极-发射极间电压　f）输出电压

（4）电压放大倍数　放大电路输出电压有效值 v_o 与输入电压有效值 v_i 之比，称为放大电路的电压放大倍数，即 $A_V=\dfrac{v_o}{v_i}$。

电压放大倍数是衡量低频小信号放大电路放大能力的主要参数。

实践操作

1. 原理图的识读与元器件的选择

（1）识读原理图　本次实践操作内容是基本放大电路的安装及故障检测，其原理图如图 6-31 所示。

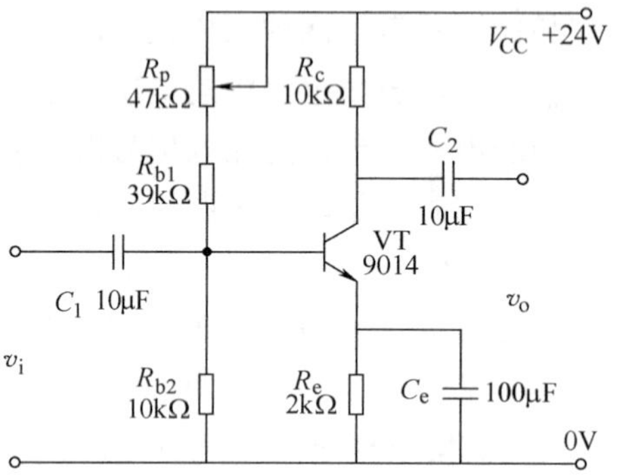

图 6-31　基本放大电路原理图

（2）实操器材的选择　本次实践操作所用元器件及耗材清单见表 6-7。

表 6-7　元器件及耗材清单

名　称	型号、规格	数　量
示波器	SR8	1 台
万用表	MF-47	1 块
晶体管	S9014	1 只
电容	100μF /16V	1 只
电容	10μF	2 只
电阻器	10kΩ、39kΩ、10kΩ、2kΩ	各 1 只
电烙铁	30W	2 把
电工工具	—	1 套
万能电路板	—	1 块

2. 基本放大电路的安装与检查

（1）识别并测试器件

1）对照表 6-7 所列仪表及元器件清单的数量、型号、规格进行清点核对，并用万用表测试检查元器件的性能及好坏，剔除并更换不合格的元器件。

2）元器件参数测试。用万用表分别测量晶体管的电流放大系数及各电阻阻值是否与电路原理图中的数据一致，调换参数不一致的元器件。

（2）电路装接

1）清除元件的氧化层，并搪锡。

2）对照图 6-31 在万能电路板上合理安排电路元件。

3）安装晶体管、电解电容，要注意其管脚和极性应插装正确。

4）元器件安装完毕，经检查无误后，按照焊接工艺进行焊接固定。

5）焊接结束，检查各元器件有无虚焊、错焊、漏焊及各引线是否正确，有无断路和短路。

（3）电路调试

1）连接电源。将 24V 直流稳压电源接入万能电路板的直流电源端。

2）测量静态工作点。如图 6-32 所示，用万用表分别测量基极电流 I_B、集电极电流 I_C、基极电压 V_{BE}、发射极电压 V_E 以及集电极电压 V_{CE}，将所测量的数值填入表 6-8 中。

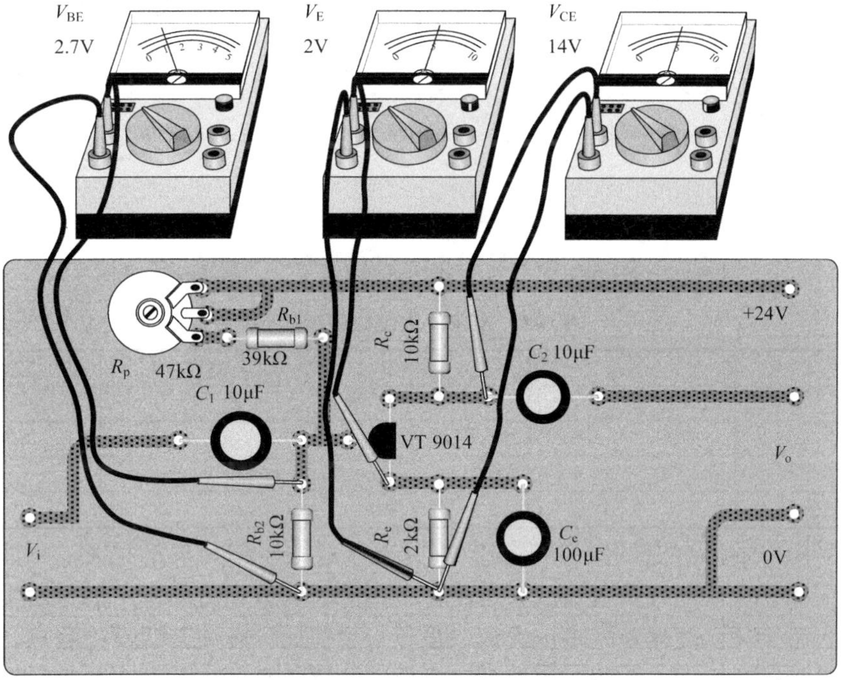

图 6-32　静态工作点测量

表 6-8　静态工作点实测数据

测量值					理论值				
I_B	I_C	V_{BE}	V_E	V_{CE}	I_B	I_C	V_{BE}	V_E	V_{CE}

3）测量电压放大倍数，如图 6-33 所示。

①将低频信号发生器的探头（信号源）接入基本放大电路的输入 V_i 两端，调节信号发生器，为放大电路提供输入频率为 1kHz、幅值为 10～100mA 的交流信号，同时用示波器监测放大电路输出电压的波形。适当调节信号发生器的输出幅值，使放大电路输出电压无明显失真。再用晶体管毫伏表分别测出输出电压 V_o 与输入电压 V_i 的有效值，求出电压放大倍数 A_V，并将所测数据填入表 6-9 中。

②保持 V_o 不变，改变 R_L，观察负载电阻改变对电压放大倍数的影响，结果填入表 6-9 中。

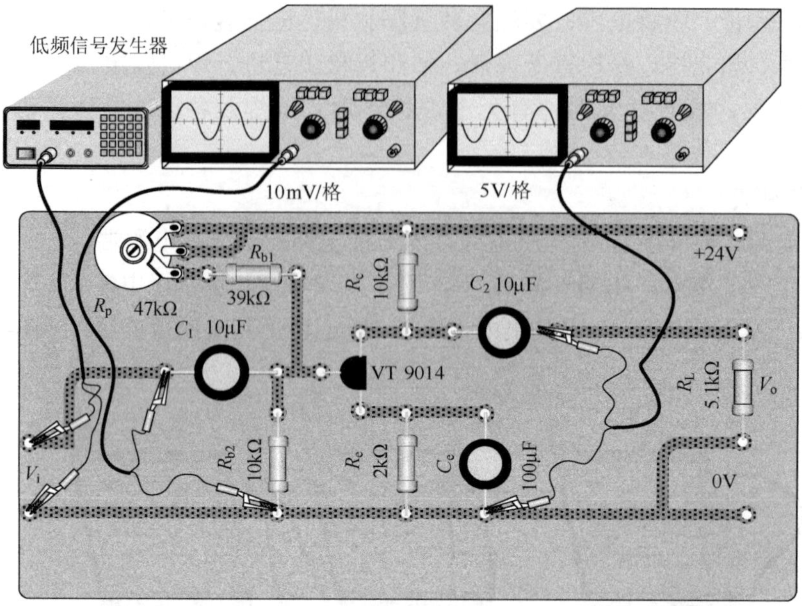

图 6-33 输出电压波形测试

表 6-9 电压放大倍数测量数据

R_L	V_o/mV	V_i/mV	A_V 测量值	A_V 理论值
∞				
47kΩ				
5.1kΩ				
500Ω				

（4）基本放大电路的故障检测 分立元件电压放大电路有共发射极、共基极和共集电极 3 种。对于本实验中的共发射极放大电路，电路能否起放大作用，用信号发生器在电路输入端加信号，然后用示波器观察输出波形，虽然直观但比较麻烦。通常检修时，要求用万用表将损坏的元器件找出来。电路的主要故障有电阻开路、晶体管击穿或开路、电容失效等。

检修此电路的常用方法有电压测量法、电阻测量法、替代法等。

检修步骤：先检查直流部分（四只电阻与晶体管），后检查交流部分（三只电容）。

1）静态直流电路的检查。用万用表测量晶体管 b、e、c 电极对地电压，与图 6-33 中所标电压如果基本一致，则直流电路正常，即四只电阻与晶体管没有故障。如果不一致，则说明直流电路不正常，再根据故障分析及电阻测量法找出已损坏的元器件。具体故障原因及现象见表 6-10。

表 6-10 直流故障原因及现象

故障原因	故障现象	故障原因	故障现象
上偏置电阻 R_{b1} 开路	基极电压为零，晶体管电流为零	下偏置电阻 R_{b2} 开路	基极电压增大，晶体管饱和
集电极电阻 R_c 开路	集电极开路，I_B=I_E	发射极电阻 R_e 开路	I_C=I_E=0
晶体管 b-e 短路	晶体管截止	晶体管 b-c 短路	晶体管仍导通
晶体管 c-e 短路	晶体管变成两个承受反压的 PN 结而截止		

2）动态电流检查。动态检查最直观的方法是用信号发生器在电路输入端加信号，然后用示波器观察输出波形，但这种方法较麻烦。因为当直流电路正常后，对交流放大有影响的只有 3 只电容，所以只要检测出电容的故障即可。

通常情况下，电容击穿将会影响直流状态，电容失效则使信号不能通过，而电容漏电却对电路影响不大。

因此，当电容 C_1 失效时，信号不能输入；当 C_2 失效时，信号不能输出；当 C_e 失效时，电压放大倍数将大大下降。

当怀疑某只电容失效时，可采用替代法，即将一只同容量电容并联在电路中的故障电容两端，若有效果，则说明电路中的电容已失效，应立即更换。

考核评价

实训任务完成后进行考核与评价，具体评分细则见表 6-11。

表 6-11　基本放大电路实践操作考核评价表

序号	评价内容	配分	自评	互评	教师评价
1	小组合作 1）计划详细、周密，小组成员团结协作、分工得当 2）能够发现问题，查找原因并及时解决	10 分			
2	元器件的识别 1）能正确识读各种元器件 2）会用万用表检测各元器件的好坏	10 分			
3	插件 1）电阻、电容、晶体管卧式插装，贴紧万能电路板，排列整齐，横平竖直 2）电容、晶体管极性安装正确	10 分			
4	焊接 1）焊点光亮、清洁，焊料适量 2）无漏焊、虚焊、连焊、溅锡等现象 3）焊接后，元件引脚剪脚留头长度小于 1mm	20 分			
5	电路调试 1）会使用万用表测量交、直流电压和电流 2）静态工作点测试方法正确 3）会正确使用信号发生器和示波器，动态参数测量方法正确	20 分			
6	故障检测 1）熟练掌握放大电路静、动态故障的查找方法 2）能准确找出故障所在并排除故障	10 分			
7	安全、文明操作 1）安全操作，不人为损坏所用工具、设备和元器件 2）保持环境整洁，秩序井然，操作习惯良好	10 分			
8	报告总结：实训报告完整、工整	10 分			

巩固与提高

1. 填空题

1）放大器的基本性能是具有（　　）能力。

2）晶体管具有两个 PN 结：（　　）和（　　）；三个区域：（　　）、（　　）和（　　）。

3）晶体管被当作放大器使用时，要求其工作在（　　）状态；被当作开关器件使用时，要求其工作在（　　）状态或（　　）状态。

4）标明图 6-34 中各晶体管的工作状态（设图中 PNP 型管为锗管，NPN 型管为硅管）。

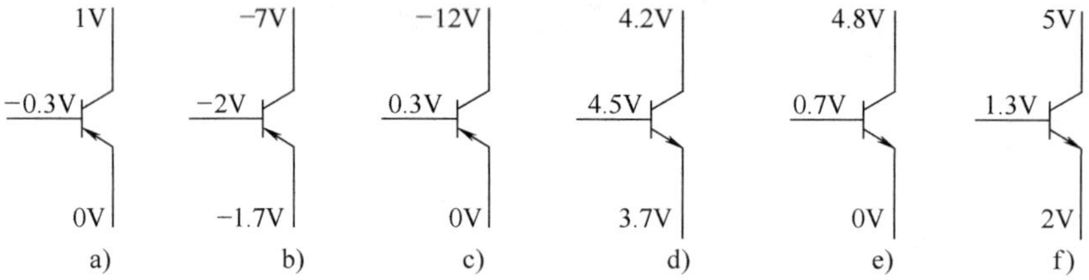

图 6-34　晶体管

2. 选择题

1）处于放大状态时，加在硅材料晶体管发射结的正偏电压为（　　）。

A. 0.1～0.3V　　B. 0.5～0.8V　　C. 0.9～1.0V　　D. 1.2V

2）NPN 型晶体管工作在放大状态时，其两个 PN 结的偏压为（　　）。

A. $V_{BE}>0$，$V_{BE}<V_{CE}$　　B. $V_{BE}<0$，$V_{BE}<V_{CE}$

C. $V_{BE}>0$，$V_{BE}>V_{CE}$　　D. $V_{BE}<0$，$V_{BE}>V_{CE}$

3）当晶体管的两个 PN 结都反偏时，晶体管处于（　　）。

A. 饱和状态　　B. 放大状态　　C. 截止状态　　D. 不能工作

4）当晶体管的两个 PN 结都正偏时，晶体管处于（　　）。

A. 饱和状态　　B. 放大状态　　C. 截止状态　　D. 不能工作

5）晶体管处于饱和状态时，它的集电极电流 I_c 将（　　）。

A. 随 I_B 的增加而增加　　B. 随 I_B 的减小而减小

C. 不随 I_B 变化　　D. 变为零

6）已知晶体管的 $\beta=60$，$\Delta I_C=0.6$mA，$\Delta I_B=$（　　）mA。

A. 0.3　　B. 0.2　　C. 0.1　　D. 0.05

3. 判断题

1）晶体管处于放大状态时，发射结加正向电压，集电结加反向电压。（　　）

2）晶体管处于饱和状态时，I_C 受 I_B 控制而变化，即 $\Delta I_C=\beta\Delta I_B$。（　　）

3）不论是 NPN 型还是 PNP 型晶体管，都有三个区、两个 PN 结、三个电极。（　　）

4）放大电路有三种工作状态，分别是放大状态、饱和状态和截止状态。（　　）

5）3DG120A 是 PNP 型锗材料高频小功率管。（　　）

6）基本共发射极放大电路中集电极电阻 R_c 的作用是将电流的变化量转换成电压的变化

量输出。　　　　（　　）

4. 计算题

1）已知某晶体管的 $\beta=50$，若 $I_B=20\mu A$，求该管的 I_C 和 I_E。

2）某晶体管的 $I_{B1}=40\mu A$，$I_{C1}=4mA$，$I_{B2}=20\mu A$，$I_{C1}=2mA$，求该管的 β 值。

任务 3　连续可调稳压电源的制作与故障检测

任务目标

1. 能识读各种稳压电路的原理图并理解图中各元器件的作用。
2. 能理解各种稳压电路的组成及工作原理。
3. 会使用万用表测试交流电压和直流电压。
4. 能熟记各三端稳压器的引脚功能。
5. 能熟练掌握集成稳压器的接线方法。
6. 能根据可调稳压电源的电路原理图进行装接、调试及故障检测。
7. 能检查并排除可调稳压电源电路的简单故障。

任务要求

1. 各小组接受任务后讨论并制订工作计划。
2. 会正确使用电工工具。
3. 操作时应按步骤规范操作。
4. 整理任务实施报告。

注意事项

1. 熟记各种电工工具的使用方法。
2. 爱护实验设备，按规程进行操作，不能人为损坏实验器材。
3. 插装元器件时，要注意元器件的布局和连线，元器件应排列整齐。
4. 焊接前，要对照电路图进行检查，确保元件插装正确。
5. 焊接电路时，应先焊电阻器和电容器，后焊晶体管和集成片，焊接后，检查各焊点是否可靠，不能出现连焊、虚焊和漏焊等现象。
6. 注意用电安全，按要求文明操作。

实施流程

实施流程见表 6-12。

表 6-12 实施流程

序号	工作内容	教师活动	学生活动	学时
1	布置任务	下达任务书，组织小组讨论学习	接受任务，明确工作内容	2
2	知识准备	1）讲解稳压管并联型稳压电路 2）讲解晶体管串联型稳压电路 3）讲解三端式集成稳压电路	认识稳压管并联型稳压电路及工作原理 熟悉晶体管串联型稳压电路及工作过程 掌握三端式集成稳压电路及工作原理	
3	实践操作	讲解安全操作规程，演示连续可调稳压电源的安装过程，组织学生进行安装并巡视指导	识别并测试元器件 认识 LM317 固定式三端稳压器 安装元器件 连续可调稳压电源的制作、检查及故障排除	2
4	考核评价	按具体评分细则对学生进行评价	按具体评分细则进行自评、互评	

知识准备

1. 稳压电源简介

稳压电源是一种当电网电压波动或负载改变时，能保持输出直流电压基本不变的电源。目前，几乎所有的电子设备都需要这样稳定的直流电源。在任务一中介绍的整流、滤波电路虽然能把交流电变为较平滑的直流电，但输出的电压仍是不稳定的。原因之一是交流电网电压的波动，使得整流滤波后输出的直流电压随之变化；原因之二是负载电流变化也会引起输出电压变动。为了保持输出电压稳定，通常需在滤波电路之后接入稳压电路，从而构成稳压电源。

直流稳压电源的组成框图如图 6-35 所示。它主要由变压、整流、滤波、稳压四部分组成，各部分的作用如下：

（1）变压部分　一般是利用电源变压器将交流电压变换为大小合适的交流电压，以满足整流输出的要求。

（2）整流部分　利用二极管的单向导电性，将交流电变成单向脉动的直流电。

（3）滤波部分　利用电容、电感及电阻等元件构成的滤波电路，将脉动大的直流电处理成平滑的脉动较小的直流电。

（4）稳压部分　由稳压管、晶体管等电子器件组成的电路，其作用是进一步减小脉动成分，提高输出电压的稳定性。

稳压电路通常有并联型稳压电路、串联型稳压电路和开关型稳压电路。

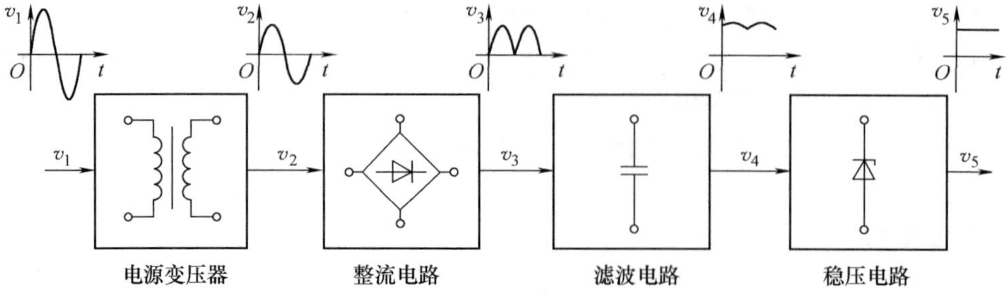

图 6-35 直流稳压电源的组成框图

2. 稳压管并联型稳压电源

（1）电路组成　最简单的稳压电源是将一只稳压管并联在整流滤波电路的负载电阻两端，如图 6-36 所示。图中限流电阻 R 的作用是防止流过稳压管 VZ 的电流超过其允许的最大电流 I_{zmax}，否则会使稳压管产生不可逆的击穿而损坏。因稳压管与负载 R_L 并联，又称其为并联型稳压电路。

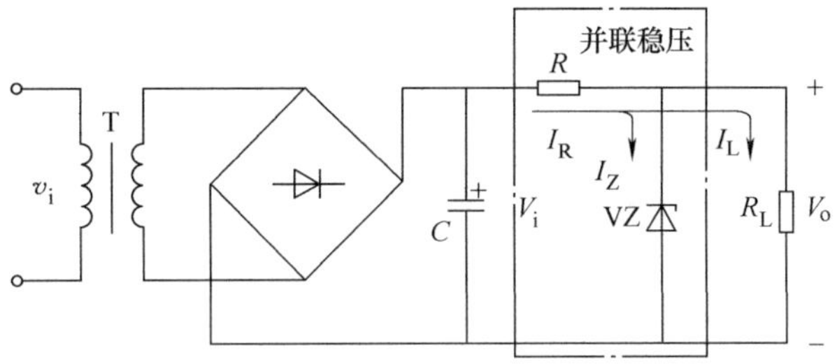

图 6-36　稳压管并联型稳压电源

（2）工作原理

1）设负载电阻 R_L 不变，电网电压波动（即输入电压 V_i 变化）。当 V_i 增加时，将引起输出电压 V_o 增加，稳压管 VZ 的电压 V_Z 增加，流过 VZ 的电流 I_Z 将大大增加，同时 $I_R=I_Z+I_L$ 增加很多，R 两端的电压 V_R 也增大，致使 V_i 的增加量基本上都作用在 R 上，而保持输出电压 V_o 基本不变。上述稳压过程也可表示为：即 $V_i\uparrow\rightarrow V_o\uparrow\rightarrow V_Z\uparrow\rightarrow I_Z\uparrow\rightarrow I_R\uparrow\rightarrow V_R\uparrow\rightarrow V_o\downarrow$。

同理，当 V_i 减小时，将引起 V_o 减小，I_R、V_R 也减小，使 V_i 的减小转换为 V_R 的减小，而保持输出电压 V_o 基本不变。

2）输入电压 V_i 不变，负载电阻 R_L 变化。当负载电流 I_L 增大时，则 I_R 增加，在 R 上的电压降增大，输出电压 V_o 将下降。只要 V_o 下降一点，稳压管电流 I_Z 就显著减小，从而使通过电阻 R 上的电流 I_R 及电压 V_R 保持不变，而使 V_o 基本不变。上述稳压过程可表示为

$$R_L\downarrow\rightarrow I_Z\uparrow\rightarrow I_R\uparrow\rightarrow V_R\uparrow\rightarrow V_o\downarrow\rightarrow V_Z\downarrow\rightarrow I_Z\downarrow\rightarrow V_R\downarrow\rightarrow V_o\uparrow$$

同理，当负载电流减小时，V_o 也基本不变，读者可自行分析。

3. 晶体管串联型稳压电源

（1）电路组成　如图 6-37 所示，晶体管串联型稳压电源通常由基准部分、取样部分、比较放大部分、调整部分和短路保护等部分组成，各部分作用如下：

1）基准部分。由稳压管 VZ 和电阻 R_2 组成的稳压电路用来提供基准电压 V_Z，它是一个稳定性较高的直流电压。

2）取样部分。由电阻 R_4、R_P、R_5 组成的分压器即为取样电路，用来反映输出电压的变化，从输出端取出部分电压 V_{B2} 作为取样电压加至晶体管 VT_2 的基极。

3）比较放大。由 VT_2 和 R_1 构成放大电路，它将取样电压 V_{B2} 与基准电压 V_Z 加以比较放大，再去控制晶体管 VT_1 的基本电位，以推动调整管 VT_1 的工作。

4）调整部分　由 VT_1、R_1 构成调整部分。VT_1 的集射极电压 V_{CE} 与输出电压 V_o 串联，当输出电压 V_o 有变化趋势时，VT_1 的集射极电压 V_{CE} 会相应地调整，从而使输出电压基本不变。

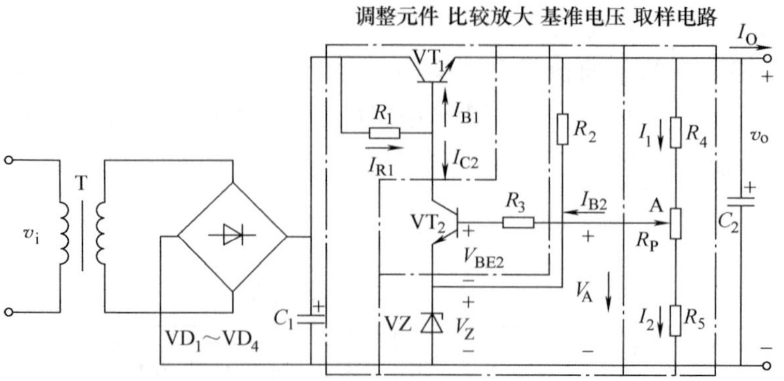

图 6-37 晶体管串联型稳压电源

注意：调整管必须工作在放大状态下才具有调整作用。VT_1 的基极接比较放大的输出端，是实现调节作用的控制端。

（2）工作原理 当输入电压 V_i 变化时（电网电压波动）或负载电阻 R_L 变化时，经取样分压器 R_3、R_P、R_4 取出的电压也发生变化，取样电压与基准电压比较之后产生差值 V_{BE2}，经放大管 VT_2 放大后去控制调整管，改变其压降 V_{CE1}，从而使输出电压基本保持不变。其稳压过程为：$V_i\uparrow$（或负载 $R_L\uparrow$）$\rightarrow V_o\uparrow\rightarrow V_{B2}\uparrow\rightarrow V_{C2}$（$=V_{B1}$）$\downarrow\rightarrow V_{CE1}\uparrow\rightarrow V_o\downarrow$。可见，经上述负反馈的自动调节作用，$U_o$ 趋于稳定。

同理，当输入电压 V_i 减小（或负载 R_L 减小）时，该电路也能自动产生调整作用，使 U_o 趋于稳定。

总之，串联反馈稳压电路是利用输出电压的变化来控制调整管 U_{CE} 的变化，从而实现自动稳压的。

（3）输出电压的调节范围 为了使稳压电路的输出电压能在一定范围内调节，在串联型稳压电路中串入了电位器 R_P。这种电路设计时由于 $I_2>>I_{B2}$，所以可得 $I_1\approx I_2$，则有

$$V_{B2}=V_o（R_5+R_{P下}）/（R_4+R_5+R_P）$$

令 $n=（R_5+R_{P下}）/（R_4+R_5+R_P）$

则 $V_o=V_{B2}/n\approx V_Z/n$

当电位器滑至最上端时，n 值最大，V_o 最小；当电位器滑至最下端时，n 值最小，V_o 最大。可见，只要调节电位器 R_P 即可改变稳压电路输出电压的大小。

串联型稳压电源的实物连接图如图 6-38 所示。

4. 三端集成稳压器

随着半导体集成电路制造工艺的迅猛发展，集成稳压电路得到了越来越广泛的应用。它是将取样电路、基准电路、比较放大电路、保护电路及调整管制作在一块芯片上，只有输入端、输出端和公共端三个引出端，故称为三端集成稳压器。它具有体积小、质量轻、可靠性高、使用灵活、价格低廉等优点，而且安装调试也十分方便。图 6-39 所示为常见三端集成稳压器的实物外形。

集成稳压器的种类很多，按照输出电压是否可调分为固定式和可调式；按照输出电压的正负极性分为正稳压器和负稳压器；按照输出端子分为三端式和多端式。三端稳压器又分为

三端固定式和三端可调式集成稳压电器。

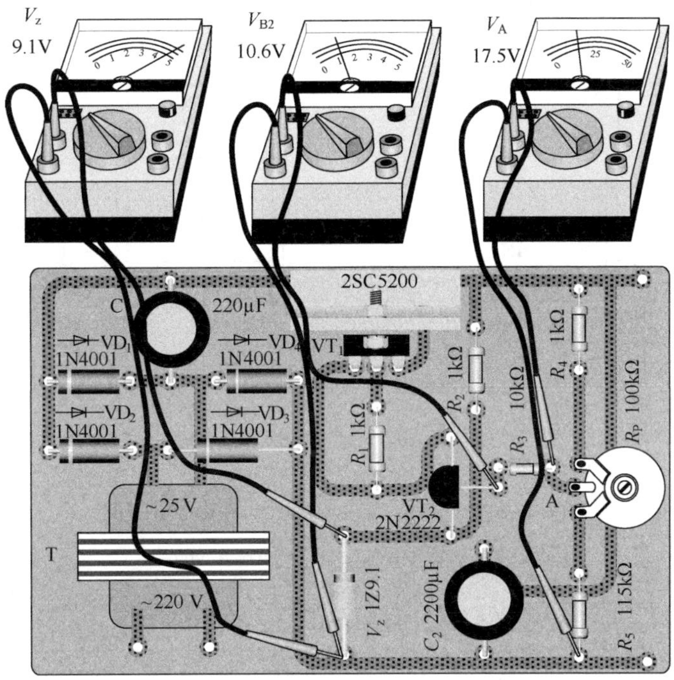

图 6-38 串联型稳压电源的实物连接图

a) b) c)

图 6-39 常见三端集成稳压器的实物外形

a）LM317K型 b）LM317T型 c）LM78H5型

（1）三端固定式集成稳压电器 三端稳压器只有三个接线端子，即输入端、输出端及公共端，输出电压固定，所以称为三端固定式集成稳压器。这种稳压器属串联型，除了包括取样、基准、比较放大和调整等部分外，还有较完整的保护电路。

三端固定式集成稳压器分为正电压输出（78XX 系列）和负电压输出（79XX 系列）两大类。其外形引脚如图 6-40 所示。

该稳压电路的输出电压有 5V、6V、10V、12V、15V、18V、24V 七种，由型号的后两位数字表示；输出电流由型号中间的字母表示，有 0.1A（78LXX 系列）、0.25A（78DLXX）、0.3A（78NXX 系列）、0.5A（78MXX 系列）、1.5A（78XX 系列）、3A（78TXX 系列）、5A（78HXX 系列）、10A（78PXX 系列）八种规格。例如 LM785 表示该集成稳压电路的输出电压为 5V，输出电流为 1.5A；而 LML7912 表示输出电压为−12V，输出电流为 0.1A。图 6-41

所示为三端固定式稳压器的接线图。图中 C_1 可以防止由于输入引线较长时产生的电感而引起的自激。C_2 用来减小由于负载电流瞬时变化而引起的高频干扰。C_3 为容量较大的电解电容，用来进一步减小输出脉动和低频干扰。三端固定式稳压器的实物连接图如图 6-42 所示。

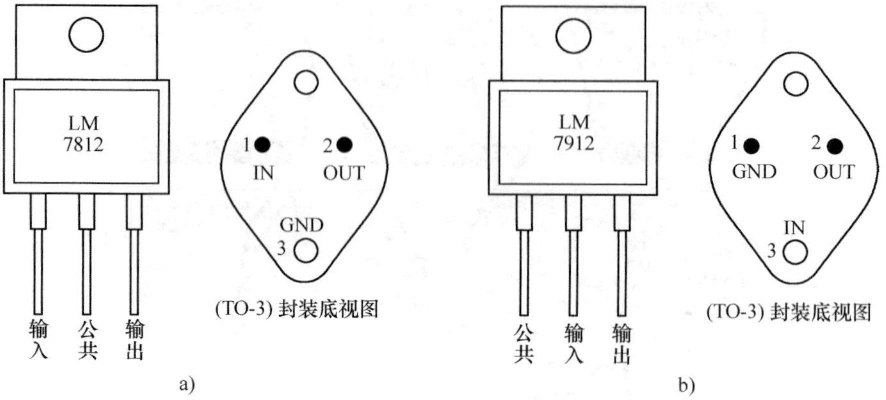

图 6-40　三端固定式集成稳压器外形引脚图

a）正电压（7800系列）　b）负电压（7900系列）

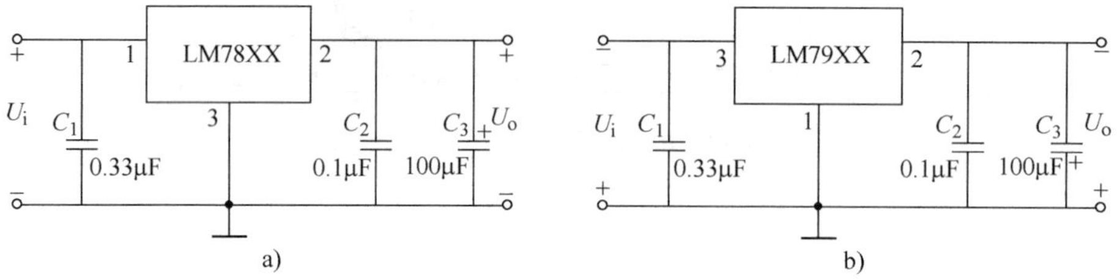

图 6-41　三端固定式稳压器的接线图

a）正电压输出　b）负电压输出

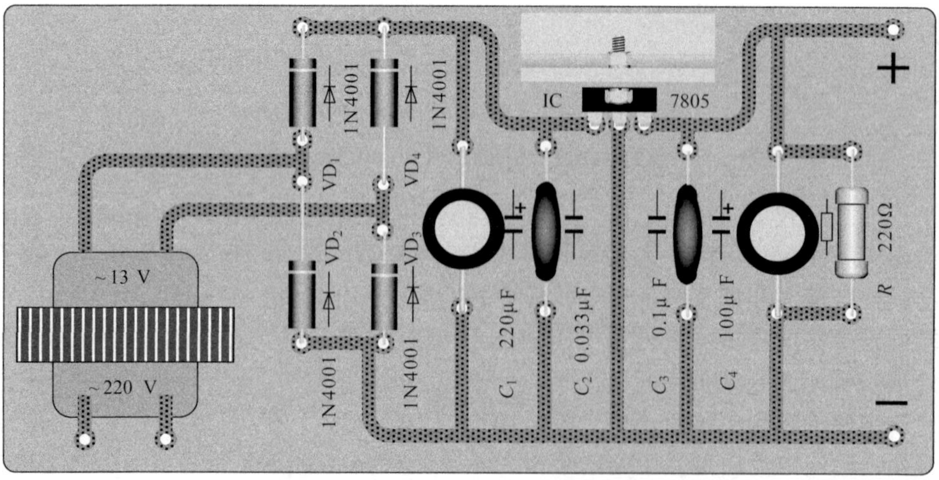

图 6-42　三端固定式稳压器的实物连接图

（2）三端可调式集成稳压器　该集成稳压器不仅输出电压可调，且稳压性能优于固定式，称为第二代三端集成稳压器。它同样也分为正电压输出和负电压输出两大类。

典型正电压输出可调式稳压器的型号有 LM117、LM217、LM317，典型负电压输出可调式稳压器的型号有 LM137、LM237、LM337。其输出电压分别为±（1.2～37）V 连续可调。LM117、LM137 为军工用品，工作温度为-55～150℃；LM217、LM237 为工业用品，工作温度为-25～150℃；LM317、LM337 为民用品，工作温度为 0～150℃。

图 6-43 所示为三端可调式稳压器的接线图。图中电位器 R_p 和电阻 R_1 组成取样电阻分压器，接稳压电路的调整端 1 脚，改变 R_p 可调节输出电压 U_o 的大小，使输出电压连续可调。在输入端并联电容 C_1 可旁路整流电路输出的高频干扰信号，电容 C_2 可消除 R_p 上的纹波电压，使取样电压稳定，C_3 起消振作用。

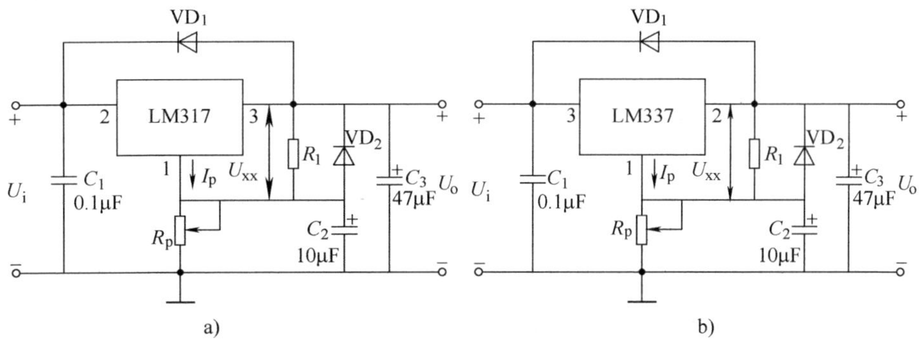

图 6-43　三端可调式稳压器的接线图

a）正电压输出　b）负电压输出

实践操作

1. 原理图的识读与元器件的选择

1）识读原理图。本次实践操作内容是三端可调稳压电路的安装及故障检测，其原理图如图 6-43 所示。

2）实操器材的选择。本次实践操作所用元器件及耗材清单见表 6-13。

表 6-13　元器件及耗材清单

名　　称	型号、规格	数　　量
示波器	SR8	1 台
万用表	MF-47	1 块
整流二极管 VD_3～VD_6	IN5400，3A/50V	4 只
硅二极管 VD_1、VD_2	IN4002，1A/100V	2 只
电解电容 C_1	2200μF /50V	1 只
涤纶电容 C_2	0.3μF	1 只
电解电容 C_3	10μF /50V	1 只
电解电容 C_4	100μF /50V	1 只

（续）

名　　称	型号、规格	数　　量
电阻器 R_1	100Ω	1 只
可调电位器	5.1kΩ	1 只
可调稳压电源	LM317	1 只
电源变压器 T	220V/25V，20V·A	1 只
电烙铁	30W	2 把
电工工具		1 套
万能电路板		1 块

2. 连续可调稳压电源的安装与检查

1）识别并测试元器件。

①对照表 6-13 所列仪表及元器件清单的数量、型号、规格进行清点核对，并用万用表测试检查元器件的性能及好坏，剔除并更换不合格的元器件。

②LM317 简介。LM317 不仅具有固定式三端稳压电路的最简单形式，还具有输出电压可调的特点，只要外接两只电阻就可调整到所要求的输出电压值。此外，其内部还具有过电流保护、芯片过热保护及安全工作区保护、稳压性能好、噪声低、纹波抑制比高等优点，是应用最为广泛的电源集成电路之一。图 6-44 所示为 LM317 的引脚排列图。

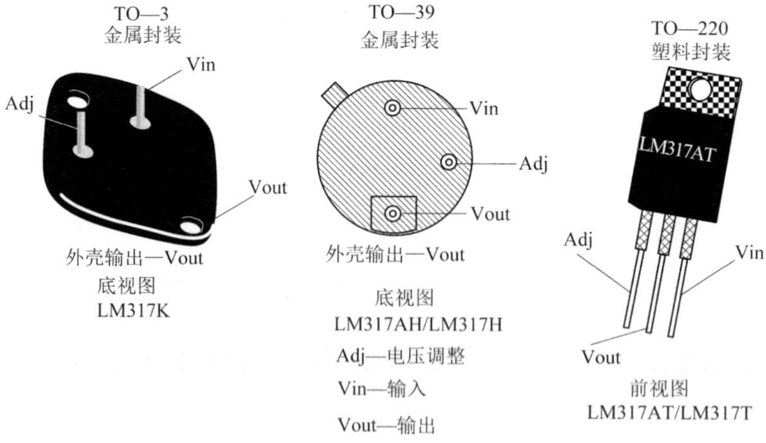

图 6-44　LM317的引脚排列图

③LM317 的主要参数。

输出电压：DC1.25～37V。

输出电流：5mA～1.5A。

最小输入/输出电压差：DC3V。

最大输入/输出电压差：DC40V。

使用环境温度：-10～85℃。

2）可调稳压电源工作原理。图 6-45 所示为 LM317 连续可调稳压电源原理图。

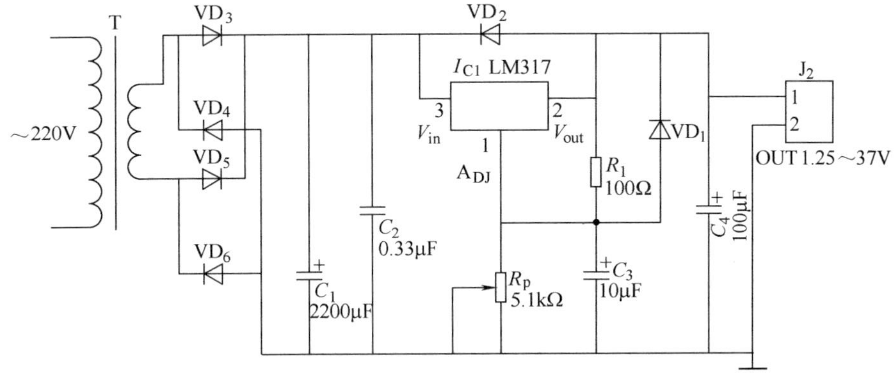

图 6-45　LM317连续可调稳压电源原理图

这是一种输出电压连续可调的集成稳压电源，输出电压在 1.25～37V 范围内连续可调，输出最大电流可达 1.5A。该电路简单，可用于各种小电路小电器供电，很适宜学生制作。

220V 市电经变压器 T 降压，VD_3～VD_6 整流，电容 C_1、C_2 滤波后，为 LM317 提供工作电压。其输出电压由两只外接电阻 R_1、R_p 决定。输出端和调整端之间的电压差为 1.25V。这个电压将产生几毫伏的电流，经 R_1、R_p 接地，并将在 R_p 上分得的电压加到调整端，通过改变 R_p 就可以改变输出电压。电路中，VD_1 用来防止输出短路而损坏 LM317，VD_2 用来防止输入短路而损坏 LM317。LM317 在不加散热片时最大允许功率为 2W，在加散热片（200mm×200mm×4mm）时最大功率可达 15W。

该电路中 LM317 的基准电压为 1.25V，I_{ADJ}=50μA，可忽略，则 V_o=1.25V（$1+R_p/R_1$）

3）电路装接。

①清除元器件的氧化层，并搪锡。

②对照图 6-45 所示原理路，用 Protel99se 合理布局电路元器件，如图 6-46 所示。

③根据元器件分布情况进行布线，如图 6-47 所示。

④图 6-48 所示为 LM317 连续可调稳压电源 PCB 板。

⑤根据图 6-48 安装元器件，要注意二极管、电容及 LM317 等元器件管脚和极性应插装正确。

⑥元器件安装完毕，经检查无误后，按照焊接工艺进行焊接固定。

⑦焊接结束，检查各元器件有无虚焊、错焊、漏焊及各引线是否正确、有无断路和短路。

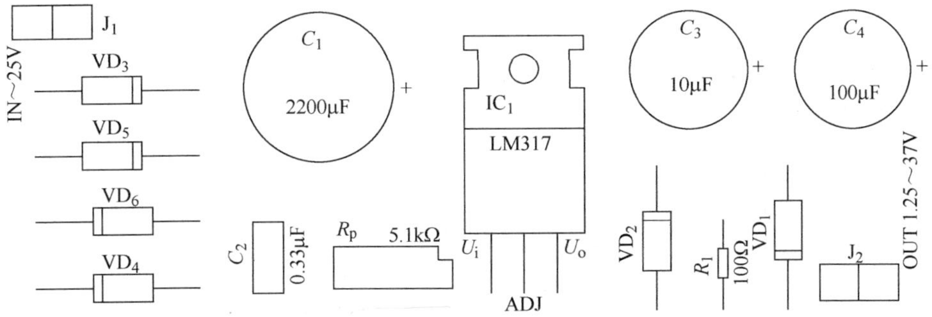

图 6-46　LM317连续可调稳压电源元器件分布图

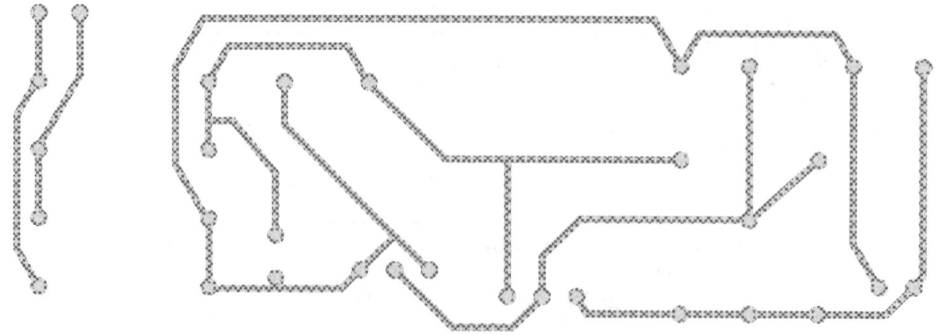

图 6-47　LM317连续可调稳压电源布线图

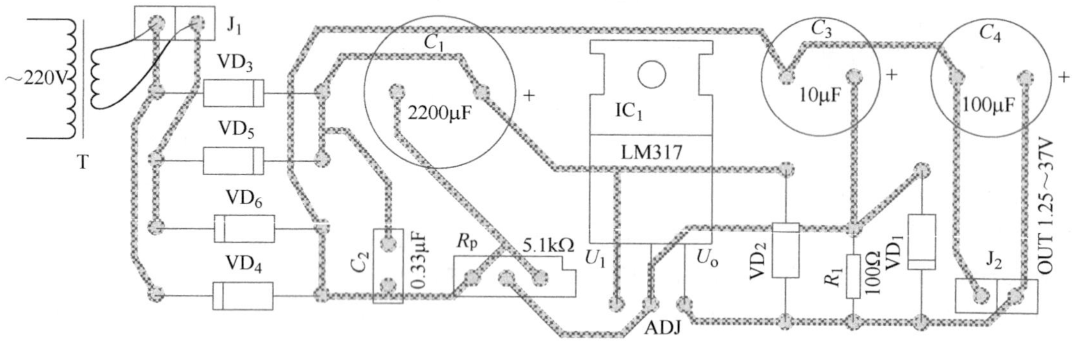

图 6-48　LM317连续可调稳压电源PCB板

4）电路调试。调整 R_P，使输出电压最大，然后再调整 R_P，使输出电压最小，用万用表分别测得两次的输出电压值，填入表 6-14 中。

表 6-14　可调稳压电源输入输出电压范围

序号	电位器 R_P 值	输入电压 V_i（C_2 两端电压）	输出电压 V_o 值
1			
2			

5）连续可调稳压电源的故障检测。连续可调稳压电源的故障检测见表 6-15。

表 6-15　连续可调稳压电源的故障检测

序号	常见故障	可能原因	检测方法
1	无输出电压，即输出电压为零	1）熔断器熔断或开路 2）变压器 T 的二次侧开路 3）整流电路开路 4）电容 C_1、C_3 短路 5）电阻 R_1 开路 6）LM317 损坏	1）测量电容 C_1 两端（即 LM317 的 3 端）电压是否正常，若为零，可能是熔断器熔断及其电路开路、变压器二次绕组开路或整流引线开路，若正常，应检查稳压部分 2）测量 LM317 的 1 端电压是否正常，若电压为零，则可能是 C_3 短路或电阻 R_1 开路 若测得 1 端电压正常，则说明可能是 2 端开路，需检测并更换集成稳压器
2	输出电压高于正常值且不可调	1）C_3 短路 2）LM317 损坏	1）检测并更换电容器 C_3 2）检测并更换 LM317

（续）

序号	常见故障	可能原因	检测方法
3	输出电压低于正常值且不可调	1）可能是变压器、整流、滤波等部位故障 2）R_1 阻值过大或电容 C_3 漏电 3）LM317 损坏 4）电位器滑动端开路	测量 LM317 集成稳压电源的 3 端电压是否正常，若测得的电压较低，可能是变压器、整流、滤波部分的故障；若测得 3 端电压正常，再测 1 端电压，若 1 端电压较低，则说明是 R_1 电阻值过大或 C_3 漏电。若 1 端电压升高，则有可能是电位器滑动端开路
4	输出电压不稳定	1）电容 C_1、C_2 开路 2）电位器 R_P 断路	可采用在开路或断路元件的两端并联好的元件的方法检测故障所在

考核评价

实训任务完成后进行考核与评价，具体评分细则见表 6-16。

表 6-16　连续可调稳压电源实践操作考核评价表

序号	评价内容	配分	自评	互评	教师评价
1	出勤情况：按时上课、下课，不迟到、不早退	10 分			
2	元器件的识别 1）能正确识读各种元器件 2）会用万用表检测各元器件的好坏、极性、数值等	10 分			
3	插件 1）电阻、电容、二极管卧式插装，贴紧万能电路板，排列整齐，横平竖直 2）电容、二极管、LM317 等元器件极性安装正确	10 分			
4	焊接 1）焊点光亮、清洁，焊料适量 2）无漏焊、虚焊、连焊、溅锡等现象 3）焊接后，元器件引脚剪脚留头长度小于 1mm	15 分			
5	电路调试 整板检测差错率低，各项技术参数符合要求，技术参数测量值正确	20 分			
6	能正确分析并排除常见故障	15 分			
7	安全、文明操作 1）安全操作，不人为损坏所用工具、设备和元器件 2）保持环境整洁，秩序井然，操作习惯良好	10 分			
8	报告总结：实训报告完整、工整	10 分			

巩固与提高

1. 填空题

1）（　　）是一种当电网电压波动或负载改变时，能保持输出直流电压基本不变的电源电路。

2）稳压电源主要由（　　）、（　　）、（　　）、（　　）四部分组成。

3）串联型稳压电源通常由（　　）、（　　）、（　　）、（　　）及（　　）等部分组成。

4）三端集成稳压电源有（　　）式和（　　）式两大类。

2. 计算题

图 6-49 所示电路中，若要求能将 V_o 调至 12V，试问应选多大的电位器？图中 R_1=240Ω。

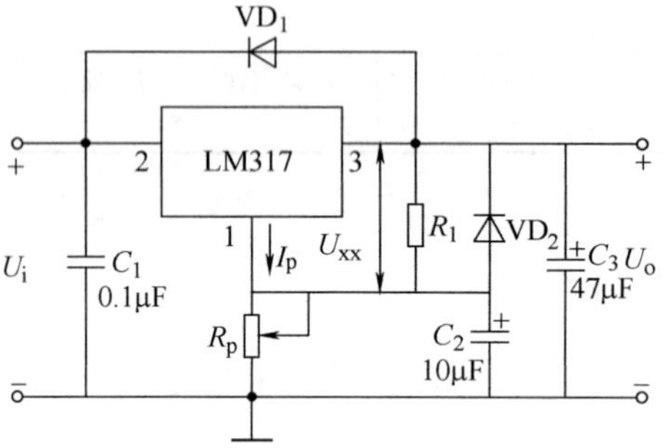

图 6-49　电路图

项目7　数字电路的连接与测试

项目描述

本项目主要完成表决器和计数器的连接与测试。围绕表决器和计数器的连接与测试，将本项目涉及的数字电路的内容划分为四个任务，通过四个任务的学习，让学生在亲手操作过程中掌握数字电路的主要知识，达到“做中学”的教学目的，从而调动学生的学习积极性。

知识目标

1. 了解数字电路的基本知识。
2. 掌握逻辑门电路的组成及其逻辑功能。
3. 掌握组合逻辑电路的分析方法和设计方法。
4. 掌握时序逻辑电路的分析方法和设计方法。

技能目标

1. 学会基本逻辑门电路的连接方法及其逻辑功能的测试方法。
2. 认识常用复合门电路器件，掌握其逻辑功能测试方法。
3. 学会组合逻辑电路的连接和测试方法。
4. 学会时序逻辑电路的连接和测试方法。

任务1　基本逻辑门电路的连接与测试

任务目标

1. 了解基本逻辑关系。
2. 完成基本逻辑门电路的连接。
3. 测试基本逻辑门电路的逻辑功能。

任务要求

1. 各小组制订工作计划。
2. 连接基本逻辑门电路。

3. 熟练测试基本逻辑门电路的逻辑功能。
4. 根据基本逻辑门电路的逻辑功能绘制真值表。
5. 总结基本逻辑门电路逻辑功能的规律。
6. 整理并书写任务实施报告。

注意事项

1. 注意高、低电平的接法。
2. 注意二极管的正负极的连接方法。
3. 安全文明操作。

实施流程

实施流程见表 7-1。

表 7-1　实施流程

序号	工作内容	教师活动	学生活动	学时
1	布置任务	下达任务书，组织小组讨论学习	接受任务，明确工作内容	1
2	知识准备	讲解基本逻辑门电路的电路组成及其工作原理	知道基本逻辑门电路的电路组成及其逻辑功能	
			熟悉基本逻辑门电路的连接方法	
			掌握基本逻辑门电路的连接方法及其逻辑功能的测试方法	
3	实践操作	讲解安全操作规程，演示基本逻辑门电路的安装过程，组织学生进行安装并巡视指导	准备元器件并测试元器件 安装与门电路并测试其逻辑功能 安装或门电路并测试其逻辑功能 安装非门电路并测试其逻辑功能	1
4	考核评价	按具体评分细则对学生进行评价	按具体评分细则进行自评、互评	

知识准备

1. 数字电路的基本知识

（1）数字信号的特点　数字信号是在时间上和数量上都不是连续变化的信号，即为离散的电信号。数字信号一般只有两种工作状态，即低电平和高电平（或称低电位和高电位），通常用二进制数的两个数码 0、1 来表示。

（2）数字电路的概念　工作于数字信号的电路称为数字电路。数字电路主要研究电路的输出端信号和输入端信号之间的状态关系，即数字电路的逻辑关系，又称为数字电路的逻辑功能。数字电路的逻辑功能通常用表达式、真值表和逻辑图来表示。

2. 基本逻辑关系

基本逻辑关系有与逻辑、或逻辑和非逻辑三种。

（1）与逻辑　只有当决定事件发生的所有条件都具备时，这个事件才会发生，这种因果关系称为与逻辑关系。

（2）或逻辑　当决定事件发生的所有条件中有一个（或几个）条件具备时，这个事件就会发生，这种因果关系称为或逻辑关系。

（3）非逻辑　当决定事件发生的条件成立时，这个事件不会发生，这种因果关系称为非逻辑关系。

3. 基本逻辑门电路

（1）与门电路　能实现与逻辑功能的电路称为与门电路，简称与门。

1）具有两输入端的二极管与门电路图如图 7-1 所示。

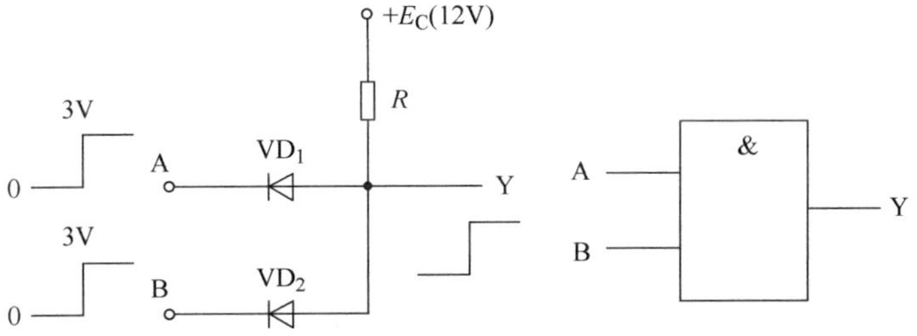

图 7-1　两输入端与门电路及其逻辑符号

2）具有两输入端的二极管与门电路工作原理分析：A、B 为输入端，假定它们的低电平为 0V，高电平为 3V，Y 为信号输出端。并设二极管为理想开关。

①当 A、B 都处于低电平 0V 时，二极管 VD_1、VD_2 都导通，Y=0V，Y 端输出低电平。

②当 A=0V、B=3V 时，二极管 VD_1 优先导通，Y 被箝位在 0V，Y=0V，VD_2 承受反压而截止。

③当 A=3V、B=0V 时，二极管 VD_2 优先导通，Y 被箝位在 0V，Y=0V，VD_1 承受反压而截止。

④当 A、B 都处在高电平 3V 时，二极管 VD_1 与 VD_2 均导通，Y=3V，Y 端输出高电平。

从上述分析可知，只有输入端全为高电平时，输出才为高电平，即“全 1 出 1”；输入端有一个或一个以上为低电平时，输出端即为低电平，即“有 0 出 0”。

3）与门逻辑关系可用逻辑式表达为：Y=A・B。

4）与门电路的真值表见表 7-2。

表 7-2　与门电路的真值表

输入端 A	输入端 B	输出端 Y
0	0	0
0	1	0
1	0	0
1	1	1

5）与门电路的逻辑功能为：“有 0 出 0，全 1 出 1”。

（2）或门电路　能实现或逻辑功能的电路称为或门电路，简称或门。

1）具有两个输入端的二极管或门电路图如图 7-2 所示。

2）或逻辑的逻辑表达式为：Y=A+B。

3）或门电路的真值表见表 7-3。

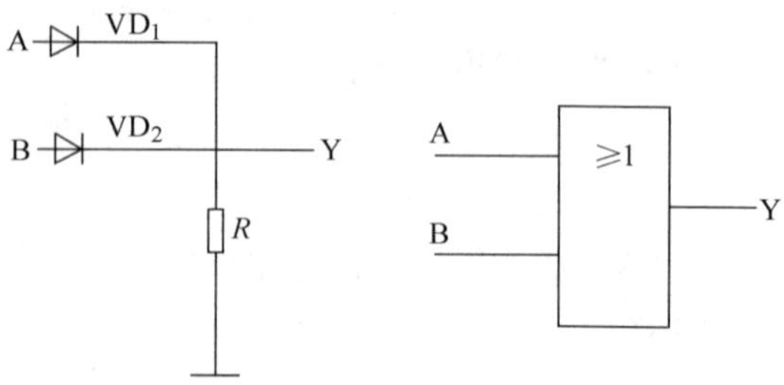

图 7-2　两输入端或门电路及其逻辑符号

表 7-3　或门电路的真值表

输入端 A	输入端 B	输出端 Y
0	0	0
0	1	1
1	0	1
1	1	1

4）或门电路的逻辑功能为：“有 1 出 1，全 0 出 0”。

（3）非门电路　能实现非逻辑功能的电路称为非门电路，简称非门。

1）非门电路图及其逻辑符号如图 7-3 示。

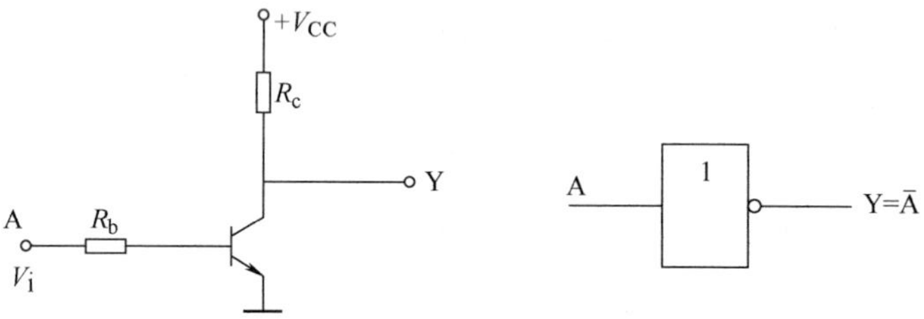

图 7-3　非门电路图及其逻辑符号

2）非逻辑的逻辑表达式为：Y=A。

3）非门电路的真值表见表 7-4。

表 7-4　非门电路的真值表

输入端 A	输出端 Y
0	1
1	0

4）非门电路的逻辑功能为：“有 0 出 1，有 1 出 0”

实践操作

1. 原理图的识读与元器件的选择

（1）识读与门电路原理图　本次实践操作内容是与门电路的连接及逻辑功能的测试，其原理图如图 7-4 所示。

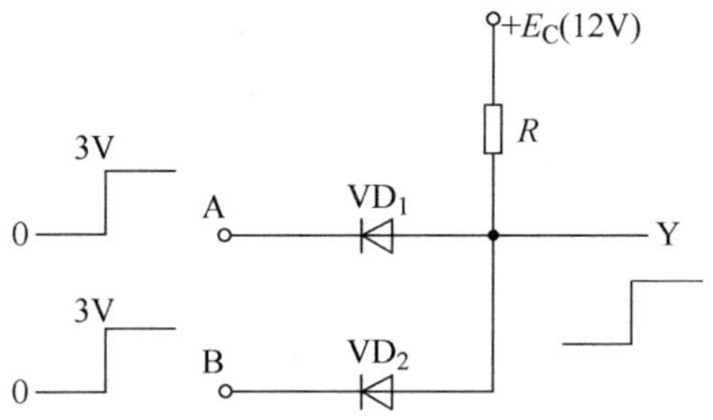

图 7-4　两输入端与门电路原理图

（2）选择元器件及耗材　本次实践操作根据与门电路的要求，列出连接及测试与门电路所用元器件及耗材清单，见表 7-5。

表 7-5　元器件及耗材清单

名称	型号及要求	数量
直流稳压电源	TTR323-3C	1 只
万用表	MF47 系列指针式万用表	1 块
示波器	GOS-620 双踪示波器	1 台
二极管	IN407 直插二极管	2 只
电阻	3kΩ 碳膜电阻	1 只
导线	直径 0.5mm 塑包铜导线	若干
多功能印制电路板	50mm	1 块

2. 与门电路的安装与检查

1）识别并测试元器件。对照表 7-5 所列仪表及元器件的数量、型号、规格进行清点核对，并用万用表测试检查元器件的性能及好坏，选择优质元器件待用。

2）参照与门电路图连接好电路。与门电路的连接过程见表 7-6。

表 7-6　与门电路的连接过程

步骤	连接过程
1	焊接电路图
2	焊接后检查电路有没有虚焊、漏焊、短路现象
3	将电路的电源端接到直流稳压电源 12V
4	按表 7-7，将输入端 A、B 置相应状态，用万用表测量输出端电压并填写逻辑状态

表 7-7　与门状态表

输入端		输出端	
输入端 A	输入端 B	电压值	逻辑状态
0	0		
0	1		
1	0		
1	1		

3）根据表 7-7 中的结果总结出与门电路的真值表，见表 7-8。

表 7-8　与门电路真值表

输入端 A	输入端 B	输出端 Y
0	0	
0	1	
1	0	
1	1	

4）写出与门的逻辑表达式。

5）根据与门电路的真值表总结与门电路的逻辑功能。

考核评价

实训任务完成后进行考核与评价，具体评分细则见表 7-9。

表 7-9　逻辑与门电路的安装与检测考核评价表

序号	项目内容	评分标准	配分	自评	互评	教师评价
1	出勤情况	按时上课、下课，不迟到、不早退	10 分			
2	电工工具使用	1. 利用万用表检测各元器件好坏 2. 元器件测试 3. 不损坏或丢失元器件、工具	10 分			
3	电路连接	1. 与门电路的连接 2. 或门电路的连接 3. 非门电路的连接	20 分			
4	结果测试	填写表 7-7、表 7-8	15 分			
5	逻辑功能总结	—	15 分			
6	安全文明操作	1. 注意安全、文明操作、爱护公物 2. 团队合作，和谐共进	10 分			
7	工时	按照规定时间，鼓励节省工时	10 分			
8	报告及总结	实训报告完整、工整，结论正确	10 分			

巩固与提高

1. 填空题

1）数字信号是在（　　）上和（　　）上都不是连续变化的信号，即为（　　）的电信号。

2）数字信号一般只有两种工作状态，即（　　）电平和（　　）电平（或称低电位和高电位），通常用二进制数的两个数码（　　）和（　　）来表示。

3）数字电路主要研究电路的输出端信号和输入端信号之间的状态关系，即数字电路的（　　），又称为数字电路的逻辑功能。

4）基本逻辑关系有三种：（　　）逻辑、（　　）逻辑和（　　）逻辑，基本逻辑门电路有（ ）门、（ ）门和（ ）门三种。

2. 简答题

1）什么是数字信号？它有哪两种状态？通常用什么来表示？

2）什么是数字电路？它研究的重点是什么？

3）基本逻辑关系有哪三种？如何定义的？

4）分别画出与门、或门、非门的逻辑符号、表达式、真值表，熟记其逻辑功能。

3. 画波形题

根据图 7-5 给出的门电路输入端的状态，分别画出与门、或门、非门的输出端的状态波形图。

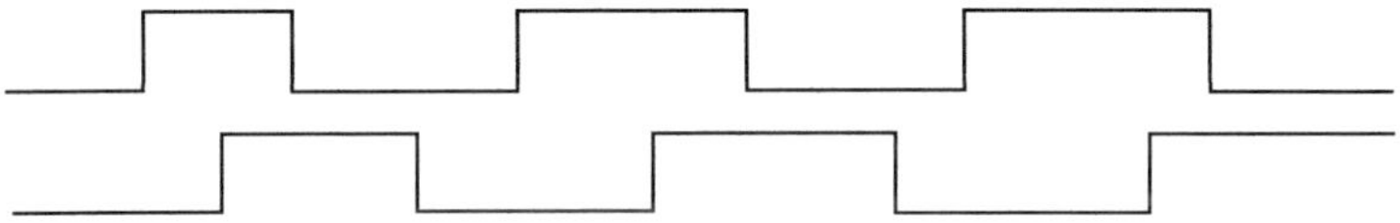

图 7-5 门电路

Y1

Y2

Y3

任务 2 复合逻辑门电路的认识与测试

任务目标

1. 了解复合逻辑关系。
2. 认识复合逻辑门电路中的元器件。
3. 连接并测试复合逻辑门电路的逻辑功能。

任务要求

1. 各小组按任务要求制订工作计划。
2. 熟悉本任务所涉及的理论知识。
3. 认识复合逻辑门电路中的器件和使用方法。
4. 测试复合逻辑（与非、或非、异或）门电路的逻辑功能。
5. 根据复合逻辑门电路的逻辑功能绘制真值表。
6. 总结复合逻辑门电路逻辑功能的规律。
7. 整理任务实施报告。

注意事项

1. 熟记电工电子实训装置的使用方法，禁止违反操作规程。
2. 熟记复合逻辑门电路中元器件的引脚功能及连接方法，不要连接错误。
3. 注意高、低电平的接法。
4. 注意输入端和输出端的正确连接方法。
5. 安全文明操作。

实施流程

实施流程见表 7-10。

表 7-10　实施流程

序号	工作内容	教师活动	学生活动	学时
1	布置任务	下达任务书，组织小组讨论学习	接受任务，明确工作内容	1
2	知识准备	讲解复合逻辑门电路的电路组成及其工作原理	知道复合逻辑门电路的电路组成及其逻辑功能	
			熟悉复合逻辑门电路的连接方法	
			掌握复合逻辑门电路的连接方法及其逻辑功能的测试方法	
3	实践操作	讲解安全操作规程，演示复合逻辑门电路的安装过程，组织学生进行安装并巡视指导	准备元器件并测试元器件 安装与非门电路并测试其逻辑功能 安装或非门电路并测试其逻辑功能 安装异或门电路并测试其逻辑功能	1
4	考核评价	按具体评分细则对学生进行评价	按具体评分细则进行自评、互评	

知识准备

1. 与非门

1）与非门的逻辑符号如图 7-6 所示。

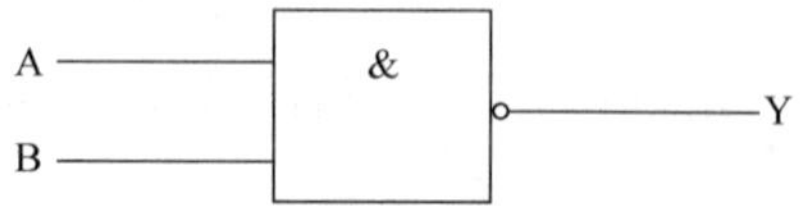

图 7-6　与非门逻辑符号

2）与非门逻辑表达式为：$Y=\overline{AB}$。

3）与非门电路的真值表见表 7-11。

表 7-11　与非门电路的真值表

输入端 A	输入端 B	输出端 Y
0	0	1
0	1	1
1	0	1
1	1	0

4）与非门的逻辑功能为：“全 1 出 0，有 0 出 1”。

2. 或非门电路

1）或非门逻辑符号如图 7-7 所示。

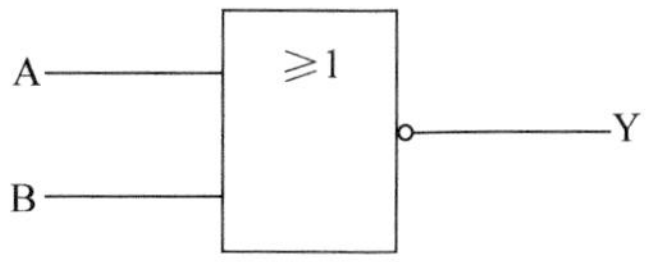

图 7-7　或非门逻辑符号

2）或非门逻辑表达式为：$Y=\overline{A+B}$。

3）或非门电路的真值表见表 7-12。

表 7-12　或非门电路的真值表

输入端 A	输入端 B	输出端 Y
0	0	1
0	1	0
1	0	0
1	1	0

4）或非门的逻辑功能为："全 0 出 1，有 1 出 0"。

3. 异或门电路

1）异或门逻辑符号如图 7-8 所示。

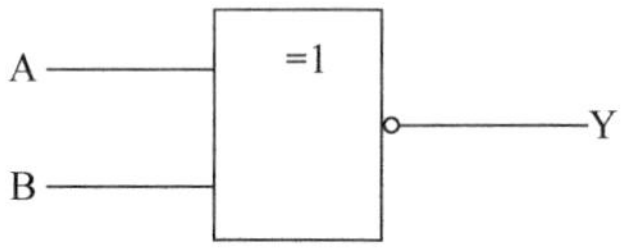

图 7-8　异或门逻辑符号

2）异或门的逻辑表达式为：$Y=\overline{A}B+A\overline{B}$。

3）异或门电路的真值表见表 7-13。

表 7-13　异或门电路的真值表

输入端 A	输入端 B	输出端 Y
0	0	0
0	1	1
1	0	1
1	1	0

4）异或门的逻辑功能：当两个输入端一个为 0、另一个为 1 时，输出为 1；当两个输入端均为 0 或均为 1 时，输出为 0，即 "同出 0，异出 1"。

4. 常用集成逻辑门电路

常用门电路的芯片如图 7-9 所示。

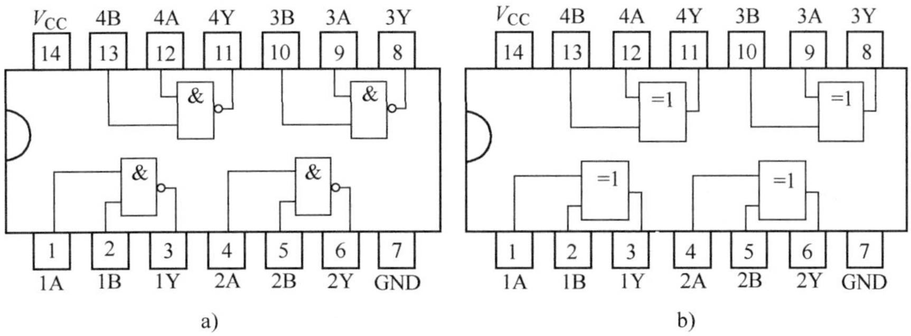

图 7-9　常用门电路的芯片

a）74LS00四2输入与非门　b）74LS86四2输入异或门

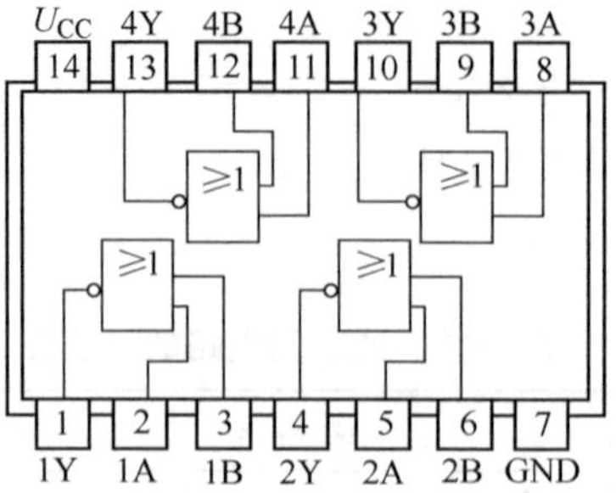

c)

图 7-9 常用门电路的芯片（续）

c）74LS2四2输入端或非门

实践操作

1. 准备元器件

器材清单见表 7-14。

表 7-14 器材清单

名　　称	型号及要求	数　　量
直流稳压电源	TTR323-3C	1 只
示波器	GOS-620 双踪示波器	1 台
万用表	MF47 系列指针式万用表	1 块
2 输入端四与非门	74LS00	1 块
2 输入端四或非门	74LS2	1 块
2 输入端四异或门	74LS86	1 块

2. 操作步骤

操作步骤见表 7-15。

表 7-15 操作步骤

序号	步　　骤
1	识别并测试元器件：对照表 7-14 所列器材的数量、型号、规格进行清点核对，并用万用表测试检查元器件的性能及好坏，选择优质元器件待用
2	对照集成与非门电路的原理图，安装测试电路，如图 7-10 所示
3	按表 7-16 所列输入状态顺序进行测试，将输出端的电压和状态填入表中
4	根据表中结果列出真值表，填写表 7-17
5	写出与非门的逻辑表达式
6	根据与非门的真值表总结出与非门的逻辑功能
7	按上述同样方法进行或非门、异或门的测试

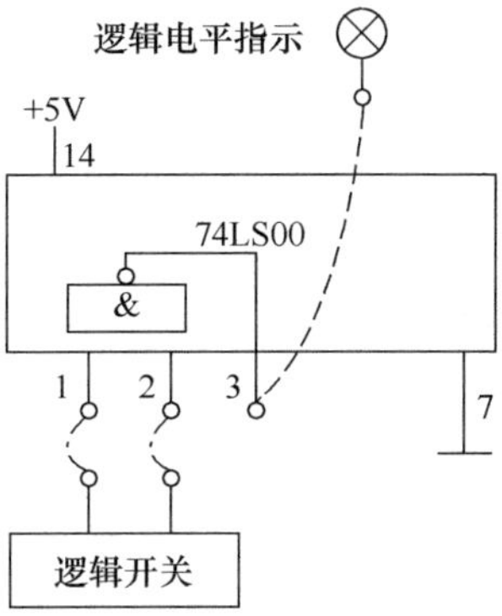

图 7-10　集成与非门测试电路

表 7-16　与非门状态

输入端		输出端	
1 端	2 端	电压值	逻辑状态
0	0		
0	1		
1	0		
1	1		

表 7-17　与非门真值表

输入端 A	输入端 B	输出端 Y
0	0	
0	1	
1	0	
1	1	

考核评价

实训任务完成后进行考核与评价，具体评分细则见表 7-18。

表 7-18　逻辑门电路连接测试考核评价表

序号	项目内容	评分标准	配分	自评	互评	教师评价
1	出勤情况	按时上课、下课，不迟到、不早退	10 分			
2	电工工具使用	1）利用万用表检测各元器件好坏 2）元器件测试 3）不损坏、丢失元器件、工具	10 分			
3	电路连接	1）与非门的连接 2）或非门的连接 3）异或门的连接	30 分			
4	结果测试	填写表 7-16、表 7-17	15 分			
5	逻辑功能总结		15 分			

（续）

序号	项目内容	评分标准	配分	自评	互评	教师评价
6	安全文明操作	1）注意安全、文明操作、爱护公物 2）团队合作，和谐共进	10 分			
7	工时	按照规定时间，鼓励节省工时	10 分			

巩固与提高

1. 填空题

1）常见的复合逻辑关系有（　　）、（　　）、（　　）等。

2）与非门的逻辑功能是（　　），其逻辑表达式为=（　　）。

3）或非门的逻辑功能是（　　），其逻辑表达式为=（　　）。

4）异或门的逻辑功能是（　　），其逻辑表达式为=（　　）。

2. 简答题

1）画出集成与非门、或非门、异或门的组成示意图，熟记各引脚排列及其意义。

2）分别说明与非门、或非门、异或门的逻辑功能，并列出真值表，写出表达式。

3. 画图题

根据图 7-11 给出的门电路输入端状态，分别画出与非门、或非门、异或门的输出端的状态波形图。

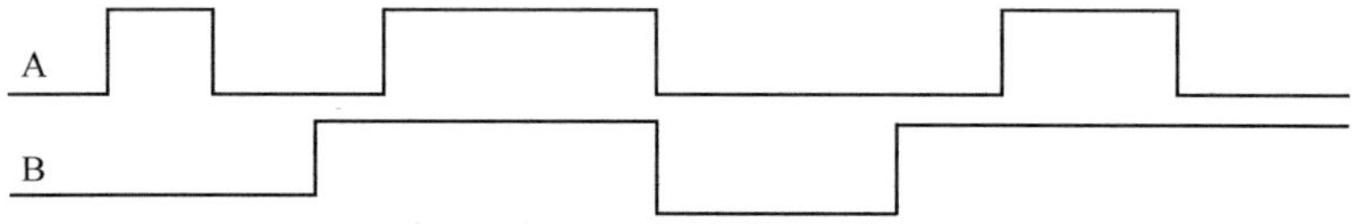

图 7-11　门电路

Y1

Y2

Y3

任务 3　表决器电路的连接与功能测试

任务目标

1. 熟练连接表决器的电路。
2. 熟练测试表决器电路的逻辑功能。

任务要求

1. 连接多数表决器的电路。

2. 测试表决器电路的逻辑功能。

3. 总结表决器逻辑功能的规律。

4. 整理任务实施报告。

注意事项

1. 熟记焊接技术的各项要求。

2. 注意表决器输入和输出端的接法。

3. 要安全文明操作。

实施流程

实施流程见表 7-19。

表 7-19　实施流程

序号	工作内容	教师活动	学生活动	学时
1	布置任务	下达任务，组织小组讨论学习	接受任务，明确工作内容	1
2	知识准备	讲解表决器电路的组成及其工作原理	知道表决器电路的组成及其逻辑功能	
			熟悉表决器电路的连接方法	
			掌握表决器电路的连接方法及其逻辑功能的测试方法	
3	实践操作	讲解安全操作规程，演示表决器电路的安装过程，组织学生进行安装并巡视指导	准备元器件并测试元器件 安装表决器电路并测试其逻辑功能	1
4	考核评价	按具体评分细则对学生进行评价	按具体评分细则进行自评、互评	

知识准备

1. 组合逻辑电路的分析方法

（1）组合逻辑电路的特点　组合逻辑电路任何时刻的输出状态直接由当时的输入状态所决定，与输入信号作用前的电路状态无关，即组合逻辑电路不具有记忆功能。

（2）组合逻辑电路的分析方法　组合逻辑电路的分析可按下列步骤进行。

1）根据给定逻辑电路图写出表达式。

2）化简表达式。

3）由化简后的表达式列出真值表，总结其逻辑功能。

2. 组合逻辑电路的设计方法

组合逻辑电路的设计可按下列步骤进行。

1）根据实际问题的逻辑关系列出真值表。

2）由真值表写出逻辑表达式，并将其化为最简表达式。

3）根据最简表达式画出逻辑图。

3. 多数表决器的设计（以 3 人表决器为例）

1）分析题义。根据实际问题的逻辑关系列出真值表。由题意可知，该电路的输入是 A、B、C 3 个输入端的“赞同”或“反对”，输出是“多数赞同”或“多数反对”，用 Y 表示。输入 A、B、C 用“1”表示“赞同”，用“0”表示“反对”；输出 Y=1 表示“多数赞同”，Y=0 表示“多数反对”。据此，可列出所要设计电路的真值表，见表 7-20。

表 7-20　3 人表决器真值表

输入端			输出端 Y
A	B	C	
0	0	0	0
0	0	1	0
0	1	0	0
0	1	1	1
1	0	0	0
1	0	1	1
1	1	0	1
1	1	1	1

2）由真值表可列出逻辑表达式，并化简，即

$$Y=\overline{A}BC+A\overline{B}C+AB\overline{C}+ABC$$
$$=AB+BC+AC$$
$$=\overline{\overline{AB\cdot BC\cdot AC}}$$

3）由上述表达式画出逻辑电路图，如图 7-12 所示。

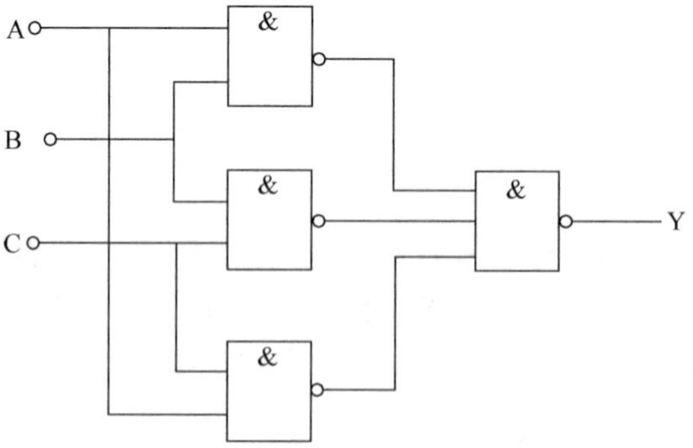

图 7-12　多数表决器逻辑电路图

实践操作

1. 准备器材

根据多数表决器逻辑电路图得出连接及测试表决器电路所用元器件及耗材清单，见

表 7-21。

表 7-21　器材清单

名　　称	型号及要求	数　　量
直流稳压电源	TTR323-3C	1 只
万用表	MF47 系列指针式万用表	1 块
2 输入端四与非门	74LS00	1 块
4 输入端二与非门	74LS20	1 块
二极管	LED 红色发光二极管	1 只
动合按钮	—	3 个
电阻	RT-0.25-390Ω	1 只
电阻	RT-0.25–1kΩ	3 只
导线	直径 0.5mm 塑包铜导线	若干

2. 表决器电路的安装与检测

1）识别并测试元器件：对照表 7-21 所列仪表及元器件的数量、型号、规格进行清点核对，并用万用表测试元器件的性能及好坏，选择优质元器件待用。

2）对照表决器逻辑电路布置好装配图，如图 7-13 所示，并安装元器件。

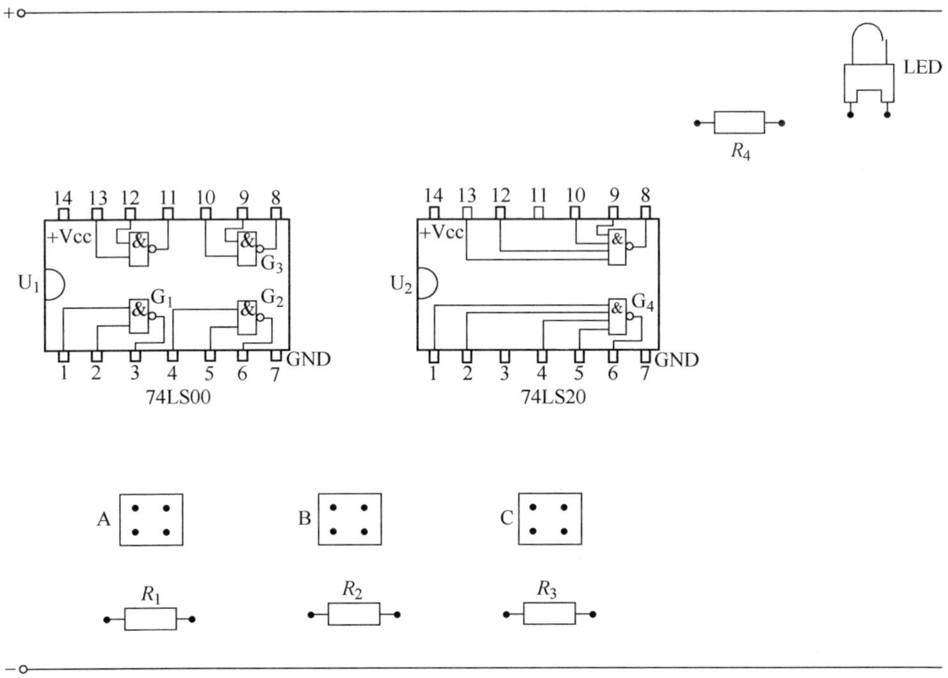

图 7-13　表决器电路装配图

3）根据装配图焊接电路板。

4）按表 7-22 所列输入端的状态测试表决器的逻辑功能，将测试结果填入表中，并总结其逻辑功能。

表 7-22　表决器状态表

输入端			输出端 Y
A	B	C	
0	0	0	
0	0	1	
0	1	0	
0	1	1	
1	0	0	
1	0	1	
1	1	0	
1	1	1	

考核评价

实训任务完成后进行考核与评价，具体评分细则见表 7-23。

表 7-23 考核评价

序号	项目内容	评分标准	配分	自评	互评	教师评价
1	出勤情况	按时上课、下课，不迟到、不早退	10 分			
2	工具使用	1）利用万用表检测各元器件好坏 2）元器件测试 3）不损坏或丢失元器件、工具	10 分			
3	电路连接	1）设计实际电路图 2）根据实际电路图设计装配图 3）根据装配图焊接电路板 4）连接测试电路，测试其功能	30 分			
4	结果测试	—	20 分			
5	逻辑功能总结	—	20 分			
6	安全文明操作	1）注意安全、文明操作、爱护公物 2）团队合作，和谐共进	10 分			

知识拓展

本任务主要以表决器电路的连接和测试为重点，在此基础上，可让学生练习其他组合逻辑门电路的连接与测试，从而让学生全面灵活地掌握组合逻辑门电路的知识。具体拓展以下方面知识。

1）对任一组合逻辑电路，均能迅速完成该电路的连接，并测试出该电路的逻辑功能。

2）根据给出的实际问题，能熟练设计出逻辑电路，解决该问题。

巩固与提高

1. 填空题

1）组合逻辑电路任何时刻的输出状态直接由当时的（　　）所决定，与输入信号作用前的（　　）无关，即组合逻辑电路不具有（　　）功能。

2）分析组合逻辑电路重点是分析它的（　　）功能，和时序逻辑电路相比不考虑电路以前的工作状态。

3）设计一个组合逻辑电路是将一个实际问题转化为一个（　　）问题，再用（　　）图来实现的过程。

2. 简答题

1）什么是组合逻辑电路？如何分析给出的逻辑电路？

2）组合逻辑电路有何特点？如何根据实际问题设计一个组合逻辑电路？

3. 分析题

如图 7-14 所示，分析所给出的逻辑电路图的功能，并列出其真值表和表达式。

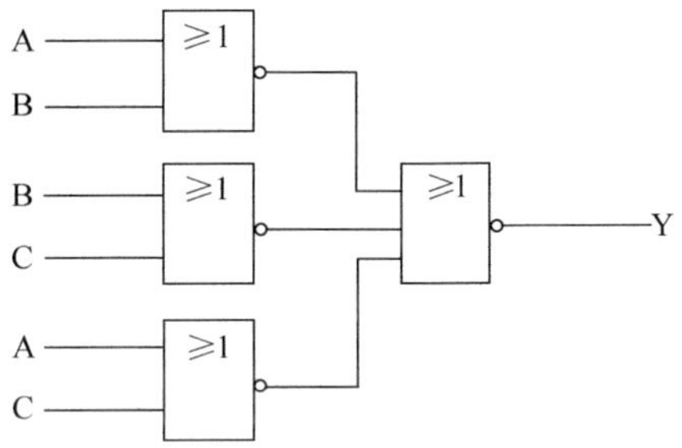

图 7-14　逻辑电路图

4. 设计题

举重比赛有三个裁判。一个主裁判 A，两个副裁判 B、C。杠铃举起的裁决，由每个裁判按下按钮来决定。只有两个以上裁判（其中要求必有主裁判）判明成功时，表明“成功”的灯才亮。设计该电路。

任务 4　计数器电路的连接与功能测试

任务目标

1. 熟练完成计数器电路的连接。
2. 熟练测试计数器电路的逻辑功能。

任务要求

1. 各小组制订工作计划。
2. 熟练连接计数器电路。
3. 熟练测试计数器电路的逻辑功能。
4. 根据计数器电路的逻辑功能绘制真值表。
5. 总结计数器电路逻辑功能的规律。
6. 测试并画出计数器电路输出端的波形图。
7. 整理任务实施报告。

注意事项

1. 注意测试前要将计数器清零。
2. 注意各元器件之间和输入、输出端的连接关系。

3. 安全文明操作。

实施流程

实施流程见表 7-24。

表 7-24　计数器电路连接与功能测试实施流程

序号	工作内容	教师活动	学生活动	学时
1	布置任务	下达任务书，组织小组讨论学习	接受任务，明确工作内容	1
2	知识准备	讲解计数器电路的组成及其工作原理	知道计数器电路的组成及其逻辑功能 熟悉计数器电路的连接方法 掌握计数器电路的连接方法及其逻辑功能的测试方法	
3	实践操作	讲解安全操作规程，演示计数器电路的安装过程，组织学生进行安装并巡视指导	准备器件并测试器件 安装计数器电路并测试其逻辑功能	1
4	考核评价	按具体评分细则对学生进行评价	按具体评分细则进行自评、互评	

知识准备

1. 时序逻辑电路的特点

时序逻辑电路任一时刻的输出状态不仅与同一时刻的输入信号有关，而且与电路原有状态有关。时序逻辑电路按状态转换情况分为同步时序电路和异步时序电路两大类。同步时序电路是指电路中所有触发器都受到同一时钟脉冲的控制，它们的状态改变都在同一时刻发生。而异步时序电路不用统一的时钟脉冲，各触发器的状态改变不在同一时刻发生。

2. JK 触发器介绍

1）JK 触发器的电路图及逻辑符号如图 7-15 所示。

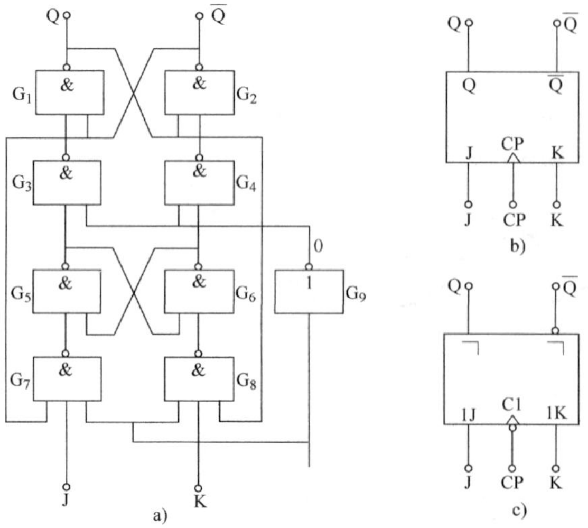

图 7-15　JK触发器的电路图及逻辑符号

2）逻辑功能

①J=0、K=0、$Q_{n+1}=Q_n$，触发器的输出保持原状态不变。

②J=0、K=1、$Q_{n+1}=0$，触发器的输出置 0。

③J=1、K=0、$Q_{n+1}=1$，触发器的输出置 1。

④J=1、K=1、$Q_{n+1}=\overline{Q}_n$，触发器的状态不断翻转，实现了计数功能。

3）JK 触发器的真值表见表 7-25。

表 7-25　JK 触发器真值表

J	K	Q_{n+1}	逻辑功能
0	0	Q_n	保持
0	1	0	置 0
1	0	1	置 1
1	1	$\overline{Q}_n$	计数

3. 三位异步二进制加法计数器

（1）电路组成　三位异步二进制加法计数器的电路如图 7-16 所示。

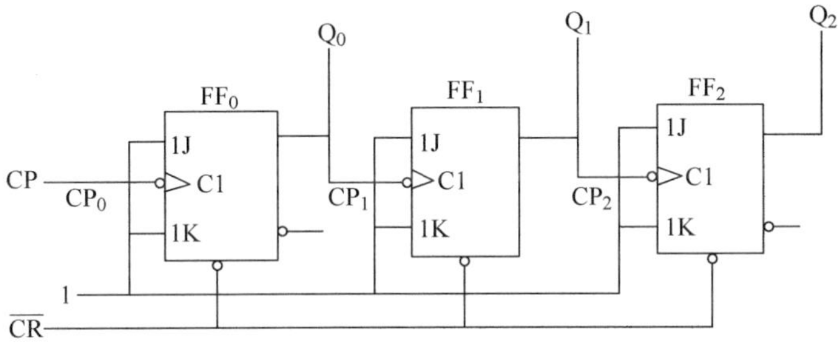

图 7-16　三位异步二进制加法计数器的电路

（2）工作原理　计数器工作前应先清零，使 CR=0，则 Q_2、Q_1、Q_0 的状态为 000。

当第一个 CP 脉冲的下降沿到来时，FF1 翻转，Q_0 由 O 变为 1。而 Q_0 的正跳变信号对触发器 FF_1 不起作用，FF_1 保持原态不变，FF_2 也保持原态，计数器的状态为 001。

当第二个 CP 脉冲下降沿到来时，FF_0 再次翻转，即 Q_0 由 1 变成 0。这时，Q_0 的负跳变信号送到 FF_1 的 C 端，FF_1 状态翻转，Q_1 由 0 变为 1，Q_1 的正跳变信号送到 FF_2 的 C 端，FF_2 仍保持原态不变，计数器的状态为 010。

按此规律，随计数脉冲 CP 的不断输入，各触发器的状态见表 7-26。每输出一个 CP 脉冲，Q_0 的状态就改变一次；而 Q_2、Q_1 的状态仅在低一位的输出状态由 1 变 0 时才发生翻转。当第七个 CP 脉冲输入后，计数器状态为 111，再输入一个 CP 脉冲，计数器的状态又恢复为 000。

（3）状态表　三位异步二进制加法计数器状态见表 7-26。

表 7-26　三位异步二进制加法计数器状态表

输入 CP 脉冲个数	计数器的状态		
	Q_2	Q_1	Q_0
0	0	0	0
1	0	0	1
3	0	1	1
4	1	0	0
5	1	0	1
6	1	1	0
7	1	1	1
8	0	0	0

（4）工作波形　其工作波形如图 7-17 所示。

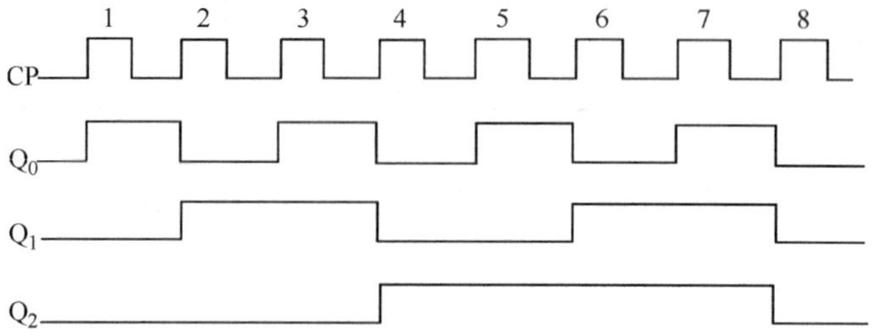

图 7-17　工作波形

实践操作

1. 元器件的选择

根据原理图 7-16，列出连接及测试计数器电路所用元器件及耗材清单，见表 7-27。

表 7-27　器材清单

名　　称	型号及要求	数量
电工电子实训装置	—	1 套
示波器	GOS-620 双踪示波器	1 台
万用表	MF47 系列指针式万用表	1 块
脉冲信号发生器	XD2 型低频信号发生器	1 个
双 JK 触发器	74LS112	2 只

2. 计数器电路的安装与检测

（1）识别并测试器件　对照表 7-27 所列仪表及器件的数量、型号、规格进行清点核对，并用万用表测试检查器件的性能及好坏，选择优质器件待用。

（2）对照计数器电路的原理图安装器件

1）对照计数器电路的原理图安装器件，组成计数器电路。

2）复位，即 $\overline{R}=0$， 使输出端 Q_2、Q_1、Q_0 分别为 000。

3）在 CP 脉冲端加入手动负脉冲，按表 7-28 所列输入状态顺序进行测试，将输出端的状态记入表 7-28 中。

表 7-28 计数器真值表

CP	输出端			十进制数
	Q_2	Q_1	Q_0	
1				
2				
3				
4				
5				
6				
7				
8				

4）在 CP 脉冲端加入连续负脉冲，用示波器观察 CP 脉冲及输出端 Q_0、Q_1、Q_2 端的波形，画出计数器的工作波形。

5）计数器的工作波形如图 7-18 所示。

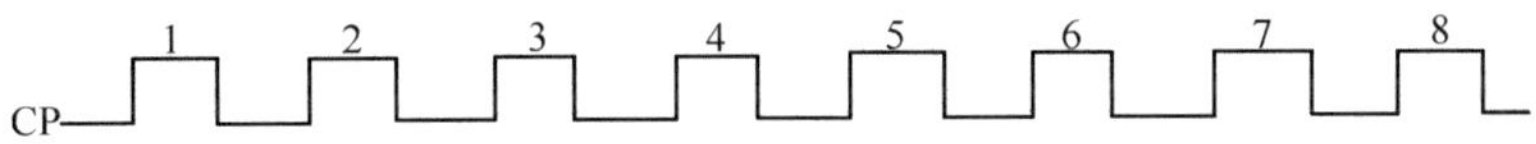

图 7-18 计数器的工作波形

Q_0

Q_1

Q_2

考核评价

实训任务完成后进行考核与评价，具体评分细则见表 7-29。

表 7-29 考核评价

序号	项目内容	评分标准	配分	自评	互评	教师评价
1	出勤情况	按时上课、下课，不迟到、不早退	10 分			
2	工具使用	1）利用万用表检测各器件好坏 2）器件测试 3）不损坏、丢失器件、工具	10 分			
3	电路连接	1）JK 触发器引脚的连接方法 2）三位异步二进制加法计数器的连接 3）信号发生器的连接 4）示波器的连接	30 分			

（续）

序号	项目内容	评分标准	配分	自评	互评	教师评价
4	结果测试		10 分			
5	逻辑功能总结		10 分			
6	安全文明操作	1）注意安全、文明操作、爱护公物 2）团队合作，和谐共进	10 分			
7	工时	按照规定时间，鼓励节省工时	10 分			
8	报告及总结	实训报告完整、工整	10 分			

知识拓展

本任务主要以计数器的连接和测试为重点，在此基础上，可让学生练习其他时序逻辑门电路的连接与测试，从而让学生全面灵活地掌握时序逻辑电路的知识。具体拓展以下方面知识。

1）给出任一时序逻辑电路，能迅速完成该电路的连接，并测试出该电路的逻辑功能。

2）根据给出的实际问题，能熟练设计出电路，解决该问题。

巩固与提高

1. 填空题

1）时序逻辑电路任一时刻的输出状态不仅与同一时刻的（　　）有关，而且与电路原有的（　　）有关。

2）时序逻辑电路按状态转换情况分为（　　）时序电路和（　　）时序电路两大类。同步时序电路是指电路中所有触发器都受到（　　）的控制，它们的状态改变都在同一时刻发生。而异步时序电路不用（　　），各触发器的状态改变不在同一时刻发生。

3）JK 触发器具有（　　）、（　　）、（　　）和（　　）四种功能，当 J=K=0 时具有（　　）功能，J=K=1 时具有（　　）功能。

4）三位异步二进制加法计数器输出端具有（　　）种工作状态，工作前应将计数器（　　），工作后当第 2 个时钟脉冲到来时它的输出状态是（　　）。

2. 简答题

1）时序逻辑电路和组合逻辑电路相比有何特点？

2）画出 JK 触发器的逻辑符号，说明其逻辑功能，列出其真值表。

3）画出三位异步二进制加法计数器的电路图，说明其逻辑功能，列出其真值表，并画出其工作波形。

3. 设计题

设计一个三位异步二进制加法计数器并测试其工作波形。

参考文献

[1] 申凤琴. 电工电子技术及应用[M]. 3 版. 北京：机械工业出版社，2016.

[2] 人力资源和社会保障部办公室. 曾庆湖. 维修电工基本技能[M]. 北京：中国劳动社会保障出版社，2009.

[3] 李向东，郭军，王虹，李向东. 电气控制与 PLC[M]. 北京：机械工业出版社，2015.

[4] 曹金福，徐春武，王秋菊，教富智. 电气控制与 PLC[M]. 北京：化学工业出版社，2010.

[5] 王仁祥. 常用低压电器原理及其控制技术[M]. 2 版. 北京：机械工业出版社，2015.

[6] 林育兹. 电工电子学[M]. 北京：电子工业出版社，2014.

[7] 任维政，高英. 电工技术实践[M]. 北京：科学出版社，2008.

[8] 王香婷. 电工技术与电子技术实验[M]. 北京：高等教育出版社，2009.

[9] 肖俊武. 电工电子实训[M]. 3 版. 北京：电子工业出版社，2012.

[10] 杨清德，杨祖荣. 低压维修电工[M]. 北京：电子工业出版社，2012.

[11] 李爱军，任淑. 维修电工技能实训[M]. 北京：北京理工大学出版社，2007.

[12] 秦曾煌. 电工学简明教程[M]. 2 版. 北京：高等教育出版社，2008.

[13] 谭胜富. 电工与电子技术[M]. 2 版. 北京：化学工业出版社，2011.

[14] 刘克军. 电工电路制作与调试[M]. 北京：电子工业出版社，2007.

[15] 章喜才. 电工电子技术及应用[M]. 北京：机械工业出版社，2015.